全本全注全译丛书

中华经典名著

高建新◎译注

北山酒经（外二种）

中華書局

图书在版编目(CIP)数据

北山酒经:外二种/高建新译注. —北京:中华书局,2021.9
(中华经典名著全本全注全译丛书)
ISBN 978-7-101-15317-0

Ⅰ.北… Ⅱ.高… Ⅲ.酒文化-中国-古代 Ⅳ.TS971.22

中国版本图书馆 CIP 数据核字(2021)第 169280 号

书　　名	北山酒经(外二种)	
译 注 者	高建新	
丛 书 名	中华经典名著全本全注全译丛书	
责任编辑	张彩梅	
出版发行	中华书局	
	(北京市丰台区太平桥西里 38 号　100073)	
	http://www.zhbc.com.cn	
	E-mail:zhbc@zhbc.com.cn	
印　　刷	北京市白帆印务有限公司	
版　　次	2021 年 9 月北京第 1 版	
	2021 年 9 月北京第 1 次印刷	
规　　格	开本/880×1230 毫米　1/32	
	印张 10¾　字数 250 千字	
印　　数	1-8000 册	
国际书号	ISBN 978-7-101-15317-0	
定　　价	28.00 元	

目录

北山酒经

已上醸曲

北山酒经

前言

宋代制曲、酿酒工艺发达，有关著作众多，如田锡的《曲本草》、苏轼的《东坡酒经》、李保的《续〈北山酒经〉》、何剡的《酒尔雅》、窦苹的《酒谱》、范成大的《桂海酒志》、林洪的《新丰酒经》等。因为内容深厚、专业水准高，朱肱的《北山酒经》成为其中杰出的代表，长期以来，一直被人们奉为经典，影响广泛。

一

朱肱，字翼中（一作亦中），号无求子，晚号大隐翁，北宋湖州乌程（今浙江吴兴）人。元祐三年（1088）进士，历任雄州防御推官、知邓州录事、奉议郎直秘阁（秘阁，是宋代皇家保存珍稀古籍及书画的机构），故后人亦称朱奉议。

朱肱生长在一个有操守和文化传统的家庭。其祖父朱承逸，字文倦，为人慷慨，乐善好施。曾代人偿债，避免了负债人全家落难。仁宗庆历年间（1041—1048）发生饥馑，他用八百斛米作粥，救活了贫民万余人。其父朱临，字正夫，曾任大理寺丞，尝跟随宋初学者、教育家胡瑗（世称"安定先生"）学。后胡瑗殁，朱临以其学为乡邦学者推重。略晚于朱肱的北宋学者方勺（1066—？），后寓居乌程的泊宅村，著有《泊宅编》，卷下记述了朱临的事迹："朱正夫临，年未四十以大理寺丞致仕，居吴兴城西，取《训词》中'仰而高凤'之语，作'仰高亭'于城上，常杜门谢客。"于此可见其性格言行。

朱肱之兄朱服（1048—?），字行中，《宋史》卷三四七有传。熙宁六年（1073）进士，授淮南节度推官。元丰三年（1080），擢监察御史里行，后为国子司业、出知润州。绍圣元年（1094），召为中书舍人，出使辽，拜礼部侍郎。后出知庐州，徙广州，因与苏轼游，贬海州团练副使，蕲州安置，改兴国军，卒。徽宗建中靖国元年（1101），苏轼从海南北归，行至岭北，有《梦中作寄朱行中》一诗，感慨朱服遭遇坎坷，赞美其刚直不阿的品性与高洁的人格，引以为同道。就在这年的七月二十八日，苏轼在常州去世，此诗可谓绝笔：

> 舜不作六器，谁知贵玙璠。
>
> 哀哉楚狂士，抱璞号空山。
>
> 相如起睨柱，头璧与俱还。
>
> 何如郑子产，有礼国自闲。
>
> 虽微韩宣子，鄙夫亦辞环。
>
> 至今不贪宝，凛然照尘寰。

生长在这样一个家庭，朱肱自幼便受到来自祖父、父兄的影响，一生看重操守，仗义执言。崇宁元年（1102）日食，朱肱上疏讲灾异，指摘执政者章惇的过失，因忤旨罢官，侨居杭州大隐坊，酿酒著书，自号大隐翁。政和四年（1114），值朝廷重视医学，遍求精于医术之人，朱肱遂被征为医学博士。与其兄一样，朱肱也由衷喜欢、崇敬苏轼，政和五年（1115），因同情元祐党人、书苏轼诗触犯党禁，被贬达州。同贬者陈弁、余应求、李升、韩均，时称"五君子"。次年，朱肱以朝奉郎提点洞霄宫，召还京师。

关于朱肱的生平，限于材料，我们知道的并不多。《文献通考》卷二百二十二《经籍考》在著录《南阳活人书》时，有朱肱的简略介绍："肱，吴兴人，秘丞临之子，中书舍人服之弟，登第，仕至朝奉郎直秘阁。"根据与朱肱同时代且"为同寮"的李保《读朱翼中〈北山酒经〉并序》记载："大隐先生朱翼中，壮年勇退，著书酿酒，侨居西湖上而老焉。""侨居"，意指寄居他乡。朱肱正值壮年，就已"侨居西湖上"并于此终老。"勇退"，即急流勇退，旧时比喻在仕途得意顺利时毅然退出官场，毫无留恋；何况，朱肱的仕途并不得意顺利，对官场更无留恋。朱肱尝自言："忧患余生，栖迟末路；爰脱身于簪绂，遂晦迹于渔樵""晓猿夜鹤，春韭秋菘；绝交几近于矫情，苦誓未忘于匿怨"（朱肱《活人书·谢表》），可见他的一生主要是在著书、酿酒、欣赏自然美景中度过的。结合其名号"无求""大隐"及《北山酒经》卷上对酒性、酒功的论述，对酒典的谙熟和对历史上饮者的叹赏，可知朱肱是一个学识渊博、个性鲜明、特立独行、闲放自适之人。

朱肱擅长医学，尤精于伤寒。侨居杭州其间，深入研究《伤寒论》，目的是希望"天下之大，人无夭伐，老不哭幼"（朱肱《活人书·序》），人人都能尊生长寿，尽其天年。从元祐四年（1089）始，朱肱"焦心皓首，绝笔青编"（朱肱《青词》），历时二十年，于大观二年（1108）著成《伤寒百问》一书。与朱肱生活在同一时期的张蕆认为，此书"非居幽而志广，形愁而思远者，不能作也"（《活人书·序》）。此书署名无求子，经坊间刊刻后，广为流传，惠播四方，但在流传中已渐有残缺。政和元年（1111），对朱肱深怀敬佩的张蕆经过多方寻求，终于与朱肱相逢："今秋游武林，邂逅致政朱奉议，泛家入境，相遇于西湖之丛林，因论方士。"（《活人书·序》）二人相谈甚欢，朱肱亲授《伤寒百问》缮本给张蕆，张蕆据此加以补订，将全书增为二十卷，分为七册，计有九万一千余字。因为张仲景为南阳人，华佗称《伤寒论》为"活人"之书，依据《伤寒百问》诊治则又可以救活无数患者，张蕆遂将书名改为《南阳活人书》（亦称《类证活人书》）。

政和元年（1111）正月，朱肱将《南阳活人书》一函八册呈献给朝廷，希望国子监印造颁行，"以福群生"（朱肱《进表》）。后来此书在京师、成都、湖南、福建、两浙凡五处印行,影响广泛。在颁行流传过程中,朱肱发现此书"不曾校勘,错误颇多",于是在政和八年(1118),"遂取缮本,重为参详,改一百余处,命工于杭州大隐坊镂板,作中字印行"(朱肱《重校类证活人书正序》)。

朱肱研究伤寒最重经络,认为"治伤寒先须识经络,不识经络,触途冥行,不知邪气之所在"(《活人书》卷一)。《南阳活人书》从经络、病因转变加以分析,提出"因名识病,因病识证",强调脉证合参以辨病性,强调伤寒与温病有别,对张仲景医学思想颇多发挥,是分类论述《伤寒论》的重要著作,对后世有较大影响。直到乾隆五十年(1785),《南阳活人书》"江南版本不废"(鲍廷博《〈北山酒经〉跋》)。清代名医徐大椿(字灵胎)称赞说:"宋人之书,能发明《伤寒论》,使人有所执持而易晓,大有功于仲景者,《活人书》为第一。"(《〈活人书〉论》)清人陆心源辑撰的《宋史翼》卷三十八中有《朱肱传》,搜集了有关朱肱撰写《南阳活人书》及行医开方等相关故事。

朱肱家居二十年,先后编撰了《伤寒百问》《南阳活人书》《北山酒经》《内外二景图》《大隐居士诗话》等著作,除《南阳活人书》及《北山酒经》存世外,其余各书均已散佚。李时珍在编撰《本草纲目》时将朱肱的《南阳活人书》列入276种"古今医家书目"之中,是重要的参考著作(见《本草纲目·序例》)之一。

二

《北山酒经》又称《酒经》,是我国现存的第一部全面系统论述制曲酿酒工艺的专门著作,成书年代没有确切记载。在朱肱《北山酒经》之后,李保有《读朱翼中〈北山酒经〉并序》,并作《续〈北山酒经〉》。李保的序写于宋徽宗政和七年(1117)正月,所以《北山酒经》当在此前完成,一般认为是在政和五年(1115)。

宋代的酿酒业是在唐朝的基础上进一步得到普及和发展的。由于酒税是政府重要的财政来源，宋代实行酒专卖制，禁止官府许可之外的酿沽行为，缉查打击民间的私酒活动。苏辙《和子瞻〈蜜酒歌〉》诗说"城中禁酒如禁盗，三百青铜愁杜老"，描述的正是这样的现实。因为利税丰厚，当时朝廷对酿酒业极为重视，江浙一带正是我国黄酒酿造的主要产地，酿酒作坊比比皆是，《文献通考》卷十七《征榷考四》记载："《建炎以来朝野杂记》曰：旧两浙坊场一千三百三十四，岁收净利钱八十四万缗。"一方面，商业的发展和城市的繁荣，使酒的消费量激增。另一方面，农业的发达、粮食的丰足，制曲、酿酒技术的成熟，又使酒的质量大为提高、酒的品种大为增多，酒业的生产范围不断扩大。宋祁《禁门待漏》诗"漏箭急传催叠鼓，酒垆争拥卖寒醅"，写出了开封城一大早酒家就争相销售的情形。北宋画家张择端的《清明上河图》中也描绘了类似的情景，酒楼、酒旗随处可见。朱弁《曲洧旧闻》卷七引张能臣《酒名记》，列举北宋末年的名酒多达二百余种，涉及的生产地区包括开封府、太原府、河间府、凤翔府、江宁府及定州、怀州、磁州、庆州、苏州、夔州等八十余个府、州。乾兴元年（1022），仅是杭州一地，耗米1—3万石，生产商品酒10—30万斗；宋神宗熙宁九年（1076），东京（洛阳）地区，耗米30—41.8万斛，生产商品酒更多达300—418万斗（参见李华瑞《宋代酒的生产和征榷》，第84页）。正是在此基础上，《北山酒经》成为概括和总结当时丰富的酿酒理论和酿酒实践的代表性著作。

关于此书的写作地点，清人鲍廷博认为："此书有'流离放逐'及'御魑魅''转炎荒'之语，似成于贬所。而题曰'北山'者，示不忘西湖旧隐也。"（《〈北山酒经〉跋》）但考察朱肱生平，《北山酒经》应该是作者隐居西湖北山期间所作，是在对历史悠久的江南米酒有了全面深入的了解，积累了丰富的酿酒经验基础之上写成的。因其内容的丰富性和较强的实践性，需要一定的环境及时间，故难以在达州贬所短短的一年内完成。杭州又是江南米酒的主产地，对米酒的消费旺盛，促进了酿酒工艺的提高。宋无名氏《题太和楼壁》（《宋诗纪事》卷九六引《武林旧事》）

一诗描绘了杭州酿酒、饮酒的盛况：

> 太和酒楼三百间,大槽昼夜声潺潺。千夫承糟万夫瓮,有酒如海槽如山。铜锅镕尽龙山雪,金波涌出西湖月。星宫琼浆天下无,九酝仙方谁漏泄。皇都春色满钱塘,苏小当垆酒倍香。席分珠履三千客,后列金钗十二行。一座行觞歌一曲,楼东声断楼西续。就中茜袖拥红牙,春葱不露人如玉。今年和气光华夷,游人不醉终不归。金貂玉尘宁论价,对月逢花能几时。有个酒仙人不识,幅巾大袖豪无敌。醉后题诗自不知,但见龙蛇满东壁。

太和楼,是当时杭州的著名酒楼,食客如云,川流不息,南宋周密《武林旧事·酒楼》(卷六)记作"太和楼 东库","东库"属于官府酒楼。《武林旧事·酒楼》又有"诸色酒名",记雪醅、玉醅、珍珠泉、十洲春、秦淮春、金斗泉等当时名酒52种。作者隐居西湖,不仅潜心医学,也悉心研究如何制曲、酿酒,不仅为繁华都会的酿酒业提供技术上的支持,也以此自乐。

朱肱学识渊博,特别是在医药学方面的知识,使他不仅总结出米酒的各种酿造方法,还总结出了各种用以滋补健身的药酒的制作方法。书中"投闲自放,攘襟露腹,便然酣卧于江湖之上""流离放逐""御魑魅于烟岚,转炎荒为净土"等语,不过是宣泄胸中的不平之气罢了。书名《北山酒经》中的"北山",就是杭州西湖的北山。北山在西湖的北侧,南临西湖,北倚宝石山、保俶塔、葛岭、栖霞岭,林壑幽美,别有洞天,是西湖北面的风景长廊。宋人张扩《过龙井辩才退居》诗说:"南山北山天接连,西湖环山水涵天。"《武林旧事》卷五亦有"北山路"的记载,沿路风景无数:葛岭、栖霞岭之外,更有黄山桥、扫叶坞、青芝坞、玉泉驼巘等等。题名"北山",说明此书的材料主要取自当时浙江杭州一带。也有学者认为,"北山"是借《诗经·小雅·北山》中"陟彼北山,言采其杞。偕偕士子,朝夕从事。王事靡盬,忧我父母",谴责统治者无休止盘剥之意,抒发朱肱自己内心的愤郁不平。

三

《北山酒经》全书约一万五千字,内容丰富,体例完备,分为上、中、下三卷。《四库全书总目提要》说:"是编首卷为总论,二、三卷载制曲造酒之法颇详。《宋史·艺文志》作一卷,盖传刻之误。"

上卷是全书的总论部分。朱肱熟悉中国酿酒历史,指出酒的发明是一个自然的过程,并非一人而为,并引古语"空桑秽饭,酝以稷麦,以成醇醪,酒之始也"以证之。酿酒、制曲是在人充分了解、体味、把握了自然之后的科学行为,蕴含着中国人的智慧。中国酿酒的历史与中国文人饮酒的历史紧密相随,有其鲜明的时代特点和不得已的个人原因。历史上的嗜酒者如刘伶、阮籍、嵇康、王绩,在狂放的外表下隐藏的是痛苦的心灵,是对人生道路选择的彷徨,"酒之功力,其近于道耶",酒的作用微妙,可与道通。同时朱肱又认为:"酒之境界,岂铺歠者所能与知哉?"酒的世界是别一个世界,远非寻常之人可以轻易理解和进入。朱肱对于酿酒、制曲理论的探讨,始终是在对中国源远流长的酒文化的观照中进行的,二者互为表里、相得益彰。

中卷论述制曲理论及各种曲的制作技术,收录了十三种酒曲的配方及制法。按照制法的不同,分成"罨曲""风曲""曝曲"三类。"罨曲"包括四种曲,"风曲"包括四种曲,"曝曲"包括五种曲。制曲,是保存酿酒微生物的最好办法,是中国人的一大发明。经过作者悉心研究、仔细观察,总结出了"造曲水多则糖心,水脉不匀则心内青黑色;伤热则心红,伤冷则发不透而体重。惟是体轻,心内黄白,或上面有花衣,乃是好曲"(《总论》)的宝贵经验。这十三种曲,再加上"神仙酒法"中所附的妙理曲法、时中曲法两种,一共是十五种曲。其中以小麦为原料的七种,用糯米的三种,米麦混合的三种,麦豆混合的一种,绿豆的一种,比《齐民要术》所记酒曲基本上以小麦为原料有了明显的进步(《齐民要术》所搜集的十余种制曲法,除了女曲是用稻米为原料,其他用的都是小麦)。值得注意的是,这十五种酒曲,无一不加配有中草药,如白术、川芎、白附子、木香、桂花、丁香、人参、天南星、茯苓、地黄等等,均属于药曲。此前唐初诗人王绩《春庄酒后》诗说"郊扉乘晓辟,山酝及年开。柏叶投新酿,松花泼旧醅",就以"柏叶""松花"加入米酒之中,酿为药酒。元散曲家张可久《人月圆•山中书事》也说:"山中何事,松花酿酒,春水煎茶。"李时珍《本草纲目•谷部四•酒》中有"柏叶酒""椒柏酒",以松、柏、桂一类香木的叶子、汁液等入酒,"治风痹历节作痛","辟一切疫疠不正之气"。唐人张子容《除夜乐城逢孟浩然》诗中也有记述:"远客襄阳郡,来过海岸家。樽开柏叶酒,灯发九枝花。"究其原因,一是因为中草药中含有丰富的有利于微生物生长的维生素,可以促进酒曲的发酵,酿造出风味独特的酒来;二来也体现作为中医学家的朱肱对中草药药性、药理的谙熟(参见李华瑞《宋代酒的生产和征榷》,第11页),他想通过自己的丰富理论素养和具体深入的实践活动,为酿造药酒探索一条可行的路径。

下卷着重论述酿酒的工艺过程及各种酒的酿造技术。先说卧浆、淘米、煎浆、汤米、蒸醋糜、用曲、合酵、酴米、蒸甜糜、投醹,均为酿酒的关键技术:用含淀粉的谷物酿酒要经历两个阶段,第一阶段是水解淀粉,使之糖化;第二阶段利用酵母菌将糖化物转化成酒精。说完酿酒的关键技术后,作者再说酿酒器具的选用以及如何榨酒、收酒、煮酒、火迫酒。其中煮酒、火迫酒是通过煎煮、熏烤的方法提高酒的浓度和纯度。浓度和纯度提高之后,即便是米酒,也可以长久保存了。在严格意义上的蒸馏酒(烧酒)出现之前,火迫可能是提高酒的纯度最有效的方法之一。作者依次论述了酿酒的工艺过程之后,再说曝酒、白羊酒、地黄酒、菊花酒、酴醾酒、蒲萄酒、猥酒七种酒的具体制作方法。其中,白羊酒从用料到酿制,都有别于传统的米酒,使人们对这种以肥嫩羊肉为原料的古老营养保健酒有了切实的认识。在酿酒史上,是朱肱首次记述了白羊酒的具体制法。

在三卷之后,附有"神仙酒法",包括"武陵桃源酒法""真人变髭发方""冷泉酒法"三种酒的酿造方法及"妙理曲法""时中曲法"两种曲的制作方法。前三种酒法实际上体现了作者朱肱本人的酿酒理想,在酿酒工艺行为中又融入了浪漫的人文理想。他认为常饮这一类精酿的、带有明显滋补性质的酒,可以"延年益寿","蠲除万病,令人轻健",并说"纵令酣酗,无所伤",藉此让人们获得健康的体魄和快乐的心情,像武陵桃源人一样,保持持久的和平幸福,对未来怀有更多的期待。

纵观全书,确实如刊刻者鲍廷博所言:"曲方酿法,粲然备列""较之窦苹《酒谱》徒撷故实而无裨日用,读者宜有华实之辨焉"(《〈北山酒经〉跋》)。鲍廷博认为,《北山酒经》是一部既有理论高度又切合实用的专门著作。与同时代窦苹的《酒谱》相比较,窦著通篇讲的都是酒的掌故、饮酒者的有趣故事以及酒器、酒令等,很少涉及制曲、酿酒本身,更不能落实到工艺操作上。而《北山酒经》既有对中国酒文化的高度概括和论述,又提供了具体的制曲、酿酒方法及如何榨酒、收酒、贮存酒,读者据此完全可以进入到工艺层面的酿酒实践活动中去。一华一实,一迂阔一具体,二书的差别是显而易见的。

北魏贾思勰的《齐民要术》中,列出专章"造神曲并酒""白醪曲""笨曲并酒""法酒",讲述制曲、酿酒理论和工艺,这标志着中国酿酒工艺理论的初步形成。《北山酒经》是《齐民要术》之后论述制曲、酿酒工艺最为详尽的专门著作,书中对《齐民要术》有大量的引述和多方面的借鉴,可以看得出朱肱对《齐民要术》"造神曲""笨曲""法酒"等内容的创造性继承。如《北山酒经·用曲》说:

> 古法先浸曲,发如鱼眼汤,净淘米,炊作饭,令极冷。以绢袋滤去曲滓,取曲汁于瓮中,即投饭。近世不然,炊饭冷,同曲搜拌入瓮。曲有陈新,陈曲力紧,每斗米用十两,新曲十二两,或十三两,腊脚酒用曲宜重。大抵曲力胜则可存留,寒暑不能侵。米石百两,是为气平。十之上则苦,十之下则甘。要在随人所嗜而增损之。

所谓"古法",指的是《齐民要术·造神曲并酒》中的"神曲粳米醪法"。"古法"是"取曲汁于瓮中,即投饭",而朱肱的做法则是"炊饭冷,同曲搜拌入瓮",省去了"古法"的滤汁、取汁,而且注意到了曲的陈新、曲力的急缓,明确指出"米石百两"是曲米用量的一个基本比例,更具有操作性。

　　总之,与《齐民要术》有关制曲、酿酒部分的内容相比,《北山酒经》显然更进了一步,不仅叙述详细,搜集了各种酒曲及酒的制作方法,还对其中的原理进行了分析,既具有理论指导作用,又具有实践性。作为中国科技史上的最重要的著作之一,《北山酒经》系统地总结了南北朝以来的制曲酿酒经验,以大量的事实证明,中国的酿造技术在北宋就已经达到了很高水平。书中所记酒曲的制作方法及酿造经验,至今仍在江南米酒生产地区广泛流行。古有"越酒行天下"之说,这其中也有朱肱及其《北山酒经》的功劳。后世研究酒文化及黄酒酿造的学者文人,无不推崇此书并从中汲取养分。明代袁宏道《觞政》认为,《北山酒经》是源远流长的中国酒文化中的"内典",其崇高地位如同佛教徒眼中的佛经。内典指释迦世尊所说的一切法,也包括三藏十二部一切经典。因为佛法是心性内求的一门学问,所以称为内学。在袁宏道看来,"不熟此典者,保面瓮肠,非饮徒也",饮酒之人不熟读《北山酒经》等相关著作,是不能称懂酒的。

四

　　今天我们看到的《北山酒经》主要有三种版本:一是钱曾"述古堂钞本"。钱曾是清著名藏书家,号述古主人,此钞本后收入《知不足斋丛书》。《知不足斋丛书》是清乾嘉间江南大藏书家鲍廷博、鲍士恭父子刊刻的著名丛书。全书三十集,其中前二十七集由鲍廷博所刻,后三集由其子鲍士恭续刻,共收书208种(含附录12种)。该丛书所收者多为珍稀古籍,多善本,校雠精良,为人凭信。《北山酒经》收在《知不足斋丛书》的第十二集,著录称:"《酒经》三卷,宋朱肱撰,吴枚庵钞足本",卷上正文首页有"枚庵漫士古欢堂秘册""大隐翁撰"字样。二是"《说郛》本"。明人陶宗仪辑录旧籍、编《说郛》一百二十卷，虽收《北山酒经》，却只有卷上，卷中和卷下有目无文。三是"《四库》本"。《四库全书》收《北山酒经》三卷，看似足本，但卷中"玉友曲"、卷下"蒸甜醿""醅米"等条，文字多有脱误，上下文不能接续。三种版本中，以《知不足斋丛书》所收《北山酒经》为善。

　　本书以《知不足斋丛书》本为底本，校以《说郛》及《四库全书·子部·谱录类》所收《北山酒经》，本书文中三种书分别简称"《知不足斋》本""《说郛》本""《四库》本"。本书一般不出校记，遇到特殊情况所出的校记均放在注释之中。本书正文后附有北宋李保《读朱翼中〈北山酒经〉并序》、清人吴枚庵、鲍廷博《〈北山酒经〉跋》，这三种材料同见于《知不足斋丛书》所收《酒经》中，以便于读者进一步了解研究。

　　本书在整理过程中，得到了中华书局张彩梅女士的具体指导和帮助，补充了材料的不足、纠正了拙稿中的谬误，内蒙古大学图书馆古籍部朱敏老师提供了资料方便。我的研究生帮我核对了全书的引文。本书参考吸收了有关专家关于米酒酿造技术研究的成果，其中李华瑞《宋代酒的生产和征榷》、洪光住的《中国酿酒科技发展史》两部著作，材料丰富，学力深厚，使笔者获益良多。限于篇幅和体例，不能一一注出，在此一并表示衷心感谢。由于时间紧迫，《北山酒经》又涉及了许多制曲及酿酒工艺方面的专门知识，非笔者所能通晓，故在题解、注释、译文中难免存在错讹之处，敬请方家批评指正。

高建新

庚子年闰四月初三于内蒙古大学耕读堂

卷上

【题解】

本卷是全书的总论。总结了前代有关饮酒、酿酒、制曲的重要理论，记述了以嗜酒闻名于世的魏晋人刘伶、嵇康、阮籍，东晋的陶渊明以及唐初的王绩等人的事迹，论述了酒在不同环境下所呈现的不同功能，是全书的灵魂。朱肱站在历史悠久的中国酒文化的高度讨论酒，因而见解深刻，论述精辟。

首先，朱肱指出酒的巨大社会功用和特殊魅力："礼天地，事鬼神，射乡之饮，鹿鸣之歌，宾主百拜，左右秩秩。上自搢绅，下逮闾里，诗人墨客，渔夫樵妇，无一可以缺此。"从一开始，酒与中国文化及中国人的日常生活就结下了不解之缘。酒遍及社会生活的方方面面，上礼天地，下敬鬼神，大到治国安邦，小到和顺万民，非酒不能施行，饮酒者来自社会各个阶层。朱肱认为，酒的礼仪意义大于实际饮酒的意义："天之命民作酒，惟祀而已。"所以一再强调理性节制、适可而止是饮酒的第一要义，体现了儒家重"礼"重"节"的饮酒态度。

其次，朱肱指出酒可以改变人的空间感和时间感。当人处境艰难之时，酒所发挥的作用是神奇异常的："酒之移人也。惨舒阴阳，平治险阻""至于流离放逐，秋声暮雨，朝登糟丘，暮游曲封，御魑魅于烟岚，转炎荒为净土"。酒能够改变人的性情心境，就像明媚的时节使人舒展、阴霾的时节使人凄惨那样;酒也能帮人抗拒恶劣的环境,跨越险阻、渡过难关。不仅如此,"与酒游者,死生惊惧交于前而不知,其视穷泰违顺,特戏事尔","识量之高,风味之媆,足以还浇薄而发猥琐",进入酒的世界可以抗拒对死亡的恐惧,体现饮酒者的识见度量、风情格调,去除卑微猥琐之心,重返真诚淳厚之境。

再次,朱肱揭示了饮酒至为狂放的晋人真实的内心世界及其所处的特殊环境:"大率晋人嗜酒","酣放自肆,托于曲蘖,以逃世网,未必真得酒中趣尔。"在朱肱看来,晋人纵酒的原因,一则是要张扬个性,追求精神上的超越与解放,这与《世说新语·任诞》中的记述相一致:"三日不饮酒,觉形神不复相亲","酒,正使人人自远","酒,正自引人著胜地。"魏晋多名士,但能否成为名士,饮酒是一个重要标准,《世说新语·任诞》中说:"名士不必须奇才,但使常得无事,痛饮酒,熟读《离骚》,便可称名士。"二则是与政治形势的险恶与时局的威迫有直接的关系。骇人的恐怖时局将晋人逼入醉乡,所以难以体味真正意义上的"酒中趣"。宋人叶梦得在《石林诗话》卷下也说:"晋人多言饮酒有至于沉醉者,此未必意真在于酒。盖时方艰难,人各惧祸,惟托于醉,可以粗远世故。"晋人对酒的态度,典型地体现了处在改朝换代、社会激烈动荡时期知识分子的生活和心理状况。

对于酒性及饮酒之人,朱肱也有深刻的了解和感知:"酒味甘、辛,大热,有毒。虽可忘忧,然能作疾,所谓腐肠烂胃,溃髓蒸筋。"朱肱是以辩证的眼光、理性的态度看待酒的作用的,认为饮酒虽然可以暂时忘忧,如果没有节制,可能会带来意想不到的悲剧性后果,不仅损害身体,甚至危及生命,而不是一味夸大酒的无所不能并将其作用推向极端。酒是双刃剑,是天使也是魔鬼,是止痛药也是麻醉剂。朱肱告诫,无论是好饮者还是善饮者,在享受酒带来欢乐的同时,对酒应保持高度的清醒和理性。

酒之作尚矣①。仪狄作酒醪②,杜康秫酒③,岂以善酿得

名,盖抑始于此耶④。

【注释】

①酒之作尚矣:酒的发明已经是很遥远的事情了。关于酒的发明,
历来有多种说法。宋代窦苹《酒谱·酒之源》曰:"世言酒之所自
者,其说有三。其一曰:仪狄始作酒,与禹同时。又曰:尧酒千钟,
则酒作于尧,非禹之世也。其二曰:《神农本草》著酒之性味,《黄
帝内经》亦言酒之致病,则非始于仪狄也。其三曰:天有酒星,酒
之作也,其与天地并矣。"无论是在神农、黄帝时,还是尧、禹时,
酒的历史都非常悠久。中国用谷物酿酒,一般认为可能始于距今
五千年的新石器时代晚期,并非一人发明。到了商、周时期,由于
农业生产的逐渐发达,谷物酿酒也就更为普遍。甲骨文中已经有
三种酒的名称:一种叫"酒",即旨酒;一种叫"醴",甜味较淡的
酒;一种叫"鬯"(chàng),是用郁金香草加黑黍酿成的香浓的酒。
殷商时代饮酒之风很盛,有尊、斝(jiǎ)、卣(yǒu)、爵、觚(gū)、
觯(zhì)、角(jué)等各种制作精良的陶质、铜质的贮酒器和饮酒
器。《史记·殷本纪》记载殷纣王生活荒淫腐化、极尽奢靡,"大
聚乐戏于沙丘,以酒为池,悬肉为林,使男女倮相逐其间,为长夜
之饮",说明当时已有条件大规模地酿酒供最高统治者无度消耗。
《诗经》中已经有了大量关于饮酒的描写:"夙夜在公,在公饮酒"
(《鲁颂·有驜》);"王在在镐,岂乐饮酒"(《小雅·鱼藻》);"酌以
大斗,以祈黄耇"(《大雅·行苇》);"厌厌夜饮,不醉无归"(《小
雅·湛露》);"八月剥枣,十月获稻。为此春酒,以介眉寿"(《豳
风·七月》)。到了春秋战国时代,在祭祀、会盟、庆贺胜利等各
种场合中,酒已经成为必不可少的东西。实际上,酒的发明顺天
应人,经历了一个从天然酒逐渐过渡到人工酿酒的漫长过程,非
一人所能完成。

②仪狄作酒醪(láo)：仪狄酿造的是酒醪。仪狄，传说大禹时代人。
酒醪，汁滓(zǐ)混合的酒，也就是带糟的酒，即浊酒，后泛指酒。
《战国策·魏策二》曰："昔者，帝女令仪狄作酒而美，进之禹，禹
饮而甘之。"三国王粲《酒赋》曰："帝女仪狄，旨酒是献。苾(bì)
芬享祀，人神式宴。"不管是帝女令仪狄造酒，还是帝女仪狄造
酒，总之是仪狄造酒。三国曹植《酒赋》也认为是仪狄造酒："嘉
仪氏之造思，亮兹美之独珍。"仪狄发明酒是独创智慧的体现，受
到了人们特别的珍爱。《艺文类聚》卷七十二引《古史考》曰："古
有醴酪，禹时仪狄作酒。"醴酪，即酒浆。

③杜康秫(shú)酒：杜康酿造的是秫酒。杜康，传说是历史上第一
个酿酒的人，后成为酒的代称。秫酒，用黏高粱酿的酒。秫，黏高
粱，常用来酿酒。《说文解字·禾部》曰："秫，稷之黏者。"东晋陶
渊明《和郭主簿二首》诗其一曰："春秫作美酒，酒熟吾自斟。"西
晋江统《酒诰》曰："酒之所兴，肇自上皇，或云仪狄，一曰杜康。"
认为酒的发明始于太古的皇帝如伏羲等，或为仪狄、杜康。陶渊
明《述酒》诗题下注："仪狄造，杜康润色之。"认为酒由仪狄所
造，但经过杜康加工后更加完美。杜康造酒说出现较晚，第一次
出现在许慎《说文解字·巾部》："古者少康初作箕、帚、秫酒。少
康，杜康也，葬长垣。"又，《说文解字·酉部》曰："杜康作秫酒。"
《说文解字》始作于和帝永元十二年(100)，至安帝元年(121)
许慎病，使子许冲表上。孔颖达疏《尚书·酒诰》"惟天降命，
肇我民，惟元祀"引东汉应劭《世本》云："仪狄造酒，夏禹之臣，
又云杜康造酒，则人自意所为。""杜康造酒"说因曹操"何以解
忧？唯有杜康"(《短歌行》)诗句的巨大影响而风行天下。

④盖抑始于此耶：大概是因为酿酒法最早是他们发明的吧。始于此
耶，"《知不足斋》本""《说郛》本"皆作"始终如此"，此从"《四
库》本"。

【译文】

　　酒的发明是很久远的事了。仪狄酿造酒醪，杜康始作秫酒，他们岂是因为擅长酿酒而闻名于世的，大概是因为酿酒法最早是他们发明的吧。

　　酒味甘、辛，大热，有毒①。虽可忘忧，然能作疾②，所谓腐肠烂胃，溃髓蒸筋。而刘词《养生论》③：酒所以醉人者，曲蘖气之故尔④。曲蘖气消，皆化为水。昔先王诰：庶邦庶士"无彝酒"⑤；又曰"祀兹酒"⑥，言天之命民作酒，惟祀而已⑦。六彝有舟，所以戒其覆⑧；六尊有罍，所以禁其淫⑨。陶侃剧饮，亦自制其限⑩。后世以酒为浆⑪，不醉反耻⑫，岂知百药之长⑬，黄帝所以治疾耶！

【注释】

①"酒味甘、辛"几句：指出了酒的特殊性质。明代卢和《食物本草·味类》曰："酒，大热，有毒，主行药势，杀百邪恶、毒气。行诸经而不止。通血脉，厚肠胃，御风寒雾气，养脾扶肝。"《食疗本草·酒》又引陶弘景曰："大寒凝海，惟酒不冰，明其性热故也。"《抱朴子·外篇·酒诫》曰："夫酒醴之近味，生病之毒物；无毫分之细益，有丘山之巨损；君子以之败德，小人以之速罪。"

②作疾：致病，得病。唐代陈藏器《本草拾遗·酒》曰：酒"杀百邪，去恶气，通血脉，厚肠胃，润皮肤，散石气，消忧发怒，宣言畅意。智人饮之则智，愚人饮之则愚"；元代忽思慧《饮膳正要·饮酒避忌》曰："少饮尤佳；多饮伤神、损寿，易人本性，其毒甚也；醉饮过度，丧生之源"；清代汪昂《本草备要》卷四曰：酒"热饮伤肺，温饮和中。少饮则和血行气，壮神御寒，遣兴消愁，辟邪逐秽，暖水脏，行药势。过饮则伤神耗血，损胃烁精，动火生痰，发怒助欲，致

生湿热诸病。"他们认为酒性大热、有毒,毫无节制地狂饮、滥饮,会带来意想不到的悲剧性后果。

③刘词《养生论》:刘词,宋朝人,生平事迹不详。《宋史·艺文志》曰:"处士刘词《混俗颐生录》一卷。"刘词,"《四库》本"作"刘训",此从"《知不足斋》本"。

④曲蘗(niè):酒曲。蘗,酒曲。

⑤无彝酒:不要常饮酒。语出于《尚书·酒诰》:"文王诰教小子、有正、有事,无彝酒。"《正义》曰:"小子,民之孙也。正官、治事,谓下群吏,教之皆无常饮酒。"

⑥祀兹酒:惟有祭祀的时候可以用此酒。语出于《尚书·酒诰》:"厥诰毖庶邦庶士,越少正、御事,朝夕曰:'祀兹酒。'"《正义》曰:"文王其所告慎众国、众士于少正官、御治事吏,朝夕敕之:'惟祭祀而用此酒,不常饮。'"

⑦天之命民作酒,惟祀而已:上天让百姓酿酒,是用以祭祀的。《尚书·酒诰》曰:"惟天降命,肇我民,惟元祀。"《正义》曰:"惟天下教命,始令我民知作酒者惟为祭祀。""'元祀'者,言酒惟用于大祭祀,见戒酒之深也。"

⑧六彝有舟,所以戒其覆:古代用于祼祭的六种有托盘的酒器,是告诫人们不要因过度饮酒而导致倾覆。彝,古代尊彝等的托盘。《周礼·司尊彝》:"祼,用鸡彝、鸟彝,皆有舟。"郑玄注引郑司农曰:"舟,尊下台,若今时承盘。"六彝,指祭祀用的鸡彝、鸟彝、斝(jiǎ)彝、黄彝、虎彝、蜼(wèi)彝六种刻画有不同图饰的酒器。

⑨六尊有罍(léi),所以禁其淫:古代饮酒有六尊之说,是告诫人们饮酒不可过度。六尊,《周礼·春官·小宗伯》:"辨六尊之名物,以待祭祀、宾客。"郑司农云:"六尊:献尊、象尊、壶尊、著尊、大尊、山尊。"罍,酒器,小口、深腹。淫,过度,不节制。《周礼·司尊彝》:"再献用两山尊,皆有罍。"郑玄注曰:"诸臣献者,酌罍以

自酢,不敢与王之神灵共尊。"

⑩陶侃剧饮,亦自制其限:陶侃能痛饮酒,也能自我约束。《世说新语·贤媛》注引《侃别传》曰:"侃在武昌,与佐吏从容饮燕,常有饮限。或劝犹可少进,侃凄然良久,曰:'昔年少,曾有酒失,二亲见约,故不敢逾限。'"陶侃(259—334),字士行,原籍鄱阳,后迁寻阳(今江西九江),是东晋的开国元勋,官至大将军。太宁三年(325),苏峻作乱,大臣庾亮、温峤推他为盟主,合力收复建康。后任荆、江二州刺史,都督八州军事,握强兵镇守长江中游。陶侃功勋卓著,声名显赫,封为长沙郡公,死后追谥大司马。

⑪浆:古代的一种微酸的饮料。《周礼·天官·酒正》曰:"辨四饮之物:一曰清,二曰醫,三曰浆,四曰酏(yí)。掌其厚薄之齐,以共王之四饮。"贾公彦疏:"一曰清,则浆人云醴清也。二曰醫者,谓酿粥为醴则为醫。三曰浆者,今之截浆。四曰酏者,即今薄粥也。"截(zài)浆,带有醋味的酒,用熟饭制成。

⑫不醉反耻:《诗经·小雅·宾之初筵》曰:"彼醉不臧,不醉反耻。"意谓酗酒本来不是一件好事情,现在反倒以醉为荣、不醉为耻了。

⑬百药之长:《汉书·食货志四下》曰:"夫盐,食肴之将;酒,百药之长,嘉会之好。"意谓酒有特殊的药效,在百药中排为第一。

【译文】

酒味甘、辛,大热,有毒。虽说酒可以使人忘忧,但也能导致疾病,如人常说的腐肠、烂胃、溃髓、蒸筋等。刘词的《养生论》认为酒能醉人的原因,在于曲蘖之气。曲蘖之气消散了,酒会完全化成水。从前先王发布诰令,不许臣民随意饮酒;又命令说,只有祭祀的时候才能用酒,上天让百姓发明酒,也只是为了祭祀之用。古时用于祭祀的六种酒器都有托盘,是告诫人们不要因过度饮酒而导致倾覆;饮酒又有"六尊"之说,是告诫人们饮酒不可过度。晋代陶侃喜欢酗饮,但也自我限量。后世人把酒当饮料,不喝醉反倒觉得羞耻,他们哪里知道酒为百药之首,黄帝是用它来治病的。

　　大率晋人嗜酒①。孔群作书族人："今年得秫七百斛，不了曲蘗事。"②王忱："三日不饮酒，觉形神不复相亲。"③至于刘、殷、嵇、阮之徒④，尤不可一日无此。要之，酣放自肆，托于曲蘗，以逃世网⑤，未必真得酒中趣尔。古之所谓得全于酒者，正不如此，是知狂药自有妙理⑥，岂特浇其磊魂者耶⑦？五斗先生弃官而归耕于东皋之野⑧，浪游醉乡⑨，没身不返⑩，以谓结绳之政已薄矣⑪。虽黄帝华胥之游⑫，殆未有以过之⑬。繇此观之，酒之境界，岂餔歠者所能与知哉⑭？儒学之士如韩愈者，犹不足以知此，反悲醉乡之徒为不遇⑮。

【注释】

①大率：大抵，大致。

②"孔群作书族人"几句：《世说新语·任诞》曰："鸿胪卿孔群好饮酒，王丞相语云：'卿何为恒饮酒？不见酒家覆瓿布，日月糜烂？'群曰：'不尔。不见糟肉，乃更堪久？'群尝书与亲旧：'今年田得七百斛秫米，不了曲蘗事。'"孔群，字敬修，会稽山阴（今浙江绍兴）人。晋代名士，个性鲜明，以嗜酒著称。《世说新语·方正》刘孝标注引《会稽后贤记》曰："群有智局，仕至御史中丞。"秫（shú），梁米、粟米之黏者，多用以酿酒。斛（hú），古量器名，也是容量单位，十斗为一斛。不了，不够。了，解决。曲蘗（niè）事，指酿酒诸事。蘗，酒曲。酿酒用的发酵剂。

③"王忱"几句：《世说新语·任诞》："王佛大叹言：'三日不饮酒，觉形神不复相亲。'"刘孝标注引《晋安帝纪》曰："忱少慕达，好酒，在荆州转甚，一饮或至连日不醒，遂以此死。"王忱（？—392），

字元达,小字佛大,晋阳(今山西太原)人。晋代名士,少有名誉。历位骠骑长史,太元中任荆州刺史。自恃才气,恃酒放旷。末年尤嗜酒,一饮连月不醒。卒赠右将军,谥曰穆。

④刘、殷、嵇、阮:此指魏晋时代名士刘伶、殷融、嵇康、阮籍。刘伶,字伯伦,沛国(今江苏沛县一带)人。"竹林七贤"之一,以嗜酒著称,著有《酒德颂》,盛赞酒给人带来的无量功德,充满了对传统道德价值的怀疑和反叛。《世说新语·文学》曰:"刘伶著《酒德颂》,意气所寄。"殷融,字洪远,陈郡(今河南淮阳)人。《世说新语·文学》刘孝标注引《晋中兴书》:殷融"为司徒左西属。饮酒善舞,终日啸咏,未尝以世务自婴。累迁吏部尚书、太常卿,卒。"嵇康(224—263),字叔夜,谯郡铚(今安徽宿州西南)人。少孤贫,有奇才。及长,博学多通。"竹林七贤"之一。官至中散大夫。后因是曹魏宗室姻亲,又因钟会借私怨构陷,遂为司马昭所杀。豪饮善醉,《世说新语·容止》曰:"山公曰:'嵇叔夜之为人也,岩岩若孤松之独立;其醉也,傀俄若玉山之将崩。'"阮籍(210—263),字嗣宗,陈留尉氏(今河南尉氏)人。曾任步兵校尉,又称"阮步兵"。"竹林七贤"之一,自言"临觞多哀楚,思我故时人。对酒不能言,凄怆怀酸辛"(《咏怀八十二首》其三十四)。《世说新语·任诞》曰:"王孝伯问王大:'阮籍何如司马相如?'王大曰:'阮籍胸中垒块,故须酒浇之。'"

⑤世网:比喻法律礼教、伦理道德对人的束缚。

⑥狂药:服用后使人神志失常的药,这里指酒。唐李群玉《索曲送酒》诗曰:"帘外春风正落梅,须求狂药解愁回。"

⑦岂特浇其磊魂(lěi kuǐ)者耶:难道只是浇人胸中的块垒吗?岂特,难道只是,何止。浇,"《知不足斋》本""《说郛》本"皆作"洗",此从《四库》本。磊魂,石不平貌,比喻胸中郁结的愁闷或气愤。

⑧五斗先生：指唐初诗人王绩（585？—644）。字无功，号东皋子、斗酒学士、五斗先生等，绛州龙门（今山西河津）人。因仕途不得志而弃官归隐。性嗜酒，其所著《五斗先生传》曰："有五斗先生者，以酒德游于人间。有以酒请者，无贵贱皆往，往必醉，醉则不择地斯寝矣，醒则复起饮也。常一饮五斗，因以为号焉。"王绩著《醉乡记》曰："昔者黄帝氏尝获游其都，归而杳然丧其天下，以为结绳之政已薄矣！……阮嗣宗、陶渊明等十数人，并游于醉乡，没身不返，死葬其壤，中国以为酒仙云。"东皋：地名，在今山西河津。王绩曾隐居于此。

⑨醉乡：指醉酒后进入朦胧、神志不清的境界。

⑩没（mò）身不返：终身不回。没身，终身。

⑪结绳之政：指上古时代的政治。上古无文字，结绳以记事，故称。薄：指人心、世道、纲纪等衰微。

⑫黄帝华胥之游：《列子·黄帝》曰："（黄帝）昼寝，而梦游于华胥氏之国。华胥氏之国在弇州之西，台州之北，不知斯齐国几千万里。盖非舟车足力之所及，神游而已。其国无帅长，自然而已；其民无嗜欲，自然而已……黄帝既寤，怡然自得。"后用以指理想的安乐和平之境，或作梦境的代称。华胥，华胥氏之国，传说中的理想国。唐李群玉《昼寐》诗曰："人间无乐事，直拟到华胥。"

⑬殆：大概，几乎。

⑭餔歠（bū chuò）：吃酒糟、饮薄酒，谓追求一醉。餔，吃。歠，同"啜"，饮。《楚辞·渔父》曰："众人皆醉，何不餔其糟而歠其醨。"醨（lí），薄酒。

⑮"儒学之士如韩愈者"几句：唐韩愈《送王秀才序》曰："吾少时读《醉乡记》，私怪隐居者无所累于世而犹有是言，岂诚旨于味邪？及读阮籍、陶潜诗，乃知彼虽偃蹇不欲与世接，然犹未能平其心，或为事物是非相感发，于是有托而逃焉者也。若颜氏子操瓢与

箪，曾参歌声若出金石，彼得圣人而师之，汲汲每若不可及，其于外也固不暇，尚何曲糵之托而昏冥之逃邪？吾又以为悲醉乡之徒不遇也。"在韩愈看来，隐居者并不甘心沉于醉乡，虽然他们处境困顿艰难，不与尘世往来，但内心依旧有所不平。因感发于世道之非而隐于乡村，而前贤颜回、曾参学习圣人之道尚恐不及，又哪里顾得上沉于醉乡、昏酣逃世呢？所以因不得志而沉于醉乡者，实在是让人同情。韩愈（768—824），字退之，邓州河阳（今河南孟州）人。后徙河北昌黎，世称昌黎先生。中唐时期著名的思想家、文学家。古文运动的领袖人物，唐宋八大家之一。不遇，不得志，不被赏识。

【译文】

　　大体上说，晋代人喜欢纵酒。孔群写信给族人："今年收获秫米七百斛，还不够酿酒用。"王忱说："三天不喝酒，就觉得身体和精神相分离。"至于刘伶、殷融、嵇康、阮籍等人，尤其不可以一日不饮酒。要而言之，他们放纵饮酒，沉湎醉乡，只是要逃避礼教对人的束缚，未必真的体会到了饮酒的趣味。古时能够完满领悟酒趣的人，就不是这样，因为他们知道酒这"狂药"中所包含的妙理，不只是能浇人胸中的块垒。王绩之所以辞官归去，耕作于东皋之野，沉湎于醉乡，终身不返，是认为上古纯朴的结绳之治已经远去。在王绩看来，醉乡的美妙，大概是黄帝梦游的华胥氏之国也比不上的。由此可知，酒的境界不是那些只知一味纵饮烂醉的酒徒所能领悟的。即使是饱学之士如韩愈等人，也不能识得酒的真趣，反而认为沉入醉乡者都是因为不得志。

　　大哉，酒之于世也①！礼天地，事鬼神，射乡之饮②，鹿鸣之歌③，宾主百拜，左右秩秩④。上自搢绅⑤，下逮闾里⑥，诗人墨客，渔夫樵妇，无一可以缺此。投闲自放⑦，攘襟露腹⑧，便然酣卧于江湖之上⑨，扶头解酲⑩，忽然而醒。虽道术之士，炼阳消阴[11]，饥肠如筋，而熟谷之液亦不能去[12]。惟胡人禅律[13]，以此为戒。嗜者至于濡首败性[14]，失理伤生，往往屏爵弃卮，焚罍折榼[15]，终身不复知其味者，酒复何过耶？

【注释】

①大哉，酒之于世也：指酒的作用巨大，非他物可比。《汉书·食货志下》曰："酒者，天之美禄，帝王所以颐养天下，享祀祈福，扶衰养疾。百礼之会，非酒不行。"《汉书·地理志》曰："酒礼之会，上下通焉，吏民相亲。"东汉末孔融《难曹公表制酒禁书》曰："酒之为德久矣。古先哲王，类帝禋（yīn）宗，和神定人，以济万国，非酒莫以也。"

②射乡之饮：指乡射礼、乡饮酒礼，古代饮酒的礼仪。古代乡饮酒礼之后举行乡射礼。一说，指大射礼和乡饮酒礼。乡射，古代射箭饮酒的礼仪。乡射有二：一是州长春秋于州序（州的学校）以礼会民习射，一是乡大夫于三年大比贡士之后，乡大夫、乡老与乡人习射。乡饮酒，周代乡学三年业成大比，考其德行道艺优异者，荐于诸侯。将行之时，由乡大夫设酒宴以宾礼相待，谓之"乡饮酒礼"。历朝沿用，亦指地方官按时在儒学举行的一种敬老仪式。

③鹿鸣之歌：指宴饮宾客。《诗经·小雅·鹿鸣》曰："我有旨酒，以燕乐嘉宾之心。"

④秩秩：恭敬而有秩序。《诗经·小雅·宾之初筵》曰："宾之初筵，左右秩秩。"

⑤搢（jìn）绅：亦作"缙绅"，指古代官员朝会时的一种装束，束大带而插笏板，后用以代指官吏、士大夫。《晋书·舆服志》曰："所谓搢绅之士者，搢笏而垂绅带也。"

⑥闾（lú）里：里巷，平民聚居之处，借指平民。

⑦投闲：置身于清闲之地。自放：自我放纵，摆脱礼法的约束。

⑧攘（rǎng）襟露腹：撩起衣襟，袒露肚皮。攘襟，撩起衣襟。

⑨便（pián）然：安适的样子。便，安适，安宁。

⑩扶头解酲（chéng）：谓酒醉之后又饮少量淡酒醒酒。解酲，醒酒。《晋书·刘伶传》曰："天生刘伶，以酒为名。一饮一斛，五斗解酲。"

⑪炼阳消阴：亦作"炼阳销阴"，指道家的修炼。明代胡文焕《养生导引秘籍·养生咏玄集》曰："炼阳魂，销阴质也。炼阳销阴之法，天真皇人传黄帝三一之诀，此其道也。若神气相合，阳自炼，阴自销。此皆自然之理，阴阳使其然哉。"

⑫熟谷之液：指酒。熟谷，成熟的谷物。

⑬胡人：我国古代对北方边地及西域各民族人民的称呼。禅律：指禅定和戒律。宋代黄庭坚《东林寺二首》诗其一曰："白莲种出净无尘，千古风流社里人。禅律定知谁束缚，过溪沽酒见天真。"

⑭濡（rú）首败性：因饮酒而败坏德行。语出《易·未济》："上九，有孚于饮酒，无咎。濡其首，有孚失是。象曰：'饮酒濡首，亦不知节也。'"后以"濡首"谓沉湎于酒而有失本性常态之意。濡，湿，沾湿。南北朝张率《梁雅乐歌五首·宴酒篇》曰："彝酒作民，乐饮亏则。腐腹遗丧，濡首亡国。"

⑮屏爵弃卮（zhī），焚罍（léi）折榼（kē）：指毁坏酒器，彻底戒酒。爵、卮、罍、榼，都是古代盛酒的器具。爵，古代一种盛酒礼器，像雀形，比尊彝小，受一升。亦用为饮酒器。卮，古代的一种圆形酒器。罍，古代的一种容器。外形或圆或方，小口，广肩，深腹，圈足，有盖和鼻，与壶相似，用来盛酒或水。多用青铜铸造，亦有陶制的。榼，古代盛酒或贮水的器具。

【译文】

酒之对于人世，作用巨大啊！礼敬天地，祭祀鬼神，射箭饮酒，宴请嘉宾，宾主互敬，群臣聚会，都要通过酒来实现。上至高官贵人，下及普通百姓，诗人墨客，渔夫樵妇，没有一人可以缺少酒。追求闲情，自我放纵,撩起衣襟,袒露肚皮,安然醉卧在江海湖泊之上,酒醉后又饮少量淡酒醒酒,忽然又清醒过来。就是有道术之人,修炼得不食五谷、肠细如筋,但都离不开用谷物酿成的液体——酒。只有从西域传入的佛教及其教徒戒绝饮酒。嗜酒者因饮酒违背本性,失去理智伤害身体,结果往往是摈弃、毁坏酒器、酒具,终生不能再知晓酒的滋味,但酒本身又有什么过错呢?

平居无事①,污尊斗酒②,发狂荡之思③,助江山之兴④,亦未足以知曲蘗之力、稻米之功⑤。至于流离放逐⑥,秋声暮雨,朝登糟丘,暮游曲封⑦,御魑魅于烟岚⑧,转炎荒为净土⑨,酒之功力,其近于道耶?与酒游者,死生惊惧交于前而不知⑩,其视穷泰违顺⑪,特戏事尔。彼饥饿其身,焦劳其思,牛衣发儿女之感⑫,泽畔有可怜之色⑬,又乌足以议此哉⑭!鸱夷丈人以酒为名,含垢受侮,与世浮沉⑮。而彼骚人高自标持⑯,分别黑白,且不足以全身远害,犹以为惟我独醒⑰。

【注释】

①平居:平时闲居在家。

②污尊:《礼记·礼运》曰:“夫礼之初,始诸饮食。其燔黍捭豚,污尊而抔饮,蒉桴而土鼓,犹若可以致其敬于鬼神。”郑玄注:“污尊,凿地为尊也;抔饮,手掬之也。”燔(fán)黍捭(bǎi)豚,指上古烹饪用具出现前对食物的简单加工情况。燔,烧烤。捭,撕裂。污,本指小池塘,此处指挖掘。尊,酒器。污尊抔饮,指掘地为坑当酒尊,以手捧酒而饮。蒉桴(kuì fú),用草和土抟成的鼓槌。

③狂荡:放荡不羁。

④江山之兴:游赏山水的兴致。

⑤曲蘖之力、稻米之功：指酒及其功效。

⑥流离：因灾荒战乱流转离散。

⑦朝登糟丘，暮游曲封：极言沉湎于酒之甚。糟丘，酒糟堆积成山。
　糟，酒糟，酿酒后所剩余的渣滓。曲封，用来酿酒的酒曲成堆。
　封，堆土。唐代李白《月下独酌四首》诗其四曰："当代不乐饮，虚
　名安用哉。蟹螯即金液，糟丘是蓬莱。且须饮美酒，乘月醉高台。"

⑧魑魅（chī mèi）：中国古代神话传说中的山神，也指山林中害人的
　鬼怪。烟岚：山里蒸腾起来的雾气。

⑨炎荒：指南方炎热荒远之地。

⑩死生惊惧交于前而不知：死生惊惧交替出现在眼前也会视而不
　见。《庄子·达生》曰："夫醉者之坠车，虽疾不死。骨节与人同，
　而犯害与人异，其神全也。乘亦不知也，坠亦不知也，死生惊惧不
　入乎其胸中，是故迕物而不慴。"庄子认为，醉者从车上摔下来，
　虽会受伤却不会致命，这是因为醉者骨节和他人一样，而所受的
　精神伤害却和他人不同。因为醉者忘物忘我，精神凝聚而安详。
　醉者乘车时候不知道，坠车时候也无知觉，所以生死不能入其胸，
　惊惧不能扰其心。

⑪穷泰违顺：指困厄和显达、违背与顺遂。违，不如意，不顺心。

⑫牛衣发儿女之感：汉朝王章贫病，无被可眠，卧牛衣之中，与妻子
　泣涕诀别，后以"牛衣对泣"形容夫妻共受贫困。牛衣，供牛御寒
　的披盖物，如蓑衣之类。

⑬泽畔有可怜之色：湘江边上有脸色忧郁之人，此指屈原。《楚
　辞·渔父》曰："屈原既放，游于江潭，行吟泽畔，颜色憔悴。"

⑭乌足：何足。

⑮"鸱（chī）夷丈人以酒为名"几句：鸱夷丈人把酒当成命，忍受耻
　辱，随世俗的潮流而动。鸱夷丈人，指春秋时期越国大夫范蠡，协
　助越王勾践灭掉吴国后，浮海到齐，自称鸱夷子皮。后又入宋的

陶邑（今山东定陶西北），改名陶朱公，以经商成为巨富，事迹见
《史记·越王勾践世家》。以酒为名，把酒当成性命，语见《世说
新语·任诞》："天生刘伶，以酒为名。"名，通"命"，这里指范蠡
借酒韬光养晦。

⑯标持：标举品第，评定位置，多指自高位置，引申为自负。

⑰惟我独醒：指独自觉醒，不与世俗同流合污。语出《楚辞·渔
父》："举世皆浊我独清，众人皆醉我独醒。"

【译文】

平日生活悠闲无事，可以喝喝酒，比比酒量，发一点儿狂荡之思，助
一下游览的兴致，但这还不足以显示酒的功效。等到遭遇了流离放逐，
在秋声暮雨里，不得已从早到晚酣饮不止，以此抵御隐藏在烟岚中的鬼
怪，把荒蛮之地转化成圣洁的净土，这时酒的功效，岂不是近似"道"的
作用了吗？与酒相伴者，死生惊惧交替出现在眼前也会视而不见，至于
穷通违顺更是如同儿戏一样不足挂心。那种为了某种目的忍饥挨饿、焦
虑劳神、一遇到困境就发出儿女之悲叹、行吟泽畔显露出可怜神色的人，
又哪里有资格谈论酒的趣味？鸱夷丈人把酒当成命，含垢受辱，与世沉
浮。而屈原虽然自高位置，明辨黑白，却不能保全自身、远离祸患，还自
认为唯我独醒呢。

善乎，酒之移人也。惨舒阴阳①，平治险阻②。刚愎者薰
然而慈仁③，懦弱者感慨而激烈。陵轹王公④，绐玩妻妾⑤，滑
稽不穷，斟酌自如⑥。识量之高⑦，风味之媺⑧，足以还浇薄
而发猥琐⑨。岂特此哉？"夙夜在公"《有駜》，"岂乐饮酒"
《鱼藻》，"酌以大斗"《行苇》，"不醉无归"《湛露》⑩，君臣相遇，
播于声诗⑪，未足以语太平之盛。至于黎民休息，日用饮
食，祝史无求⑫，"神具醉止"⑬，斯可谓至德之世矣⑭。然则

伯伦之颂德⑮，乐天之论功⑯，盖未必有以形容之。夫其道深远，非冥搜不足以发其义⑰；其术精微⑱，非三昧不足以善其事⑲。

【注释】

①惨舒阴阳：指秋冬季使人沉郁，春夏季使人舒展。《文心雕龙·物色》曰："春秋代序，阴阳惨舒，物色之动，心亦摇焉。"

②平治：平定治理。《孟子·公孙丑下》曰："如欲平治天下，当今之世，舍我其谁也？"

③刚愎（bì）：倔强固执。薰然：温和貌，和顺貌。

④陵轹（lì）：凌驾，超越。此指蔑视。

⑤绐（dài）玩：犹玩弄、欺哄。绐，欺哄。

⑥斟酌：倒酒不满谓之"斟"，过满谓之"酌"，贵在适中。喻凡事反复考虑，择善而定。

⑦识量：识见与度量。

⑧嫩（měi）：美，善。

⑨浇薄：指社会风气浮薄。猥琐：卑贱微末。

⑩"夙夜在公"几句：《有駜（bì）》《鱼藻》《行苇》《湛露》，均为《诗经》中篇名，有关于饮酒的描写："夙夜在公，在公饮酒"（《鲁颂·有駜》）；"王在在镐，岂乐饮酒"（《小雅·鱼藻》）；"酌以大斗，以祈黄耇"（《大雅·行苇》）；"厌厌夜饮，不醉无归"（《小雅·湛露》）。

⑪声诗：乐歌，有乐器伴奏的歌曲，亦泛指歌曲。

⑫祝史：祝官、史官的合称。祝官，古代掌管祭祀、祝祷之事的官。

⑬神具醉止：神灵都醉了。语出《诗经·小雅·楚茨》。具，同"俱"。止，语气词。

⑭至德：盛德，大德。

⑮伯伦之颂德:指刘伶所著《酒德颂》。伯伦,刘伶字伯伦。

⑯乐天之论功:白居易(772—846),字乐天,号香山居士。唐代诗
　　人,一生好饮,有多篇诗文赞美酒功、酒德。

⑰冥搜:尽力寻找、搜集。发:阐述。

⑱精微:精深微妙。

⑲三昧(mèi):佛教语。指摈除杂念,心不散乱,专注一境。

【译文】

好啊! 酒能够改变人的性情心境。就像明媚的时节使人舒展、阴霾
的时节使人凄惨那样,酒也能帮人跨越险阻、渡过难关。刚愎强悍的人
饮了酒会变得温和仁慈,懦弱的人饮了酒会变得慷慨激昂。酒能使人藐
视王公,逗哄妻妾,虽滑稽幽默不断,但斟酌依旧自如。识见度量之高,
风情格调之美,足以使人重返淳厚风气、去除卑微猥琐之心。岂止如此,
《诗经》说:"夙夜在公"《有駜》,"岂乐饮酒"《鱼藻》,"酌以大斗"《行苇》,
"不醉无归"《湛露》,君臣聚会饮酒的融洽欢乐,通过乐歌获得了传播,但
这还不足以表现太平社会的繁盛。直到黎民百姓休养生息,日用饮食无
所匮乏,祝官、史官们无事可做,就连神灵也醉得神态悠然,这样才算是
至德之世。酒有如此巨大的功效,即使是有刘伶的颂酒德之文,白居易
的歌酒功之诗,也还不能够完全形容。酒的奥秘太深幽了,不尽力搜求
是发掘不出它的意义的;酿酒的技法太精深微妙了,不懂酒中三昧,就不
能把酒酿好。

　　昔唐逸人追述焦革酒法①,立祠配享②,又采自古以来
善酒者以为《谱》。虽其书脱略、卑陋,闻者垂涎,醑适之
士口诵而心醉③,非酒之董狐④,其孰能为之哉? 昔人有斋
中酒、厅事酒、猥酒⑤,虽匀以曲糵为之⑥,而有圣有贤⑦,清
浊不同。《周官·酒正》⑧:"以式法授酒材"⑨,"辨五齐之

名""三酒之物"⑩,岁终"以酒式诛赏"⑪。《月令》:"乃命大酋,音"缩"。大酋,酒官之长也。秫稻必齐,曲蘖必时,湛炽必洁,水泉必香,陶器必良,火齐必得⑫。"六者尽善,更得醯浆⑬,则酒人之事过半矣。《周官·浆人》:"掌共王之六饮⑭:水、浆、醴、凉、醫、酏⑮,入于酒府⑯。"而浆最为先。

【注释】

①昔唐逸人追述焦革酒法:唐吕才《东皋子集序》曰:"(王绩)追述焦革《酒经》一卷,其术精悉。兼采杜康、仪狄已来善为酒人,为《酒谱》一卷。太史令李淳风见而悦之,曰:'王君可为酒家之南、董。'"唐逸人,指王绩,王绩因仕途失意而归隐。焦革,唐初人,曾任太乐署史,善酿酒,为王绩所倾慕,焦革亦不时馈赠美酒给王绩。王绩所作《酒经》《酒谱》今已散佚。

②配享:亦作"配飨"。合祭,祔祀。吕才《东皋子集序》说王绩隐居河津时,"河渚东南隅有连沙磐石,地颇显敞,君于其侧遂为杜康立庙,岁时致祭,以焦革配焉"。

③酣适:畅快舒适。

④董狐:亦称"史狐",春秋晋国史官。中国历代史家都把他作为史家秉笔直书的象征。

⑤斋中酒:古时官府酿造的优质酒。厅事酒:官府酿造的中档酒。猥酒:劣质酒。

⑥匀:用同"均"。

⑦有圣有贤:指清酒、浊酒。《三国志·魏书·徐邈传》曰:"度辽将军鲜于辅进曰:'平日醉客谓酒清者为圣人,浊者为贤人,邈性修慎,偶醉言耳。'"

⑧《周官》:即《周礼》,古文献中亦称《周官经》。酒正:周代专掌酒

事之官。

⑨ 式 法：造酒之法。酒材：酿酒的材料，如黍米、稻谷、曲蘖之类。《周礼·天官冢宰下》曰："酒正掌酒之政令，以式法授酒材。凡为公酒者，亦如之。"

⑩ 辨五齐之名：意谓要深入细致观察酒的发酵过程，为性质不同的酒分别准确命名。五齐之名，五种酒的名称。《周礼·天官冢宰下》曰："辨五齐之名：一曰泛齐，二曰醴齐，三曰盎齐，四曰缇齐，五曰沈齐。"据《周礼》郑玄注：泛齐，是指一种"成而滓浮泛泛然"的酒；醴齐，是指一种未将糟过滤出去、"汁、滓相将"的酒，类似后世的甜酒；盎齐，是指一种葱白色的酒；缇齐，是指一种"成而红赤"的酒；沈齐，是指一种"成而滓沉"的酒。三酒之物：《周礼·天官冢宰下》曰："辨三酒之物：一曰事酒，二曰昔酒，三曰清酒。"郑玄引郑司农（郑众）曰："事酒，有事而饮也。昔酒，无事而饮也。清酒，祭祀之酒。"

⑪ 岁终"以酒式诛赏"：据《周礼注疏》："岁终，则会，唯王及后之饮酒不会。以酒式诛赏。"酒式，酿酒的法式。《周礼·天官冢宰下》郑玄注："作酒有旧法式。依法善者则赏之，恶者则诛责之。"

⑫ "乃命大酋"几句：《礼记正义·月令》卷十七孔颖达疏："大酋者，酒官之长，于此之时，始为春酒，先须治择秫稻，故云'秫稻必齐'。齐得成孰，又须以时料理曲蘖，故云'必时'。'湛炽必洁'者，湛，渍也。炽，炊也。谓炊渍米曲之时，必须清洁。'水泉必香，陶器必良'者，谓所用水泉必须香美，所盛陶器必须良善。'火齐必得'者，谓炊米和酒之时，用火齐，生孰必得中也。"火齐，火候。

⑬ 醢（hǎi）浆：酒浆。

⑭ 六饮：古天子的六种饮料。

⑮ 醴（lǐ）：甜酒。凉：一种水酒混合的饮料。医：一种粥加曲蘖酿成

的甜酒。酏（yí）：一种用黍米酿成的酒。一说，指稀粥。

⑯酒府：酒库。

【译文】

从前唐初的王绩追记焦革的酿酒法，并且为杜康立祠、以焦革配享，又采录自古以来善于酿酒者的经验写成《酒谱》。虽然《酒谱》脱略简陋，但听说此书的人都垂涎欲得，饮酒酣畅者更是口里念着心里想着就已经迷醉了，如果不是酒中的良史，又有谁能写得出这样的书呢？前人对酒有"斋中酒""厅事酒""猥酒"的称呼，虽然都是用曲蘖酿成的，但又有圣品、贤品的区分，因为清浊不同。《周礼·天官·酒正》说："掌酒的官员要依据造酒之法发授酒材"，"分辨五齐之名""三酒之物"，年终"还要依据造酒之法奖优责劣"。《礼记·月令》说："命令大酋酋，音缩。大酋是掌管酒的官员。酿酒，要求秫稻必须精选，曲蘖制作必须适时，浸泡米和炊蒸操作必须保持洁净，泉水必须清澈香美，陶器必须质地优良，炊蒸时火候必须控制得当。"兼顾好以上六个方面，再得到酒浆，负责造酒的人的事情就完成大半了。《周礼·天官·浆人》说："浆人掌管王室的水、浆、醴、凉、醫、酏六种饮料，入藏于酒府。"其中以浆最为重要。

古语有之①："空桑秽饭，酝以稷麦，以成醇醪，酒之始也②。"《说文》："酒白谓之醙③。"醙者，坏饭也；醙者，老也④。饭老即坏，饭不坏则酒不甜。又曰："乌梅、女麯⑤，胡板切。甜醹九投⑥，澄清百品，酒之终也。"曲之于黍，犹铅之于汞，阴阳相制，变化自然。《春秋纬》曰⑦："麦，阴也；黍，阳也。先渍曲而投黍，是阳得阴而沸⑧。"后世曲有用药者，所以治疾也⑨。曲用豆亦佳，神农氏⑩：赤小豆饮汁，愈酒病⑪。酒有热，得豆为良，但硬薄少蕴藉耳⑫。

【注释】

①古语:指《酒经》,已佚。

②"空桑秽饭"几句:见《太平御览》卷八百四十三《饮食部·酒上》。意思说,倒在枯空桑树里的剩饭,和稷麦混合在一起发酵,就可以酿成酒,这就是酒的开始。用现代科学的观点加以解释就是:空桑里的剩饭中含有的淀粉,在自然环境中存在的微生物所分泌酶的作用下逐步糖化,而后由酵母菌的发酵,进一步分解生成酒精,最后变成了酒。西晋江统《酒诰》曰:"有饭不尽,委余空桑,郁积生味,久蓄气芳。本出于此,不由奇方。"醇醪(chún láo),味道醇厚的美酒。

③醙(sōu):白酒。《玉篇·酉部》曰:"醙,白酒也。"

④老:陈旧。

⑤乌梅:经过熏制的梅子,黑褐色,可入药。女麹(hún):女曲,一种酒曲。麹,用整颗小麦制成的酒曲,又称"麹子"。尚志钧《〈本草拾遗〉辑释》卷七曰:"女工于夏月,将小麦煮成饭,于暗室摊开,待上黄衣,晒干即成女曲。功效与曲同。"黄衣,指饭料生出的黄色霉菌群。

⑥甜醹(rú):甜酒。投:酒再酿。一说,乌梅、女麹、甜醹、九酘,均为古代美酒的名称。

⑦《春秋纬》:汉代谶纬之学的代表著作之一,作者不详。

⑧"麦,阴也"几句:麦子,属阴性;黍米,属阳性。先浸泡好麦子而后投入黍米,这样阴阳相得就会相互融合。《太平御览》卷八百四十三《饮食部一·酒上》曰:"《春秋纬》曰:凡黍为酒,阳据阴,乃能动,故以曲酿黍为酒。曲,阴也。是先渍曲,黍后入,故曰阳相感皆据阴也。相得而沸,是其动也。凡物阴阳相感,非惟作酒。"麦性属阴,黍性属阳,据阴感阳,相得而沸。不只是酿酒,阴阳相感是万物的普遍之理。

⑨后世曲有用药者，所以治疾也：后代在酒曲中加入药材，是为了治病的。明李时珍《本草纲目·谷部四·曲》曰："昔人用曲，多是造酒之曲。后医乃造神曲，专以供药，力更胜之。盖取诸神聚会之日造之，故得神名。"中国历史上的曲药名称和种类很多，常用的制曲原料可分为两大类：一类是谷物产品，如大麦、小麦、麸皮、稻米、米糠等；一类是中草药，如川芎、白附子、木香、桂花、丁香、人参、天南星、茯苓、白术、蓼叶、苍耳叶等。

⑩神农氏：也称炎帝，是传说中的农业和医药的发明者。

⑪愈：治愈。酒病：犹病酒，因饮酒过量而生病。

⑫蕴藉：含蓄有余，含而不露。

【译文】

《酒经》说："枯空的桑树千里倒上剩饭，再和稷麦混合在一起发酵，就可以酿成酒，这就是酒的开始。"《说文解字》说："酒白称为醸。"醸，就是坏了的饭；醸，又有陈旧的含义。饭陈旧了就会变坏，饭若不变坏酒就不甜。《酒经》又说："以乌梅、女麴胡板切。为曲制作味道醇厚的酒，需要一酿再酿，经过多次过滤澄清，这样酒就酿成了。"酒曲和黍米的关系，好比铅和汞，阴阳相应，自然变化。《春秋纬》说："麦，属阴性；黍，属阳性。先浸泡麦子再投入黍米，这样阴阳相得就会相互融合。"后世有用药物制曲的，为的是治疗疾病。酒曲用豆子制作也不错，神农氏说：饮赤小豆汁，可以医治酒病。酒性热，加入豆子就会好一些，但酒味也因此变得硬薄，缺少回味。

古者玄酒在室，醴酒在户，醍酒在堂，澄酒在下①。而酒以醇厚为上，饮家须察黍性陈新，天气冷暖。春夏及黍性新软，则先汤平声。而后米，酒人谓之"倒汤"去声；秋冬及黍性陈硬，则先米而后汤，酒人谓之"正汤"。酝酿须酴米偷酸,《说文》:"酴,酒母也。"酴,音途。投醹偷甜②。浙人不善偷酸,所以酒熟入灰③;北人不善偷甜,所以饮多令人膈上懊憹④。桓公所谓"青州从事""平原督邮"者⑤,此也。

【注释】

① "古者玄酒在室"几句:《礼记·礼运》曰:"玄酒在室,醴盏在户,粢(zī)醍在堂,澄酒在下。"把不同的酒置放在不同的地方,是要标明酒的性质和功用的不同。玄酒,祭祀时用的酒。醴(lǐ)酒,一种甜酒。醍(tǐ)酒,浅红色的清酒。澄酒,一种清酒。

② 投醹(rú)偷甜:投放酒母,目的是为了取甜。醹,本指味道醇厚的酒,这里指酒母。偷甜,《北山酒经·投醹》曰:"酘饭极冷,即酒味方辣,所谓偷甜也。"偷,取。

③ 灰:石灰。在酒中加石灰可以降低酒的酸度。唐代寇宗奭《本草衍义》卷二十有"灰酒""新熟无灰酒"之名。

④ 膈(gé):膈膜,介于胸腔和腹腔之间。懊憹(náo):烦闷,烦乱。

⑤ 桓公所谓"青州从事""平原督邮":语见《世说新语·术解》:"桓公有主簿善别酒,有酒辄令先尝,好者谓'青州从事',恶者谓'平原督邮'。青州有齐郡,平原有鬲县;'从事'言'到脐','督邮'言在'鬲上住'。"桓公,此指桓温。青州从事、平原督邮,分别指代美酒与劣酒。从事,官名,州刺史之属官。督邮,官名,郡守佐吏。

【译文】

古时玄酒放在室内,醴酒放在室门边,醍酒放在堂上,澄酒放在堂下。酒以味道辛辣醇厚为上品,酿酒须观察黍米是新是旧,天气是冷是暖。春夏时节,黍米新鲜柔软,要先放汤平声汁而后投米,酿酒的人称之为"倒汤"去声;秋冬时节,黍米陈旧僵硬,就要先放米后加汤汁,造酒的人称之为"正汤"。酝酿取用酴米为的是取酸,《说文解字》说:"酴,酒母也。"酴,音途。一酿再酿是为了取甜。浙人不善于取酸,所以酒熟后要加石灰；北方人不善于取甜，所以他们造的酒喝多了胸中憋闷。当年桓温的主簿以“青州从事”“平原督邮”为喻，指的正是这两类酒。

　　酒甘易酿，味辛难酝。《释名》："酒者，酉也①。"酉者，阴中也②，酉用事而为收③。收者，甘也。卯用事而为散④。散者，辛也。酒之名，以甘辛为义。金木间隔，以土为媒。自酸之甘，自甘之辛，而酒成焉。酴米所以要酸，投醹所以要甜。所谓以土之甘，合木作酸；以木之酸，合水作辛，然后知投者所以作辛也。《说文》："投者，再酿也⑤。"张华有"九酝酒"⑥，《齐民要术·桑落酒》⑦："有六七投者。"酒以投多为善，要在曲力相及。酴酒所以有韵者⑧，亦以其再投故也。过度亦多术，尤忌见日。若太阳出，即酒多不中。后魏贾思勰亦以夜半蒸炊，昧旦下酿⑨，所谓以阴制阳，其义如此。著水无多少，拌和黍麦，以匀为度。张籍诗"酿酒爱乾和"⑩，即今人"不入定酒"也，晋人谓之"乾榨酒"。大抵用水随其汤去声。黍之大小斟酌之⑪。若投多，水宽亦不妨。要之，米力胜于曲，曲力胜于水，即善矣。

【注释】

①酒者，酉（yǒu）也：酉，农历八月。东汉刘熙《释名·释饮食》曰："酒，酉也，酿之米曲，酉泽久而味美也。"

②阴中：农历七、八月。《汉书·律历志》曰："春为阳中，万物以生；秋为阴中，万物以成。"

③用事：办事，此处指酿酒。

④卯：农历二月。

⑤投者，再酿也：投，同"酘"，酒再酿。遍检许慎《说文解字》，未见
　　"投者，再酿也"之语。所谓重酿、再酿，指在酿酒过程中，分批加
　　入饭料。清代桂馥《札朴》曰："吾乡造酒者既漉，复投以他酒更
　　酿，谓之酘酒。"

⑥张华（232—300）：字茂先，范阳方城（今河北涿州）人。晋代著
　　名诗人。九酝酒：美酒之名，即"九酝春酒"。《抱朴子·内篇·金
　　丹》曰："一酘之酒，不可以方九酝之醇耳。"《齐民要术·笨曲并
　　酒》"作春酒法"详细介绍了酿造"九酝"的工艺过程。

⑦《齐民要术》：是一部关于农业生产技术的著作。作者贾思勰，北
　　魏益都（今山东寿光西南）人，中国古代杰出的农学家。

⑧醿（bào）酒所以有韵者：指醿酒风味独特。醿酒，一夜酿成的酒，
　　也是酒的名称。韵，犹风味、香味。

⑨昧旦：清早天还未全亮之时。

⑩张籍诗"酿酒爱乾和"：张籍《和左司元郎中秋居十首》诗其二
　　曰："学书求墨迹，酿酒爱乾和。"乾和，美酒名。唐代李肇《唐国
　　史补》卷下曰："剑南之烧春，河东之乾和葡萄。"宋代窦苹《酒
　　谱·酒之名》曰："张籍诗云'酿酒爱乾和'，即今人不入水也。
　　并、汾间以为贵品，名之乾酢酒。"乾和，《全唐诗》（卷三八四）
　　作"朝和"。张籍（约766—约830），字文昌，吴郡（今江苏苏州）
　　人，因做过水部员外郎、国子司业，世称"张水部""张司业"。唐
　　代诗人。他的乐府诗与王建齐名，并称"张王乐府"，著名诗篇有
　　《塞下曲》《征妇怨》《采莲曲》《江南曲》。

⑪汤（tàng）：意谓用水浸泡。

【译文】

　　酿酒甜味好得，辛味难酿。《释名》说："酒者，酉也。"酉，是农历七、
八月，此时酿酒能使酒性收敛。能收敛，酿的酒就甜。卯时酿酒，能使酒
性散发。能散发，酿的酒就辛。酿酒的要义，是如何将甘转化为辛。全

木相间隔，以土为媒介。从酸到甘，再从甘到辛，酒就酿成了。这就是酴米取酸、投醹取甜的道理。以土之甘，合木作酸；以木之酸，合水作辛。由此可知，一酿再酿就是为了获得辛味。《说文解字》说："投，再酿也。"张华有美酒名叫"九酝酒"，《齐民要术·桑落酒》说："酿酒有再酿的次数多达六七次的。"酿酒，再酿的次数多酒就好，重要的是曲力能够保证饭料的充分发酵。醲酒之所以味道醇厚，就是不断再酿的结果。但再酿也有讲究，尤其不能见太阳。若被太阳晒了，酒多半会酿不成。后魏贾思勰也主张半夜蒸炊，在早晨天将明的时候下酵，这就是取阴以制阳的意思。酿酒时不管水加多少，拌和黍麦要以均匀为标准。张籍诗中的"酿酒爱乾和"，就是现在人们说的"不入定酒"，晋代人称之为"乾（干）榨酒"。一般而言，酿酒用水要根据汤_{去声}黍的多少斟酌而定。加入的饭料多，水多一些不妨。总之，米力要大过曲力，曲力要大过水，这样就会酿出好酒。

北人不用酵^①，只用刷案水，谓之"信水"^②。然"信水"非酵也，酒人以此体候冷暖尔^③。凡酝不用酵即酒难发，酵来迟则脚不正^④。只用正发，酒醅最良^⑤。不然，则掉取醅面^⑥，绞令稍干，和以曲蘖，挂于衡茅^⑦，谓之"干酵"^⑧。用酵四时不同，寒即多用，温即减之。酒人冬月用酵紧，用曲少；夏月用曲多，用酵缓。天气极热，置瓮于深屋；冬月温室，多用毡毯围绕之。《语林》云^⑨："抱瓮冬醪。"^⑩言冬月酿酒，令人抱瓮，速成而味好。大抵冬月盖覆，即阳气在内，而酒不冻；夏月闭藏，即阴气在内，而酒不动。非深得卯酉出入之义^⑪，孰能知此哉？

【注释】

①酵（jiào）：酵母，也称酒母，能使有机物发酵的霉菌。

②信水：这里指可以用来体察发酵水温的刷案水。

③酒人：古官名，掌造酒。这里指酿酒者。

④脚：指脚饭。《北山酒经·酴米》曰："酴米，酒母也，今人谓之'脚饭'。"脚饭既是初酿时的底料，又可以作为再投饭时的酒母。

⑤醅（pēi）：未经过滤的、带糟糟的酒。

⑥醅面：指酒瓮里正在酿制的酒的浮层。

⑦衡茅：衡门茅屋，指简陋的居室。

⑧干酵：干酵母菌。

⑨《语林》：指《裴启语林》，晋人裴启撰。《裴启语林》卷五曰："羊稚舒冬月酿酒，令人抱瓮暖之，须臾复易其人。酒既速成，味仍嘉美。其骄豪皆此类。"

⑩醪（láo）：汁渣混合的酒，又称浊酒，也称醪糟。

⑪卯酉出入之义：指把握时节，适时酿酒。《说文解字·酉部》曰："酉，就也。八月黍成，可为酎酒。""古文酉，从卯。卯为春门，万物已出；酉为秋门，万物已入。"

【译文】

北方人酿酒有时不用酵母，只用刷案水，称它为"信水"。但"信水"并不等于酵母，酿酒的人不过用它来测试温度的高低。酿酒不用酵母，酒就发不起来，醅出现得迟是酒曲不纯正。只用正发的酒醅最好。不然，取出醅面，绞去水分，和上曲蘖，挂到衡门茅屋下晾晒，叫"干酵"。酿酒用酵量四季不同，寒冷时增加用量，温暖时减少用量。冬天酿酒用酵急，用曲少；夏天酿酒用曲多，用酵慢。天气酷热时，要把酒瓮放置到深屋阴凉处；冬天要提高室温，多用毡毯围盖酒瓮。《语林》说："抱瓮冬醪"，说的就是冬季酿酒，让人抱住酒瓮，酒酿得快而且味道好。大致上说，冬季覆盖酒瓮，瓮里的阳气不泄出，酒就不会受冻；夏季把酒瓮闭藏在深屋内，瓮里的阴气不泄出，酒就不会变味。若不是深刻领会卯酉出入的道理，谁又能知道酿酒还有这么多的奥秘呢？

於戏^①！酒之梗概^②，曲尽于此^③。若夫心手之间^④，不传文字，固有父子一法而气味不同，一手自酿而色泽殊绝^⑤，此虽酒人亦不能自知也。

【注释】

①於戏（wū hū）：感叹词，同"呜呼"。

②梗概：大概，大略。

③曲尽：委曲而详尽。

④间："《知不足斋》本""《四库》本"皆作"用"，此从《说郛》本。

⑤殊绝：完全不同。

【译文】

呜呼！关于酒的大概内容，我都写在这里了。至于酿酒的技法在心手之间，是难以用文字表达清楚的，就是父子相传酿出的酒也很难是一个味道，虽出于一人之手色泽也会完全不同，酿酒的奥妙，就是行家里手也不能完全了解。

卷中

【题解】

本卷是全书的技术论部分。总结了前代有关制曲的理论及各种曲的配方及具体的制作技术，有很强的操作性，是黄酒酿制的圭臬。

作者将收录的十三种酒曲，按照配方及制法的不同，又分成"罨曲""风曲""曝曲"三类。"罨曲"是将制成的曲坯放入密闭的曲房里发酵而成的酒曲，包括四种："顿递祠祭曲""香泉曲""香桂曲""杏仁曲"；"风曲"是将制成的曲坯放在通风处或挂起曝干的酒曲，包括四种曲："瑶泉曲""金波曲""滑台曲""豆花曲"；"曝曲"是先将制成的曲坯放入曲房发酵，而后在通风处晾干，包括五种曲："玉友曲""白醪曲""小酒曲""真一曲""莲子曲"。因为制曲是一件技术、工艺要求很高的事情，关乎酿酒的成败和酒品质的高下，所以作者细致分类，对制成的曲饼如何晾晒、存贮等详加论述。

明人高濂《遵生八笺·饮馔服食笺·曲类》说："造酒美恶，全在曲精水洁，故曲为要药。若曲失其妙，酒何取焉？"曲的质量决定着酒的质量，所以《北山酒经》列专卷讨论三类曲的制作方法。按照现代制曲理论，"罨曲""风曲"类似今天的大曲。所谓大曲，是指在发酵过程中，依靠自然界带入的各种野生菌。"曝曲"类似今天的小曲，利用微生物进行独特发酵，一般采用经过长期自然培养的曲种进行接种，如玉友曲制作要"以旧曲末逐个为衣"、白蓼曲"更以曲母遍身糁过为衣",也就是说要把陈曲涂布在生曲的表面,这样就有利于原有优良菌种代代相传,又便于菌种的不断选育和提高(参见李华瑞《宋代酒的生产和征榷》,第11页)。这三类曲,是酿造米酒的基本用曲,在制作过程有一个共同点,就是无一例外地在白面、糯米粉中添加各种中草药,这样做是为了增加微生物成分,促进根霉菌和酵母菌的生长、繁殖,从而大大提高酒曲的糖化力、酒化力。这也表明,朱肱生活的北宋时代,流行在曲中添加各种中草药。当然,还有一个原因,就是增加酒的风味。苏轼《东坡酒经》说:"南方之氓,以糯与粳,杂之卉药而为饼。嗅之香,嚼之辣,揣之枵然而轻,此饼之良者也。"大约指的就是这一类优质曲饼。这三类曲,都是针对酿造米酒而言的,其基本过程是这样的:

秫稻米 —— 洗米 —— 浸米 —— 蒸饭 —— 冷却 —— 制成曲饼 —— 罨曲 —— 晒曲 —— 成品(女曲)。

制成曲饼之后,就要晒曲。通过晒曲保证曲饼干燥、不霉变,这样可以长久保存,所以作者特别强调晒曲要在通风之处,或是"当风处井栏垛起",或是"高燥处"(《总论》),或是"挂阁透风处"(《金波曲》),或是"当风挂之"(《豆花曲》),或是"以篮子悬通风处"(《玉友曲》),或是"以篮盛,挂风头"(《白醪曲》),或是"当风悬之"(《小酒曲》),或是"挂透风处"(《真一曲》),或是"挂在梁上风吹"(《莲子曲》),很少有例外。这说明,成品曲之后,悬挂起来晾晒虽然是最后一道工序,看似简单,但却是非常重要和关键的。《齐民要术·造神曲并酒》"神曲酒方"说:"曲必须干,润湿则酒恶。"曲晾不干就会腐败,而腐败的曲是酿不出好酒的,所以不可掉以轻心。经过作者悉心研究、仔细观察,总结出了"造曲水多则糖心,水脉不匀则心内青黑色;伤热则心红,伤冷则发不透而体重。惟是体轻,心内黄白,或上面有花衣,乃是好曲"(《总论》)的宝贵经验。

这十三种曲,再加上"神仙酒法"中所附的妙理曲法、时中曲法两种,一共是十五种曲。其中以小麦为原料的七种,用糯米的三种,米麦混合的三种，麦豆混合的一种，绿豆的一种，比《齐民要术》所记酒曲基本上以小麦为原料有了明显的进步。

制作优质的曲饼是酿酒的第一步，除去按量投料、煎浸须按规定时间等之外，作者特别提到了要用"井花水""取自然汁"，原因就在于"井花水"纯净无污染，更利于霉菌的生长、酒曲的纯正。《齐民要术·酒法》说："粳米法酒：糯米大佳。三月三日，取井花水三斗三升，绢筬（shāi，过滤）曲末三斗三升，粳米三斗三升。"石声汉注：井花水，"清早从井里第一次汲出来的水。"《本草纲目·水部二·井泉水》[集解]引汪颖曰："井水新汲，疗病利人。平旦第一汲，为井华水，其功极广，又与诸水不同。"明人卢和《食物本草·水类》也说："平旦第一汲者，为井华水，又与诸水不同。凡井水，有远从地脉来者为上。"制作酒曲需"井花水"，酿酒同样需要"井花水"。古人认为，煎茶、酿酒、做豆腐三事，尤其需要使用井花水。酿酒须好水，自古名酒必有佳泉，名酒多出自偏远幽静、山清水秀之地。所谓好水，水体要清洁透明，无污染；水质要低盐分，无沉淀；冷水或煮沸后无异味。米酒为低度酒，成品米酒中水分占80%，所以水的质量直接影响酒的质量和风味。绍兴黄酒的酿造必须采用鉴湖水，鉴湖水有绍兴酒之"血"之称，原因在于鉴湖水源于植被丰富、林木茂盛的会稽山麓，积溪成湖，自然环境和地质条件得天独厚，又经过沙砾土层多次过滤，水质格外清澈洁净。所以离开了鉴湖水，也就酿不成绍兴酒。

总论

凡法曲[①]，于六月三伏中踏造。先造峭汁[②]，每瓮用甜水三石五斗，苍耳一百斤[③]，蛇麻、辣蓼各二十斤[④]，剉碎、烂捣，入瓮内，同煎五、七日，天阴至十日。用盆盖覆，每日用杷子搅两次[⑤]，滤去滓，以和面。此法本为造曲多处设，要之，不若取自然汁为佳。若只造三五百斤面，取上三物烂捣，入井花水⑥，裂取自然汁，则酒味辛辣。

【注释】

①法曲：按照一定法式制作的酒曲。

②峭汁：以苍耳、蛇麻、辣蓼等为主要原料，大量制作酒曲时预先煎制的用来拌合面的溲曲水。

③苍耳：又名卷耳，菊科，一年生草本植物，苦、辛，微寒，有祛风散热、解毒杀虫的功效。

④蛇麻：又称蛇麻草、啤酒花，多年生缠绕草本植物，味苦，性微凉，是酿酒的重要原料。辣蓼（liǎo）：又名水蓼、泽蓼，蓼科植物水蓼的全草，生长在水边或水中，秋季开花时采集、晒干，含有丰富的酵母及根霉生长素。

⑤杷（pá）子：一种搅拌工具，木柄竹齿。

⑥井花水：也称"井华水"，清晨初汲的井水。

【译文】

一般说来，曲饼要在农历六月三伏天里制作。首先制作峭汁，每只瓮用甜水三石五斗，苍耳一百斤，蛇麻、辣蓼各二十斤，刽碎捣烂，放入瓮内，同时煎五到七日，阴天要煎到十日。用盆盖覆，每天用把子搅两次，过滤去渣子，和上面粉。这种做法本来是为多处制曲而设计的，要言之，不如取自然汁为佳。如果只用三五百斤面，拌上苍耳、蛇麻、辣蓼，捣烂后加入清晨初汲的井水，获取自然汁，那么酒味会更辛辣。

内法酒库杏仁曲①，止是用杏仁研取汁②，即酒味醇甜。曲用香药，大抵辛香发散而已。每片可重一斤四两，干时可得一斤。直须实踏，若虚则不中。

【注释】

①法酒库：宋官署名，专门为皇帝御用、祭祀、给赐酿酒。《宋史·职官志》曰："法酒库、内酒坊，掌以式法授酒材，视其厚薄之齐，而谨其出纳之政。若造酒以待供进及祭祀、给赐，则法酒库掌之；凡祭祀，供五齐三酒，以实尊罍。内酒坊惟造酒，以待余用。"

②杏仁：为蔷薇科植物杏或山杏等味苦的干燥种子。性温，味苦，有毒。

【译文】

法酒库中的杏仁曲，只是研碎杏仁取汁，酒味更醇甜。曲用香药做成，大抵上为了让辛香气味发散而已。每片曲饼可重达一斤四两，晾干后可得一斤。曲饼须踏压结实，如果虚空了就不能保证质量。

造曲水多则糖心①，水脉不匀则心内青黑色②；伤热则心红，伤冷则发不透而体重。惟是体轻，心内黄白③，或上面有花衣④，乃是好曲。自踏造日为始，约一月余日出场子⑤，且于当风处井栏垛起，更候十余日打开，心内无湿处，方于日中曝干，候冷，乃收之。收曲要高燥处，不得近地气及阴润屋舍，盛贮仍防虫鼠、秽污⑥，四十九日后方可用。

【注释】

①糖心：指曲坯内部凝成的类似糖一样的糊状物。

②水脉：水流，因形如人体脉络，故名。

③心内黄白：指曲饼心儿内呈现黄白色。《天工开物·酒母》曰："凡造酒母家，生黄未足，视候不勤，盥拭不洁，则疵药数丸动辄败人石米。故市曲之家，必信著名闻，而后不负酿者。"生黄，指霉菌长成黄色的孢子。

④花衣：本指彩色的衣服，这里指曲饼外表生出的杂色苔衣。

⑤场子：制作酒曲的场地。

⑥盛贮仍防虫鼠、秽污：曲饼贮藏要注意防虫鼠及秽污不洁。曲饼的制作与贮存对环境均有极高的要求，《天工开物·酒母》曰："凡造此物，曲工盥手与洗净盘簟，皆令极洁，一毫滓秽，则败乃事也。"

【译文】

制造曲饼，水多会形成糖心儿，水流不匀曲饼心儿会现出青黑色；太热曲饼心儿会现出红色，太冷曲饼会发不透，而且分量重。只有曲饼分量轻，心儿内呈现黄白色，或者上面有花衣，才是好曲。从踏造日算起，大约一个多月的时间，拿出曲饼来，在当风处的井栏边上垛起，再等十余天打开，如果曲饼心儿无湿处，这才在太阳下晾干，等到凉了的时候再收起。曲饼要收放在高燥的地方，不能靠近地气和阴湿的屋舍，贮藏要注意防虫鼠及秽污不洁，一直要放到四十九天后方可使用。

顿递祠祭曲①

小麦一石，磨白面六十斤，分作两栲栳②。使道人头、蛇麻、花水共七升③，拌和似麦饭，入下项药：

白术二两半④　　川芎一两⑤　　白附子半两⑥　　瓜蒂一个⑦
木香一钱半⑧

已上药捣罗为细末，匀在六十斤面内。

【注释】

①顿递祠祭曲：一种酒曲，制作与晾晒都很讲究。

②栲栳（kǎo lǎo）：用柳条或竹篾编成的圆形盛物器具。

③道人头:即苍耳,《本草图经》称道人头。花水:即井花水。

④白术(zhú):菊科植物白术的根茎,性温,味苦甘,无毒。

⑤川芎(xiōng):为伞形科植物川芎的根茎,多年生草本植物,秋天开白花,全草有香气,性温,味辛甘。

⑥白附子:为天南星科的多年生草本植物独角莲的块茎,性温,味辛甘,有毒。

⑦瓜蒂:又称甜瓜蒂、瓜丁,为葫芦科植物甜瓜的果蒂,性苦、寒,有毒。一个,《知不足斋》本"作"一字",《四库》本"作"一个",从《四库》本。

⑧木香:为菊科植物云木香、越西木香、川木香等的根,性温,味辛苦,无毒。

【译文】

小麦一石,磨成白面六十斤,分作两筐箩。用道人头、蛇麻、井花水总共七升,拌和像麦饭后,再加入下列草药:

白术二两半　川芎一两　白附子半两　瓜蒂一个　木香一钱半

以上草药捣碎筛罗成细末,匀拌在六十斤白面内。

道人头十六斤　蛇麻八斤,一名辣母藤

已上草拣择、剉碎、烂捣,用大盆盛新汲水浸,搅拌似蓝淀水浓为度①,只收一斗四升,将前面拌和令匀。

【注释】

①似蓝淀水浓为度:指的是沉淀前的浓蓝淀液。蓝淀,深蓝色的有机染料。蓝,指蓼蓝,一年生草本,干后变暗蓝色,可作染料。

【译文】

道人头十六斤　蛇麻八斤,一名辣母藤

以上诸物稍加拣择后剉碎、捣烂,用大盆盛新汲来的水浸泡,搅拌如沉淀前的浓蓝淀液，最后收取汁液一斗四升，放入六十斤面中搅拌均匀。

　　右件药面拌时须干湿得所①，不可贪水，"握得聚，扑得散"，是其诀也。便用粗筛隔过，所贵不作块。按令实，用厚复盖之。令暖三四时辰，水脉匀，或经宿②，夜气留润亦佳。方入模子，用布包裹实踏。仍预治净室，无风处安排下场子。先用板隔地气，下铺麦麸约一尺浮③，上铺箔，箔上铺曲，看远近用草人子为契_{音至}④，上用麦麸盖之；又铺箔，箔上又铺曲，依前铺麦麸，四面用麦麸扎实风道，上面更以黄蒿稀压定。须一日两次觑步体当⑤，发得紧慢。伤热则心红，伤冷则体重。若发得热，周遭麦麸微湿，则减去上面盖者麦麸，并取去四面扎塞，令透风气，约三两时辰，或半日许，依前盖覆。若发得太热，即再盖，减麦麸令薄。如冷不发，即添麦麸，厚盖催趁之。约发及十余日已来，将曲侧起，两两相对，再如前罨之⑥，蘸瓦日足，然后出草_{去声}。立曰蘸，侧曰瓦。

【注释】

①右件：前面，以上。

②经宿（xiǔ）：经过一夜。

③麦麸（fū）：通常指小麦磨成面筛过后剩下的麦皮和碎屑。

④契（qì）：刻，这里有标记之意。

⑤觑（qù）步体当：指探查了解。觑步，侦察，窥探。体当，体会。

⑥罨（yǎn）：覆盖。

【译文】

上面的药和面搅拌时要干湿适中，不可贪水多，"握得聚，扑得散"，是必须把握的要诀。用粗筛子筛过,要紧的是不能结块。用手摁让药面结实,用厚物覆盖为药面保暖。等到保暖三四个时辰,水流匀了,或是经过一夜,夜气浸润后也不错。这才把药面放入模子,用布包裹、踏实,这就是曲饼。而后准备好洁净的屋室,在无风处安排摆放曲饼。先用木板隔住地气,铺上麦麸约一尺厚,再铺上箔,箔上铺曲,看远近距离以草扎的人为标记。铺放好的曲饼用麦麸盖上;再铺箔,箔上又铺放上曲饼,再依照前次铺盖麦麸,四面用麦麸扎实风道,上面再用黄蒿稀疏地压定。要一日两次仔细查看曲饼发酵的状况。太热曲饼心儿会现出红色,太冷曲饼因发不透而分量重。如果太热,周围的麦麸会微湿,那就要减去上面盖的麦麸,并除去四面的扎塞麦麸,让曲饼透风,过了约三、两个时辰或是半天左右,依照前面的样子盖覆。如果还是太热,那就要再减少覆盖的麦麸,使之变薄。如果温度低曲饼不发酵,那就增添麦麸的覆盖厚度,催曲饼发酵。大约发酵十多天后,将曲饼从一侧扶起,两两相对,再依照旧样盖覆,曲饼无论是立着放的还是侧着放的,等到时间足够了,就可以产出成品了。立放的称"蘸",侧放的称"瓦"。

香泉曲①

白面一百斤,分作三分,共使下项药:

川芎七两   白附子半两   白术三两半   瓜蒂一钱

已上药共捣罗为末,用马尾罗筛过,亦分作三分,与前项面一处拌和令匀。每一分用井水八升,其踏罨与"顿递祠祭法"同②。

【注释】

①香泉曲:一种酒曲。宋代朱弁《曲洧旧闻》卷七引张能臣《酒名

记》中有"东京香泉""邓州香泉"二种,当为香泉曲所酿。

②踏罨(yǎn):踏压掩盖。

【译文】

白面一百斤,分作三份,一同加入下列草药:

川芎七两　白附子半两　白术三两半　瓜蒂一钱

以上草药一同捣碎罗为细末,再用马尾罗筛过,也分作三份,与三份白面一块儿掺和拌匀。每一份用井水八升,踏压覆盖的方法和"顿递祠祭法"相同。

香桂曲①

每面一百斤,分作五处。

木香一两　官桂一两②　防风一两③　道人头一两　白术一两　杏仁一两,去皮、尖,细研

右件为末,将药亦分作五处,拌入面中。次用苍耳二十斤、蛇麻一十五斤,择净、剉碎,入石臼捣烂,入新汲井花水二斗,一处揉,如蓝相似④,取汁二斗四升。每一分使汁四升七合,竹篘落内⑤,一处拌和。其踏罨与"顿递祠祭法"同。

【注释】

①香桂曲:一种酒曲。宋代朱弁《曲洧旧闻》卷七引张能臣《酒名记》中有"北京香桂""怀州香桂""果州香桂""归州香桂""郓州香桂""郢州香桂""蔡州香桂"七种香桂酒,当为香桂曲所酿。由此来看,香桂曲在当时是一种品质优良又较为常用的酒曲。

②官桂:樟科植物肉桂的干皮、枝皮。明李时珍《本草纲目·木部一·桂》【集解】引苏颂曰:"牡桂皮薄色黄少脂肉者,则今之官桂

也。"【正误】:"曰官桂者,乃上等供官之桂也。"牡桂,即肉桂,剥取栽培5—6年的幼树干皮和粗枝皮,晒一两天后,卷成圆筒状,阴干。

③防风:为伞形科多年生草本植物防风的根。李时珍《本草纲目·草部二·防风》曰:"防者,御也。其功疗风最要,故名。屏风者,防风隐语也。"

④蓝:指蓝淀,深蓝色的有机染料。

⑤竹軵(bó)落:当指竹笸(pǒ)箩,一种用竹篾编成的盛器。

【译文】

把一百斤面分作五份。

木香一两　官桂一两　防风一两　道人头一两　白术一两　杏仁一两,去皮、尖,细研

把上面的草药捣成细末,将药也分作五份,拌入面中。再用苍耳二十斤、蛇麻一十五斤,择净、剉碎,放入石臼捣烂,加入新汲的井花水二斗,一起糅合,搅拌到如蓝淀一样,滤取汁液两斗四升。每一份用汁四升七合,药与面放入竹笸箩内一起拌和。踏压覆盖的方法和"顿递祠祭法"相同。

杏仁曲①

每面一百斤,使杏仁十二两,去皮、尖,汤浸于砂盆内,研烂如乳酪相似②。用冷熟水二斗四升③,浸杏仁为汁,分作五处拌面。其踏罨与"顿递祠祭法"同。

【注释】

①杏仁曲:一种酒曲。宋朱弁《曲洧旧闻》卷七引张能臣《酒名记》中有"保定军杏仁""单州杏仁"两种杏仁酒,当为杏仁曲所酿。

②乳酪：牛、羊等动物乳汁经过发酵、提炼、晾晒制成的食品。

③冷熟水：晾凉的开水。

【译文】

每份面一百斤，用杏仁十二两，去掉杏仁皮和尖，用汤浸泡在砂盆内，把杏仁研烂如乳酪一样。用晾凉的开水二斗四升，浸泡杏仁取其汁液，分作五份拌面。踏压覆盖的方法和"顿递祠祭法"相同。

已上罨曲①。

【注释】

①罨曲：酒曲的一类。将制成的曲坯放入密闭的曲房里发酵而成的酒曲，即为罨曲。

【译文】

以上讲的是"罨曲"的制作方法。

瑶泉曲①

白面六十斤上甑蒸②　糯米粉四十斤一斗米粉，秤得六斤半

已上粉面先拌令匀，次入下项药：

白术一两　防风半两　白附子半两　官桂二两　瓜蒂一钱　槟榔半两③　胡椒一两④　桂花半两⑤　丁香半两⑥　人参一两⑦　天南星半两⑧　茯苓一两⑨　香白芷一两⑩　川芎一两　肉豆蔻一两⑪

【注释】

①瑶泉曲：一种酒曲。宋代朱弁《曲洧旧闻》卷七引张能臣《酒名

记》中有"开封府瑶泉""庆州瑶泉",当为瑶泉曲所酿。

②甑（zèng）：古代蒸饭的一种瓦器。底部有许多透蒸气的孔格,置于鬲（lì）上蒸煮,如同现代的蒸锅。

③槟榔：棕榈科植物槟榔的种子,性温,味苦辛,无毒。

④胡椒：胡椒科植物胡椒的果实,性温,味苦辛,分布在热带、亚热带地区,我国华南及西南有引种。

⑤桂花：又称木犀花、九里香,为木犀科植物木犀的花,性温,味苦辛,无毒。

⑥丁香：桃金娘科植物丁香的花蕾,性温,味辛。丁香的树根、树皮、树枝、果实皆可入药。

⑦人参：五加科植物人参的根,人参为多年生草本,分布在我国东北及河北部的深山中。性温、热,味甘。

⑧天南星：天南星科植物天南星、东北天南星或异叶天南星等的块茎,多年生草本,性温,味苦,有毒。

⑨茯苓：多孔菌科植物茯苓的干燥菌核,性平,味甘、淡。茯苓寄生于松科植物或马尾松的树根上。

⑩香白芷：即白芷,又称白茝,为伞形科植物兴安白芷、川白芷、杭白芷、滇白芷的根。多年生草本,性温,味辛甘,无毒,在我国广为分布。

⑪肉豆蔻：肉豆蔻植物肉豆蔻的种子,性温,味辛。肉豆蔻为常绿乔木,在热带广为分布。

【译文】

白面六十斤放入甑中蒸熟　糯米粉四十斤—一斗米粉,可以秤得六斤半的分量

以上的糯米粉、白面先拌匀,然后加入下面的各种草药：

白术一两　防风半两　白附子半两　官桂二两　瓜蒂一钱　槟榔半两　胡椒一两　桂花半两　丁香半两　人参一两　天南星半两　茯苓一

两　香白芷一两　川芎一两　肉豆蔻一两

右件药并为细末，与粉、面拌和讫，再入杏仁三斤，去皮、尖，磨细，入井花水一斗八升，调匀，旋洒于前项粉、面内，拌匀；复用粗筛隔过，实踏，用桑叶裹盛于纸袋中，用绳系定，即时挂起，不得积下。仍单行悬之二、七日，去桑叶，只是纸袋，两月可收。

【译文】

把以上的草药一起捣成细末，与糯米粉、白面拌和完毕后，再加入杏仁三斤，去掉皮、尖，磨成细末，再加入井花水一斗八升，调匀，立即洒在糯米粉、白面内，拌匀；再用粗筛隔过，踏压结实，用桑叶裹好，盛放在纸袋中，用绳子捆好，即时挂起，不能积压。一行行悬挂二到七天，之后去掉桑叶，只剩下纸袋，两月后可以收回。

金波曲①

木香三两　川芎六两　白术九两　白附子半斤　官桂七两　防风二两　黑附子二两②，炮去皮③　瓜蒂半两

【注释】

①金波曲：一种酒曲。宋朱弁《曲洧旧闻》卷七引张能臣《酒名记》中有"河间府金波""邢州金波""代州金波""明州金波""洪州金波""合州金波"。这五种金波酒，当为金波曲所酿。

②黑附子：毛茛科植物乌头的旁生块茎（子根），夏至至小暑间挖取附生于母根旁的子根，洗净泥土，称泥附子，按大小分别加工成盐

附子、黑顺片、白附片。黑顺片又名黑附子,性温、热,味辛,有毒。

③炮(páo):烧,烤。

【译文】

木香三两　川芎六两　白术九两　白附子半斤　官桂七两　防风二两　黑附子二两,烧去皮　瓜蒂半两

右件药都捣罗为末,每料用糯米粉、白面共三百斤,使上件药拌和,令匀。更用杏仁二斤,去皮、尖,入砂盆内烂研,滤去滓。然后用水蓼一斤、道人头半斤、蛇麻一斤①,同捣烂,以新汲水五斗,揉取浓汁,和搜入盆内,以手拌匀,于净席上堆放如法。盖覆一宿,次日早辰用模踏造②,堆实为妙。踏成,用谷叶裹盛在纸袋中,挂阁透风处半月③,去谷叶,只置于纸袋中,两月方可用。

【注释】

①水蓼:即辣蓼。

②早辰:早晨。

③阁:放置,搁置。

【译文】

把上面的草药捣碎筛罗成细末,每一份料用糯米粉、白面共三百斤,用上面的草药拌和匀。再用杏仁二斤,去掉皮、尖,加入砂盆内研烂,过滤去渣滓。然后用水蓼一斤、道人头半斤、蛇麻一斤,一同捣烂,用新汲来的井水五斗揉取浓汁,一同放入盆内用手拌匀,按照要求堆放在干净的席子上。盖覆一晚上,次日早晨用模子踏压制成曲饼,曲饼压实为好。曲饼压成后,用谷叶裹盛在纸袋中,挂在透风处,半月后去除谷叶,只放在纸袋中,晾晒两月后方可使用。

滑台曲^①

白面一百斤，糯米粉一百斤。

已上粉、面先拌和令匀，次入下项药：

白术四两　官桂二两　胡椒二两　川芎二两　白芷二两^②
天南星一两　瓜蒂半两　杏仁二斤，用温汤浸，去皮、尖，更冷水
淘三两遍，入砂盒内研，旋入井花水，取浓汁二斗。

【注释】

①滑台曲：一种酒曲。因制曲多有中药加入，属于典型的药曲。

②白芷（zhǐ）：即香白芷，又称白茝，多年生草本植物，详见《瑶泉
　曲》注。

【译文】

白面一百斤，糯米粉一百斤。

先把以上粉、面拌和匀，再加入下面各种草药：

白术四两　官桂二两　胡椒二两　川芎二两　白芷二两　天南星一
两　瓜蒂半两　杏仁二斤，用温汤浸泡，去掉皮、尖，再用冷水淘洗三两遍，放入砂
盒内研细后，立即加入井花水，滤取浓汁二斗。

右件捣罗为细末，将粉、面并药一处拌和，令匀。然后
将杏仁汁旋洒于前项粉、面内拌揉，亦须干湿得所，"握相
聚，扑得散"，即用粗筛隔过，于净席上堆放如法。盖三四
时辰，候水脉匀，入模子内，实踏，用刀子分为四片，逐片印
"风"字讫，用纸袋子包裹，挂无日透风处四十九日。踏下，
便入纸袋盛挂起，不得积下。挂时相离著，不得厮沓^①，恐热

不透风。每一石米，用曲一百二十两。隔年陈曲有力，只可使十两。

【注释】

①厭杳(tà)：互相叠压。

【译文】

把上面的草药捣碎筛罗成细末，将糯米粉、白面和药同时拌和匀。然后将杏仁汁立即洒在糯米粉、白面内拌揉，须干湿适中，所谓"握相聚，扑得散"，而后用粗筛筛过，按照要求堆放在干净的席子上。大约三四个时辰，等水流均匀了，放入模子内压踏结实，用刀子分为四片，逐片印上"风"字后，用纸袋子包裹，悬挂在阴凉透风处四十九天。曲饼踏压后，便装入纸袋里悬挂起，不能积压。曲饼悬挂时须一个个隔开，不得互相叠压，担心热不透风。每一石米，用曲一百二十两。隔年陈曲有劲，只能用十两。

豆花曲①

白面五斗　赤豆七升②　杏仁三两　川乌头三两③　官桂二两　麦蘖四两④，焙干⑤

右除豆、面外，并为细末，却用苍耳、辣蓼、勒母藤三味⑥，各一大握⑦，捣取浓汁，浸豆。一伏时漉出豆⑧，蒸以糜烂为度。豆须是煮烂成砂，控干、放冷方堪用；若煮不烂，即造酒出，有豆腥气。却将浸豆汁煎数沸，别顿放。候蒸豆熟，放冷，搜和白面并药末⑨，硬软得所，带软为佳；如硬，更入少浸豆汁。紧踏作片子，只用纸裹，以麻皮宽缚定⑩，挂透风处四十日，取出曝干，即可用。须先露五七夜，后使七八月已后方可使。

每斗用六两，隔年者用四两，此曲谓之"错著水"。李都尉玉浆，乃用此曲，但不用苍耳、辣蓼、勒母藤三种耳。又一法：只用三种草汁浸米一夕，捣粉。每斗烂煮赤豆三升，入白面九斤，拌和，踏，桑叶裹，入纸袋，当风挂之，即不用香药耳。

【注释】

①豆花曲：一种酒曲。宋代朱弁《曲洧旧闻》卷七引张能臣《酒名记》中有"郓州风曲""磁州风曲""滑州风曲""颍州风曲"四种风曲酒，当为风曲所酿。

②赤豆：又名饭赤豆，为豆科植物赤豆的干燥种子，性平，味甘酸。

③川乌头：毛茛（gèn）科植物乌头的块根，多年生草本，性热，味辛，有毒。

④麦蘖（niè）：麦芽。蘖，生芽的谷类。

⑤焙（bèi）：用微火烘烤。

⑥勒母藤：当为辣母藤。《顿递祠祭曲》曰："蛇麻，一名辣母藤。"

⑦一大握：一大把。

⑧漉（lù）：滤过。

⑨搜和（huò）：搅和，拌和。和，将粉状或粒状物掺在一起，或加水搅拌，如和药。

⑩麻皮：为桑科植物大麻茎皮部的纤维，有韧性，可搓制绳子。

【译文】

白面五斗　赤豆七升　杏仁三两　川乌头三两　官桂二两　麦蘖四两，用微火烘干

上面的各种曲料，除了赤豆、白面外，其他的都要研磨为细末，再加入苍耳、辣蓼、勒母藤三味，各一大把，捣碎取浓汁浸泡赤豆。一伏天时过滤出豆，蒸到糜烂为止。豆须是煮烂成砂、控干放冷才能用；如果煮不烂，即使造出酒，也会有豆腥气。又将浸泡赤豆的汁液煎煮多次沸腾，另外存放。

等到蒸煮的赤豆熟烂,放凉了之后拌和白面及药末,使其硬软适中,带软为佳;如果硬,再加入少许赤豆汁。踏压紧密后分成片子,仅用纸裹上,用麻皮宽松绑定,挂在透风处四十天,取出曝干即可用。要先露天存放五至七夜,等到七八月以后方可使用。每斗米用六两,隔年的曲饼仅用四两,这样的酒曲称为"错著水"。李都尉制作的玉浆用的就是这种曲,只是不用苍耳、辣蓼、勒母藤三种草药。还有一种方法:只用这三种草药汁液浸泡糯米一个晚上,捣碎成粉。每斗加入烂煮赤豆三升、白面九斤,拌和踏压,裹上桑叶放入纸袋中,迎风悬挂,也就不用香药了。

已上风曲^①。

【注释】

①风曲:酒曲的一类。将制成的曲坯放在通风处或挂起曝干的酒曲,即为风曲。

【译文】

以上讲的是"风曲"的制作方法。

玉友曲^①

辣蓼、勒母藤、苍耳各二斤,青蒿、桑叶各减半,并取近上稍嫩者,用石臼烂捣,布绞取自然汁。更以杏仁百粒,去皮、尖,细研入汁内。先将糯米拣簸一斗,急淘净,控极干,为细粉,更晒令干,以药汁逐旋,匀洒,拌和,干湿得所。干湿不可过,以意量度。抟成饼子^②,以旧曲末逐个为衣,各排在筛子内,于不透风处净室内,先铺干草,一方:用青蒿铺盖。厚三寸许,安筛子在上,更以草厚四寸许覆之。覆时须匀,不

可令有厚薄。一两日间，不住以手探之。候饼子上稍热，仍
有白衣，即去覆者草。明日取出，通风处安桌子上，须稍干，
旋旋逐个揭之，令离筛子。更数日，以篮子悬通风处，一月
可用。罨饼子须熟透，又不可过候，此为最难。未干，见日
即裂。夏月造易蛀，唯八月造可备一秋及来春之用。自四月至九月
可酿，九月后寒，即不发。

【注释】

①玉友曲：一种酒曲。采用的是类似现代制曲中"小曲"的方法，
　将陈曲均匀地涂布在每一个"抟成饼子"的生曲上，以利于菌种
　的传递和选育。宋代朱弁《曲洧旧闻》卷七引张能臣《酒名记》
　中有"玉友"一种，当为玉友曲所酿之酒。宋代刘辰翁《水调歌
　头·和彭明叔七夕》曰："玉友此时好，空负葛巾笃。"在"玉友"
　下自注："临安七夕酒名。"
②抟（tuán）：捏之成团。

【译文】

　　辣蓼、勒母藤、苍耳各二斤，青蒿、桑叶各减半，摘拣青蒿、桑叶上稍
嫩的枝叶，用石臼捣烂，用布绞取自然汁液。再加上杏仁百粒，去皮、尖，
细研放入汁内。先将糯米挑拣、筛簸一斗，马上淘净，水控得极干，研磨
成细粉，再晒干，把药汁一一洒匀、拌和，干湿适中。干湿不可过头，要用心
去度量。而后抟成饼子，用旧曲末涂抹到饼子外面，一个个排列在筛子
内，在不透风的洁净屋室内，先铺上干草，一方：用青蒿铺盖。厚三寸余，把
筛子安放在上面，再用厚四寸余的草覆盖。覆盖时草要摊匀，不能有厚
有薄。头一两天间，要不断用手探测。一觉得饼子上稍热，生出白衣，就
马上去掉覆盖的草。第二天，取出饼子，在通风处把饼子安放在桌子上，
等到稍干之时，把饼子从筛子里一个个揭起来。再过几天，把盛放饼子

的篮子悬挂在通风处,过一月就可以使用了。掩盖的饼子要熟透,但又不能过了时间,这是最难把握的。如果饼子没有干透,一见太阳就会开裂。夏日造曲容易生蛀虫,只有八月制作曲饼,可备秋天及来年春天使用。自四月至九月可以制作曲饼,九月以后天气寒冷,曲饼不会发酵。

白醪曲[①]

粳米三升[②]　糯米一升,净淘洗,为细粉　川芎一两　峡椒一两[③],为末　曲母末一两[④],与米粉、药末等拌匀　蓼叶一束[⑤]　桑叶一把　苍耳叶一把[⑥]

右烂捣,入新汲水,破,令得所滤汁,拌米粉,无令湿,捻成团,须是紧实。更以曲母遍身糁过为衣[⑦]。以谷、树叶铺底,仍盖。一宿,候白衣上[⑧],揭去,更候五七日,晒干。以篮盛,挂风头。每斗三两,过半年以后,即使二两半。

【注释】

①白醪(láo)曲:酒曲的一种。制作方法与玉友曲一样,采用的也是类似现代制曲中"小曲"的制作方法。"以曲母遍身糁过为衣",以利优良菌种的选育。《齐民要术·笨曲并酒》记载了两种白醪酒的酿制法:一是"《食经》作白醪酒法":"生秫米一石。方曲二斤,细剉,以泉水渍曲,密盖再宿,曲浮起。炊米三斗酘之,使和调,盖。满五日乃好。酒甘如乳。九月半后不作也。"一是"作白醪酒法":"用方曲五斤,细剉,以流水三斗五升,渍之再宿。炊米四斗,冷,酘之,令得七斗汁。凡三酘,济令清。又炊一斗米酘酒中,搅令和解,封四五日,黍浮缥色上,便可饮矣。"这两种色味独特的白醪酒,当是用白醪曲酿成。

②粳（jīng）米：稻米的一种，米粒较粗。

③峡椒：产自三峡一带的花椒。

④曲母：酒曲，这里指陈曲。将陈曲末掺入新制的曲中，以利于选育
　　新的优良菌种。

⑤蓼叶：指辣蓼叶。

⑥苍耳叶：菊科植物苍耳的叶。

⑦糁（sǎn）：粘。

⑧白衣：指生长在曲饼外表的白色微生物。

【译文】

粳米三升　糯米一升，净淘洗，磨成细粉　川芎一两　峡椒一两，研成
末　曲母末一两，与米粉、药末等拌匀　蓼叶一束　桑叶一把　苍耳叶一把

　　把以上各种制作酒曲的原料捣烂，加入新汲来的井水冲和，获取过
滤得到的汁液，拌上米粉，不要太湿了，抟捻成团子，团子要紧密结实。
再用陈曲涂遍整个团子表面。用谷、树叶铺底，仍覆盖上。经过一晚后，
等到白衣长出后，揭去上面的谷、树叶，再等候五至七天，即可晒干。把
干曲盛放在篮子里，悬挂在通风的地方。每斗米需用三两曲，如果干曲
存放超过半年，则只用二两半就可以了。

小酒曲①

　　每糯米一斗，作粉，用蓼汁和匀，次入肉桂、甘草、木
香、川乌头、川芎、生姜②，与杏仁同研汁，各用一分作饼子。
用穰草盖③，勿令见风。热透后，番依"玉友罨法"出场④，
当风悬之。每造酒一斗，用四两。

【注释】

①小酒曲：一种酒曲。属于典型的药曲，除了糯米作粉外，所加入的

蓼汁、肉桂、甘草、杏仁、川芎、生姜、杏仁,均为中草药。《天工开物·曲蘖·神曲》曰:"凡造神曲所以入药,乃医家别于酒母者。法起唐时,其曲不通酿用也。造者专用白面,每百斤入青蒿自然汁、马蓼、苍耳自然汁相和作饼,麻叶或楮叶包罨如造酱黄法。待生黄衣,即晒收之。其用他药配合,则听好医者增入,苦无定方也。"神曲,就是药曲,一般用白面、青蒿、野蓼、苍耳、赤小豆、杏仁泥等六种原料制成,所以也称六曲,配料多的药曲达几十种。

②肉桂:也称牡桂、大桂、玉桂等,为樟科植物肉桂的干皮及枝皮,性热,味辛,无毒。甘草:豆科植物甘草的根及根状茎,性平,味甘,无毒。

③穰(ráng)草:泛指黍、稷、稻、麦等植物的秆茎。

④番:递,次序。依:依照。

【译文】

糯米一斗,磨成细粉,用蓼汁和匀,加入肉桂、甘草、木香、川乌头、川芎、生姜,与杏仁一同研磨成汁液,分成数份做成曲饼。用穰草覆盖,不要见风。热透后,摆放翻动等一概依照"玉友罨法",迎风悬挂。每造酒一斗,用四两曲饼。

真一曲①

上等白面一斗,以生姜五两,研取汁,洒拌揉和。依常法起酵,作蒸饼,切作片子,挂透风处一月,轻干可用。

【注释】

①真一曲:一种酒曲。白面加姜汁,依常法酿制。其法与苏轼《东坡酒经》类似:"吾始取面而起肥之,和之以姜液,蒸之使十裂,绳穿而风戾之,愈久而益悍,此曲之精者也。"苏轼《真一酒法——

寄建安徐得之》一文详细记述了真一酒的酿法："岭南不禁酒,近得一酿法,乃是神授。只用白面、糯米、清水三物,谓之'真一法酒'。酿之成玉色,有自然香味,绝似王太驸马家'碧玉香'也。奇绝!奇绝!白面乃上等面,如常法起酵,作蒸饼,蒸熟后,以竹篾穿挂风道中,两月后可用。"又,苏轼《真一酒并引》曰:"米、麦、水,三一而已,此东坡先生真一酒",又自注云:"真一色味,颇类予在黄州日所酝蜜酒也。"其诗曰:"拨雪披云得乳泓,蜜蜂又欲醉先生。稻垂麦仰阴阳足,器洁泉新表里清。晓日著颜红有晕,春风入髓散无声。人间真一东坡老,与作青州从事名。"

【译文】

用上好的白面一斗,用生姜五两研碎获取汁液,洒在白面中搅拌融合。依照通常的做法发酵,制成蒸饼,切作片子,悬挂在透风处一个月,晾干后即可使用。

莲子曲①

糯米二斗,淘净,少时蒸饭,摊了。先用面三斗,细切生姜半斤如豆大,和面,微炒令黄,放冷,隔宿,亦摊之。候饭温,拌令匀,勿令作块。放芦席上摊,以蒿草罨,作黄子②,勿令黄子黑。但白衣上,即去草番转,更半日,将日影中晒干③,入纸袋盛,挂在梁上风吹。

【注释】

①莲子曲:一种酒曲。

②黄子:即女曲,一种酒曲名。

③日影:日光之影。

【译文】

糯米二斗,淘净,蒸成饭的时间不要太长,摊开了。先用面三斗,把半斤生姜细切成豆子一样大小,和面微炒,炒至发黄,放冷,隔夜,也要摊开。等到饭温时拌匀,不要结成块儿。放在芦席上摊开,用蒿草掩盖,等候生出黄子,注意不要让黄子发黑。等到白衣生出,就去掉蒿草,翻转半日,放在日影中晒干,放入纸袋中,挂在梁上风吹。

　　已上醭曲[①]。

【注释】

①醭(bào)曲:先将制成的曲坯放入曲房发酵,而后在通风处晾干,即为醭曲。

【译文】

以上讲的是"醭曲"的制作方法。

卷下

【题解】

本卷着重论述酿酒的工艺过程及各种酒的酿造技术。作者先说卧浆、淘米、煎浆、汤米、蒸醋麋、用曲、合酵、酴米、蒸甜麋、投醹,认为酿酒"以浆为祖""治糯为先",浆要酸汤,米要精选。次说酿酒器具的选用以及如何榨酒、收酒、煮酒、火迫酒,其中煮酒、火迫酒是通过煎煮、持续熏烤的方法提高酒的浓度和纯度。在严格意义上的蒸馏酒(烧酒)出现之前,火迫可能是提高酒的纯度最有效的方法之一。浓度和纯度提高之后,米酒味道醇厚,可以长久保存,如绍兴酒中的"花雕""女儿红""状元红",保存十几年品质不变。

论述了酿酒的工艺过程之后,作者再说曝酒、白羊酒、地黄酒、菊花酒、酴醿酒、蒲萄酒、猥酒七种酒的具体制作方法。七种酒中,曝酒、猥酒酿制或取"旧醅"或"拌和糟",工艺相对简单,采用传统的米酒酿法;地黄酒"同米拌和"、菊花酒"入米馈中"、蒲萄酒"酸米入甑蒸",实为传统米酒酿法,但都属于药酒,有提神醒脑、强身健体的功效;酴醿酒则是纯粹的浸泡酒,浸花于九酝老酒中,色香俱美,可观可赏,从宋词中的描述中可以想见喜饮酴醿酒的宋人的情怀:"玉枕春寒郎知否?归来留取,御香襟袖,同饮酴醿酒"(李祁《青玉案》),"趁取酴醿新煮酒,烧笋煎花为具。万事皆空,千金一刻,底用闲愁苦"(陈著《念奴娇·次韵弟茝》),

"自检罗囊,要寻红叶留诗。懒约无凭,莺花都不知。怕人问,强开怀、细酌酴醾"(吕渭老《梦玉人引》)。因为酴醾花开在春末,故在赏花饮酒之时,又融入了浓浓的伤春之情。

在这七种酒中,白羊酒从用料到酿制,都有别于传统的米酒,是对唐人孟诜"狗肉汁酿酒,大补"(《食疗本草·酒》)以动物为酒材理论的发展。在酿酒史上,是朱肱首次记述了白羊酒的具体制法。由于羊羔酒酒性特殊,和血暖胃,壮气益肾,不同于一般用糯米、水及草药酿成的酒,故宋人多在寒冷的冬季尤其是雪天饮用:"朔风凝沍,不放云来去。稚柳回春能几许,一夜满城飞絮。羊羔酒面频倾,护寒香缓娇屏。唤取雪儿对舞,看他若个轻盈"(宋人卢祖皋《清平乐·申中吴对雪》),"山绕江城腊又残。朔风垂地雪成团。莫将带雨梨花认,且作临风柳絮看。 烟杏渺,路弥漫,千林犹待月争寒。凭君细酌羔儿酒,倚遍琼楼十二阑"(韩元吉《鹧鸪天·雪》),"坐看销金暖帐中,羔儿酒美兽煤红,浅斟低唱好家风"(赵长卿《浣溪沙》)。不惟宋人,元人亦喜饮羊羔酒:"密布云,初交腊。偏宜去扫雪烹茶,羊羔酒添价。胆瓶内温水浸梅花"(白朴[双调]《驻马听·冬》),"风满紫貂裘,霜合白玉楼。锦帐羊羔酒,山阴雪夜舟。党家侯,一般乘兴,亏他王子猷"(吕止庵[仙吕]《后庭花》)。

经过作者的介绍,读者可以清晰地了解米酒生产的工艺流程以及各种滋补酒的具体制作方法。按照这个流程及要求,读者自己也可以进入到具体的酿酒实践中。不仅如此,还可借此知道:酿酒、饮酒实际上开辟的是一个深厚的、值得索解的文化世界。

卧浆[①]

今人都不复用。酒绝忌酸,乃以酸浆汤米,何也? 又以水与姜、葱解之,尤为不韵[②]。

【注释】

①卧浆：制作酸浆水。《北山酒经·煎浆》曰："卧浆者，夏月所造酸
　浆也，非用已曾浸米酒浆也。"

②"今人都不复用"几句："《知不足斋》本"无，据"《四库》本"补
　入。汤米，浸米。不韵，不和。

【译文】

卧浆，今人都不再用。既然酒绝对忌酸，为什么又要用酸浆来浸米呢？还要加
入水和姜、葱溶解，尤其不和。

六月三伏时，用小麦一斗，煮粥为脚①，日间悬
胎盖，夜间实盖之。逐日浸热面浆或饮汤，不妨给
用，但不得犯生水。造酒最在浆，其浆不可才酸便
用，须是味重。酴米偷酸②，全在于浆。大法：浆不酸，
即不可酴酒。盖造酒以浆为祖；无浆处，或以水解
醋③，入葱、椒等煎④，谓之"合新浆"。如用已曾浸
米浆，以水解之，入葱、椒等煎，谓之"传旧浆"，今
人呼为"酒浆"是也。酒浆多，浆臭而无香辣之味。
以此知，须是六月三伏时造下浆，免用酒浆也。酒
浆寒凉时犹可用，温热时即须用卧浆。寒时如卧浆
阙绝⑤，不得已，亦须且合新浆用也。

【注释】

①脚：指脚饭、饭料。参见本书卷上"北人不用酵"一段文后注。

②酴（tú）米：用米饭做的酒曲。酴，酒曲。偷酸：取酸。

③解：溶解。

④入葱、椒等煎：指在制作酸浆水的过程中要加入葱与花椒。宋代
　陈藻《仲秋过卢北山子俞尝新酝作》诗曰：“白秋新收酿得红，洗
　锅吹火煮油葱。莫嫌倾出清和浊，胜是尝来辣且浓。”
⑤阙绝：缺乏，缺少。

【译文】

　　在六月三伏天，用小麦一斗煮粥，作为酿酒饭料，白天不盖严实，夜里要盖严实。按照时间先后，每一天都要添入热面浆，有时用饮用的汤也不妨，切忌用生水。造酒主要在浆，浆不能才发酸就使用，酸味必须浓重。酴米之所以能发酸，全在于浆。大法：如果浆不发酸，就不能酿酒。造酒，浆是最重要的；如果没有浆，就用水掺上醋，加入葱、椒等合煎，叫“合新浆”。如果用已浸过的米浆，再用水溶解，加入葱、椒等合煎，叫“传旧浆”，也就是现在人们所称的“酒浆”。酒浆过多，浆就会臭而无香辣之味。因此知道，一般是在六月三伏天时制作酸浆，为的就是免用酒浆。酒浆寒凉时还可以使用，温热的时候就应该用卧浆。寒冷时如卧浆短缺，不得已，只能配制新浆使用。

淘米①

　　造酒治糯为先，须令拣择，不可有粳米。若旋拣实为费力②，要须自种糯谷，即全无粳米，免更拣择，古人种秫盖为此。凡米，不从淘中取净，从拣择中取净。缘水只去得尘土，不能去砂石、鼠粪之类。要须旋舂、簸，令洁白，走水一淘③，大忌久浸。盖拣簸既净，则淘数少而浆入。但先倾米入箩，约度添水④，用杷子靠定箩唇，取力直下，不住手急打斡⑤，使水米运转，自然匀净，才水清即住。如此，则米已洁净，亦无陈气。仍须隔宿淘控，方始可用。盖控得极干，即浆入而易酸，此为大法。

【注释】

①淘米：洗米。米经淘洗，才能滤去较细的砂石。《齐民要术·造神曲并酒》"造酒法"曰："其米绝令精细，淘米可二十遍"，"米必令五六十遍淘之"；《齐民要术·法酒》"黍米法酒"曰："凡酒米，皆欲极净，水清乃止；法酒尤宜存意，淘米不得净，则酒黑。"

②旋：马上。

③走水：流水。

④约度：估计，衡量。

⑤打斡（wò）：打旋。斡，旋转。

【译文】

造酒优先选择糯米，要仔细拣择，不能有粳米。因为立即择拣实在费力，所以要自种糯谷，一点儿都不掺杂粳米，避免再次拣择之劳，古人种秫多半因为这个原因。凡米，淘洗不是使米干净的途径，要通过拣择使米干净。因为水只能去掉尘土，不能去掉砂石、鼠粪之类。米要随时舂、簸扬，使其洁白，用流水淘一次，尤其忌讳长久浸泡。经过拣择、簸扬，米已经干净，就要少淘洗加入浆。要先把米倒入箩筐，适度添水，靠近箩口用力把把子插入米中，一直往下，不住手地回旋搅米，使水米运转，自然匀净，一等水清就停住。这样下去，米洁净了，而且没有陈旧之气。但仍须隔夜淘洗控干，方能使用。糯米控水控得极干，加入浆就容易酸，这是最重要的方法。

煎浆①

假令米一石，用卧浆水一石五斗，卧浆者，夏月所造酸浆也，非用已曾浸米酒浆也，仍先须仔细刷洗锅器三四遍。先煎三四沸，以笊篱漉去白沫②，更候一两沸，然后入葱一大握，祠祭以薤代葱③。椒一两，油二两，面一盏。以浆半碗调面，打成

薄水,同煎六七沸,煎时不住手搅,不搅则有偏沸及有煿著
处④,葱熟即便漉去葱、椒等。如浆酸,亦须约分数以水解
之;浆味淡,即更入酽醋⑤。要之,汤米浆以酸美为十分,若
用九分味酸者,则每浆九斗,入水一斗解之,余皆仿此。寒
时用九分至八分,温凉时用六分至七分,热时用五分至四
分。大凡浆要四时改破,冬浆浓而涎⑥,春浆清而涎,夏不用
苦涎,秋浆如春浆。造酒看浆是大事,古谚云:"看米不如看
曲,看曲不如看酒,看酒不如看浆。"

【注释】

①煎浆:把用于浸米的卧浆水煮热或煮沸。

②筑(zhào)篱:用金属丝或竹篾、柳条等制成的能漏水的用具。漉
　(lù):滤过。

③薤(xiè):多年生草本植物,地下有鳞茎,鳞茎和嫩叶可食。

④煿(bó):煎炒或烤干食物。

⑤酽(yàn):浓,味厚。

⑥涎(xián):黏液,浆汁。

【译文】

　　如果用米一石,就得用卧浆水一石五斗,卧浆,就是夏天所造的酸浆,不
是用浸米的酒浆,用时仍须先仔细刷洗锅灶三四遍。先煎沸三四次,用筑篱滤
去白沫,再等沸一两次,然后加入一大把葱,制作供祭祀用的酒,则用薤代替
葱。椒一两,油二两,面一小碗。用半碗浆调面,搅成薄水,一起煎煮六
七沸,煎煮时要不停用手搅动,不搅动会有半边沸及有焦灼的地方,等葱
熟了即刻漉去葱、椒等。如浆酸,应该适当加水冲淡;浆味淡,就再加入
酽醋。总之,浸米浆以酸美为十分,如果用九分味酸的浆,每九斗浆就
要加入水一斗调和,依此类推。冷天浆用九分至八分,温凉时用六分至

七分，热时用五分至四分。一般而言，用浆要依照季节而变化，冬浆浓而黏，春浆清而黏，夏浆不要苦黏，秋浆如同春浆一样。造酒看浆是大事，古谚语说："看米不如看曲，看曲不如看酒，看酒不如看浆。"

汤米①

一石瓮埋入地一尺，先用汤汤瓮②，然后拗浆③，逐旋入瓮，不可一并入生瓮，恐损瓮器。便用棹箅搅出大气④，然后下米。米新即"倒汤"，米陈即"正汤"。汤字，去声切。"倒汤"者，坐浆汤米也；"正汤"者，先倾米在瓮内，再倾浆入也。其汤须接续倾入，不住手搅。汤太热，则米烂成块；汤慢即汤去声切。不倒而米涩。但浆酸而米淡，宁可热，不可冷。冷即汤米不酸，兼无涎，生亦须看时候及米性新陈。春间用插手汤，夏间用宜似热汤，秋间即鱼眼汤⑤，比插手差热。冬间须用沸汤。若冬月却用温汤，则浆水力慢，不能发脱；夏月若用热汤，则浆水力紧，汤损亦不能发脱。所贵四时浆水温热得所。

【注释】

①汤米：浸米，让米充分吸收水分膨胀，这样易于蒸煮，确保米的糊化效果。元代蒲道源《新曲米酒歌》诗曰："碓舂糠秕光如雪，汲泉淅米令清洁。炊糜糁曲同糅和，元气细缊未分裂。瓮中小沸微有声，鱼沫吐尽秋江清。脱巾且漉仍且饮，陶然自觉春风生。"

②汤（tàng）瓮：用热水暖瓮。汤，同"烫"。

③拗（ǎo）浆：搅动酸浆。

④棹箅（bì）：船桨形的搅拌工具。

⑤鱼眼：指如鱼眼大小的气泡。

【译文】

将容量一石的瓮，埋入地下一尺，先用热汤烫瓮，然后把浆分次倒入瓮中，不要一齐倒进去，怕损坏瓮器。浆入瓮后要用竹篦搅散热气，然后下米。如是新米要用"倒汤"法，旧米用"正汤"法。汤，去声切。"倒汤"是先加入浆后加入米，"正汤"是先在瓮内加入米，后加入浆。浆须连续加入，并要不停搅动。汤太热，米会烂结成块儿；不热，米则不熟、不滑烂。但凡浆酸而米淡的，宁热不可冷。冷了浸的米会不发酸，也不会发黏，但也须看季节及米的新旧。春间用手可插入的汤，夏间用稍热的汤，秋间要用起鱼眼泡的汤，比手可插入更热的汤。冬天则须用沸汤。如果冬天用温汤，则浆水温度不够，不易发酵；夏天如用热汤，则浆水温度高，汤水损耗大，也不能发好。所以一年四季所用的浆水，贵在温热适中。

　　汤米时，逐旋倾汤，接续入瓮，急令二人用棹篦连底抹起三五百下，米滑及颜色光粲乃止。如米未滑，于合用汤数外，更加汤数斗汤之不妨，只以米滑为度。须是连底搅转，不得停手。若搅少，非特汤米不滑，兼上面一重米汤破，下面米汤不匀，有如烂粥相似。直候米滑浆温即住手，以席荐围盖之，令有暖气，不令透气。夏月亦盖，但不须厚尔。如早辰汤米，晚间又搅一遍；晚间汤米，来早又复再搅，不下一二百转。次日再入汤，又搅，谓之"接汤"。"接汤"后渐渐发起泡沫，如鱼眼、虾跳之类，大约三日后，必醋矣。

【译文】

　　浸米时，要逐渐将汤连续倒入瓮中，要让两个人赶紧用竹篦连底搅动三五百下，直到米滑及颜色光粲为止。如米未滑，除已经用的汤量外，不妨再加数斗浸之，直到米滑为止。必须连底搅动，不得停手。如果搅动不到,不仅浸的米不滑,还会出现上面的一层米被浸破,下面的米浸不均匀如同烂粥的情况。所以一直要等到米滑浆温才住手,再以草席围盖,既保暖又不透气。夏天也要围盖,但不必太厚。如果早晨浸米,晚上要再搅一遍;晚间浸米,次日早晨要再搅,每次搅动不下一两百转。第二天还要加汤再搅,这叫"接汤"。"接汤"后渐渐发泡如鱼眼、虾跳之类,这样三天后便如醋了。

　　寻常汤米后,第二日生浆泡,如水上浮沤①。第三日生浆衣,寒时如饼,暖时稍薄。第四日便尝,若已酸美有涎,即先以笊篱去掉浆面,以手连底搅转,令米粒相离,恐有结米,蒸时成块,气难透也。夏月只隔宿可用,春间两日,冬间三宿。要之,须候浆如牛涎,米心酸,用手一捻便碎,巴人蒸米,先以大器盛沸汤,俟蒸米熟,即从甑倾入沸汤中,应时米透,一捻便碎,何事烦琐乃尔②。然后漉出,亦不可拘日数也。惟夏月浆米热后,经四五宿渐渐淡薄,谓之"倒了"。盖夏月热后,发过罨损③。况浆味自有死活,若浆面有花衣浡④,白色明快涎黏⑤,米粒圆明松利,嚼著味酸,瓮内温暖,乃是浆活;若无花沫,浆碧色,不明快,米嚼碎不酸,或有气息,瓮内冷,乃是浆死,盖是汤时不活络⑥。善知此者,尝米不尝浆;不知此者,尝浆不尝米。大抵米酸则无事于浆。浆死却须用杓尽撇出元浆⑦,入锅重煎、再汤,紧慢比前来减三分,谓之"接浆"。依前盖了,当宿即醋。或只撇出元浆,不用漉出米,以新水冲过,出却恶气。上甑炊时,别煎好酸浆,泼馈下脚亦得⑧,要之,不若"接浆"为愈。然亦在看天气寒温,随时体当⑨。

【注释】

①沤（ōu）：水泡。

②"巴人蒸米"几句："《知不足斋》本"无，据《四库》本"补入。

③罨（yǎn）损：指因天气热而有所损耗。

④浡（bó）：沸涌。

⑤涎黏（nián）：黏稠。

⑥活络：灵活，不拘泥。此处指不得法。

⑦杓（sháo）：同"勺"。元浆：原浆，最初的浆。

⑧馈（fēn）：初蒸成半熟的饭。下脚：酿酒用的饭料。

⑨体当：犹体会。

【译文】

通常浸米后，第二日生浆泡，有如水上浮泡。第三日生浆衣，天冷时浆衣厚得像饼，温暖时稍薄。第四日试尝，如果已经酸美有黏汁，就用筅篱划开浆面，用手连底搅转，令米粒相互分离，以免米结成块，蒸时难以透气。夏季隔夜就可以用，春季隔两日，冬季三宿。总之，须等到浆如牛的涎水，米心酵酸了，用手一捻便碎，巴地人蒸米，先用大的器具盛放沸汤，等到米蒸熟，就把甑中的米倒入沸汤中，一直等到米浸透，一捻即碎，为什么要烦琐如此！然后再慢慢地过滤，也不一定限于上述天数。只是夏天浆米热后，经四五晚渐淡薄，这叫"倒了"。因为夏天较热，发酵后会有损耗。浆味有死活之分，如浆面有花衣涌显，白颜色明快涎黏，米粒圆明松利，嚼之有酸味，瓮内温暖，就是活浆；如无沫花，浆呈碧色，不明快，米嚼碎不酸，或有气味，瓮内冰冷，就是死浆，这是浸米不得法造成的。明白此理的人，尝米不尝浆；不明白此理的人，尝浆不尝米。大致说，米酸了浆就没有问题。如果是死浆，要用勺子舀出元浆及米，倒入锅里重煎再浸，快慢程度要比先前减少三分，这叫"接浆"。照前盖住，当晚就会有酸味。也有只舀出原浆，不用滤出米，用新水冲洗米，除去恶浊之气。上甑蒸时，另外煎好酸浆，倒入半熟的饭料中亦可，但总不如"接浆"为佳。不过也要看气候的冷暖，随时查看调整。

蒸醋糜①

欲蒸糜,隔日漉出浆衣,出米置淋瓮②,滴尽水脉,以手试之,入手散簌簌地便堪蒸③。若湿时,即有结糜。先取合使泼糜浆以水解,依四时定分数。依前入葱、椒等同煎,用篦不住搅,令匀沸。若不搅,则有偏沸及煿灶釜处④,多致铁腥。浆香熟,别用盆瓮内,放冷,下脚使用。一面添水烧灶,安甑箄勿令偏侧⑤。若刷釜不净,置箄偏侧或破损,并气未上,便装筛,漏下生米。及灶内汤太满,可八分满。则多致汤溢出冲箄,气直上突,酒人谓之"甑达",则糜有生熟不匀。急倾少生油入釜,其沸自止。须候釜沸气上,将控干酸糜,逐旋以勺,轻手续续趁气撒装,勿令压实。一石米约作三次装,一层气透又上一层。每一次上米,用炊帚掠拨周回上下,生米在气出处,直候气匀,无生米,掠拨不动;更看气紧慢,不匀处用米枕子拨开慢处⑥,壅在紧处,谓之"拨溜"⑦。

【注释】

①蒸醋糜(mí):蒸熟用于制作酒母的米饭。醋糜,指浸泡后有酸味的米。糜,煮米使之糜烂。

②淋瓮:瓮底有小孔,可以将浸米表面的水分滴干。

③簌簌(sù):飘落貌。文中形容米一颗颗落下,互不粘连。

④煿(bó):煎炒或烤干食物。

⑤箄(bǐ):即箅(bì)子,蒸锅里的竹屉。

⑥枕(xiān)子:一种用来拌撒的工具。

⑦拨溜:指不断把米拨扰到有蒸气流动的地方,直至米蒸熟。

【译文】

如果要蒸醋麋，可隔日将浆滤出，把米放在淋瓮上，控尽水，用手试米，入手松散就可上蒸。如果过湿，就会有麋结块儿。要取出以水泼解分开，按四季酌定分量。照旧将葱、椒等一同煎煮，用算不停地搅动，让它均匀沸腾。如果不搅动，就会有局部沸腾或粘焦锅底的情况，多半带来铁腥味。等浆又香又熟时，另外盛放在盆瓮内冷却，等着拌料使用。一面添水烧灶，安放甑和竹屉时不要偏侧。如锅釜洗刷不干净，甑和竹屉安放不正或有破损，蒸汽未上就装米，就会有生米漏下。如果灶内汤太满，可八分满。就会致使汤上溢出，冲到甑中的竹屉上，气直向上突，酒人谓之"甑达"，会导致麋生熟不匀。遇到这种情况，要赶紧在锅内加入少许生油，沸就会自止。要等锅内沸气上腾，将控干的酸麋，用勺子不断轻轻地撒装，不要压实了。一石米约分作三次装，一层气透了再装上一层。每一次装米，先要用炊帚拨拢周围上下，把生米拨拢到蒸气冒出来的地方，直到蒸气均匀、没有生米、拨拢不动；还要看蒸气冒得紧慢，用米枚子把米从蒸气小的地方拨拢到蒸气大的地方，这就叫"拨溜"。

　　若箅子周遭气小，须从外拨来向上，如鳌背相似[1]。时复用气杖子试之，扎处若实，即是气流；扎处若虚，必有生米，即用枚子翻起、拨匀，候气圆，用木拍或席盖之。更候大气上，以手拍之，如不黏手，权住火，即用枚子搅斡盘摺[2]，将煎下冷浆二斗，随棹洒拨，每一石米汤，用冷浆二斗。如要醇浓，即少用水馈[3]，酒自然稠厚。便用棹篦拍击，令米心匀破成麋。缘浆米既已浸透，又更蒸熟，所以棹篦拍着，便见皮折心破，里外肥烂成麋。再用木拍或席盖之，微留少火，泣定水脉，即以余浆洗案，令洁净，出麋在案上，摊开，令冷，翻梢一两遍。脚麋若炊得稀薄如粥，即造酒尤醇。搜拌入曲时[4]，却缩水，胜如旋入别水也，四时并同。洗案刷瓮之类，并用熟浆，不得入生水。

【注释】

①鏊（ào）：烙饼用的平锅，中间稍凸。

②摺（zhé）：叠。

③馈（fēn）：蒸气初次上甑就不再蒸的半熟饭。

④搜拌：指加入酒曲搅拌饭料。

【译文】

若竹屉周围蒸气小，要从外拨来向上如锅背。其间不断用气杖子探扎，探扎处若结实，就有气流；探扎处若虚空，定有生米，即刻用杖子翻起、拨匀，等到蒸气圆了，用木拍或席盖上。等到大气上来，用手拍米，如不黏手，可以暂时停火，就用木杖子来回搅动，把煎好的冷浆二斗，随木杖子翻动洒拨，每一石米汤，用冷浆二斗。如要醇浓，即少用水拌饭料，酒自然稠厚。再用桲篦拍击，让米心均匀地破碎成糜。因为浆米已经浸透，又已经蒸熟，所以用桲篦一拍击，米便皮折心破，里外散烂成糜。再用木拍或草席盖好甑，略微保留一些火力，把水分熬干，用剩余的浆把案子洗净，把蒸好的醋糜在案上摊开，让它冷却，来回翻动一两遍。剩余的饭糜如果蒸煮得稀薄如粥，造酒尤其醇厚。拌和加入曲时，就减少了用水，比另外加入别的水要好，这样的做法四季相同。洗案、刷瓮一类用水，都要用熟浆，不能用生水。

用曲^①

古法先浸曲^②，发如鱼眼汤，净淘米，炊作饭，令极冷。以绢袋滤去曲滓，取曲汁于瓮中，即投饭。近世不然，炊饭冷,同曲搜拌入瓮。曲有陈新,陈曲力紧,每斗米用十两,新曲十二两、或十三两,腊脚酒用曲宜重^③。大抵曲力胜则可存留,寒暑不能侵。米石百两,是为气平。十之上则苦,十之下则甘。要在随人所嗜而增损之。

【注释】

①用曲:此指如何使用酒曲。

②古法:指《齐民要术·造神曲并酒》所说的"神曲粳米醪法",是先用水浸泡曲饼,然后过滤去渣,将曲汁投入瓮中,再投饭。

③腊脚酒:腊月酿的酒,也称"腊酒"。

【译文】

古代的方法,先浸酒曲,发酵得如鱼眼汤,淘干净米,蒸煮好饭,让它冷透了。用绢袋过滤去曲滓,将曲汁放在瓮中,即放入米饭。近世就不这样做,在炊饭放冷后立即和曲一起搅拌入瓮。曲有陈新之分,陈曲力道大,每斗米用十两,新曲则十二两、或十三两,腊脚酒用曲应该量大一些。大抵说,曲力强存留的时间就会长久,不受寒暑变化的影响。一石米用曲一百两,最相适宜。每十斤米用曲十两以上会苦,十两以下则甜。重要的是要随人的口味增加或减少。

凡用曲,日曝夜露。《齐民要术》:"夜乃不收,令受霜露。"^①须看风阴,恐雨润故也。若急用,则曲干亦可,不必露也。受霜露二十日许,弥令酒香。曲须极干,若润湿则酒恶矣。新曲未经百日,心未干者,须擘破炕焙^②,未得便捣。须放隔宿,若不隔宿,谓先一日焙过,待火气去,乃用之^③。则造酒定有炕曲气^④。大约每斗用曲八两,须用小曲一两,易发无失。善用小曲,虽煮酒亦色白。今之玉友曲用二桑叶者是也⑤。酒要辣，更于酸饭中入曲，放冷下，此要诀也。张进造供御法酒⑥：使两色曲，每糯米一石，用"杏仁罨曲"六十两、"香桂罨曲"四十两。一法：酝酒，"罨曲""风曲"各半，亦良法也。

【注释】

①夜乃不收，令受霜露：语见《齐民要术·造神曲并酒》"又作神曲方"："昼日晒，夜受霜露，不须覆盖。久停亦尔，但不被雨。此曲得三年停，陈者弥好。""夜乃不收，令受霜露。风、阴则收之，恐土污及雨润故也。若急须者，曲干则得；从容者，经二十日许受霜露，弥令酒香。曲须极干，润湿则酒恶。"

②擘（bò）：瓣，用手把东西分开或折断。焙（bèi）：微火烘烤。

③"谓先一日焙过"几句：《知不足斋》本"无，据《四库》本"补入。

④炕曲气：指曲有火烤的味道。炕，烙。

⑤二桑叶：当指两份桑叶。《北山酒经·玉友曲》曰："青蒿、桑叶各减半，并取近上稍嫩者，用石臼烂捣，布绞取自然汁。"

⑥法酒：按照一定"术法"酿的酒。

【译文】

大凡使用酒曲，白天要晒太阳，夜间要露天存放。《齐民要术》说："曲饼夜间不收起，为的是承受霜露的浸润。"但刮风和阴天就要收起来，怕雨打湿了。如果要急用，曲干也可用，不必经霜露。曲饼受霜露二十来天，酿酒会越发香美。曲要极干，如果潮湿了酿出的酒会口味不好。新曲没有经过百天，曲饼中心没有干的，要擘开炕焙，不宜即刻捣碎。炕焙的曲饼要隔夜，如果不隔夜，指曲饼头一天炕焙过，要等到火气散尽，而后使用。造酒肯定会有炕曲气。大约每斗用曲八两、小曲一两，才容易发好。善于使用小曲，即使煮酒颜色也会呈白色。现今的玉友曲，其中要加入两份桑叶就是这个道理。酒要辣,还要在酘饭中加入酒曲,放冷,这是要诀。张进造供御法酒:使用两色曲,如果糯米一石,就要用"杏仁罨曲"六十两、"香桂罨曲"四十两。还有一法:酝酒,用"罨曲""风曲"各一半,也是好办法。

　　四时曲粗细不同。春冬酝造日多,即捣作小块子,如骰子或皂子大①,则发断有力而味醇酽②;秋夏酝造日浅,则差细,欲其曲米早相见而就熟。要之,曲细则味甜美,曲粗则硬辣;若粗细不匀,则发得不齐,酒味不定。大抵寒时化迟,不妨宜用粗曲;暖时曲欲得疾发,宜用细末。虽然,酒人亦不执。或醅紧,恐酒味太辣,则添入米一二斗;若发得慢,恐酒甜,即添曲三四斤。定酒味,全此时,亦无固必也。供御祠祭用曲,并在酴米内尽用之③,酘饭更不入曲。一法:将一半曲于酘饭内分,使气味芳烈,却须并为细末也。唯羔儿酒尽于脚饭内著曲④,不可不知也。

【注释】

①骰(tóu)子:即色(shǎi)子,一种赌具。

②醇酽(chún yàn):酒味浓厚。宋苏轼《蜜酒歌》叙:"西蜀道士杨世昌,善作蜜酒,绝醇酽。"

③酴(tú)米:用米饭做的酒曲。

④羔儿酒:指羊羔酒,详见本书卷下《白羊酒》。脚饭:饭料,初酿酒时的底料。

【译文】

一年四季用曲粗细不同。春冬酝酒时日长,要捣作小块儿,如骰子或皂子大小,则曲发酵有力而酒味醇酽;秋夏酝酒时日短,曲要更细小,为的是曲米能在较短的时间内相融成熟。总之,曲细则酒味甜美,曲粗则酒味硬辣;如果粗细不匀,就会发得不齐,酒味不定。大致寒时曲发得慢,不妨用粗曲;暖时曲发得快,宜用细末。虽说是这样,酿酒人也不是固定不变。如果发得太快,担心酒味太辣,就添入一二斗米;如果发得太慢,担心酒甜,就添三四斤曲。确定酒味的辣或甜,全在这个时候,但也不是固定不变的。供御祠祭用曲,要在饭料内全部用完,投饭时就不再加入酒曲。还有一种方法:将曲的一半,在投饭时分次使用,使气味芳香浓烈,但要用研成细末的曲。如果要酿造羊羔酒,则要在饭料中加拌入全部的酒曲,这是不可以不知道的。

合酵①

北人造酒不用酵,然冬月天寒,酒难得发,多攧了②。所以要取醅面③,正发醅为酵最妙④。其法:用酒瓮正发醅,撇取面上浮米糁⑤,控干,用曲末拌,令湿匀,透风阴干,谓之“干酵”⑥。

【注释】

①合酵:制作干酵为酒酵。

②攧(diān)了:指不成功。《北山酒经·投醹》曰:“若脚嫩、力小、酸早,甜糜冷,不能发脱,折断多致涎慢,酒人谓之‘攧了’。”攧,跌,摔。

③醅(pēi)面:指酒瓮里正在酿制的酒的浮层。醅,未经过滤、带糟的酒。

④正发醅:指严格按照工艺要求制作的醅。

⑤糁(sǎn):以米和羹,亦指饭粒。

⑥干酵:干酵母菌。《北山酒经》卷上曰:"掉取醅面,绞令稍干,和以
　　曲蘖,挂于衡茅,谓之'干酵'。"

【译文】

北方人造酒不用酵,然而冬天天寒难发酵,酿酒多不成功。所以要
取用醅面,以正发的酒醅为酵最妙。其法:用酒瓮中的正发醅,舀取上面
的浮米,控干,用曲末拌和,使之湿润均匀,透风阴干,称作"干酵"。

凡造酒时,于浆米中先取一升已来,用本浆煮成粥,放
冷,冬月微温。用"干酵"一合、曲末一斤①,搅拌令匀,放暖
处,候次日搜饭时②,入酿饭瓮中同拌。大约申时欲搜饭③,
须早辰先发下酵,直候酵来,多时发过方可用。盖酵才来,
未有力也。酵肥为来,酵塌可用。又况用酵四时不同,须是
体衬天气,天寒用汤发,天热用水发,不在用酵多少也。不
然,只取正发酒醅二三杓拌和尤捷,酒人谓之"传醅",免用
酵也。

【注释】

①一合(gě):表数量,一升的十分之一。
②搜饭:搅拌饭料。
③申时:下午三点至五点。

【译文】

一般造酒时,在浆米中先取一升,用本浆煮成粥,放冷,冬月微温。
用"干酵"一合、曲末一斤,搅拌均匀,放在温暖处,等到第二天搜饭时,
放入酿饭瓮中同拌。大约下午三到五点时要搜饭,早晨就要先发下酵,
要待酵发透再用,因酵初发,力量不足。酵发得旺时说明酵已经起了作
用,酵发过后变塌时可以使用。又何况一年四季用酵的方法不同,重要

的是观察掌握气候情况，若天寒用汤发酵，天热用水发酵，而不在于用酵多少。如不这样，也可以只取正发的酒醅二三杓拌和，此法更为便捷，酿酒的人称之为"传醅"，可以不用酵母。

酴米①

酴米，酒母也，今人谓之"脚饭"。

【注释】

①酴（tú）米：用米饭做的酒曲。酴，酒曲。

【译文】

酴米，就是酒母，今人称之为"脚饭"。

蒸米成麋，策在案上，频频翻，不可令上干而下湿。大要，在体衬天气。温凉时放微冷，热时令极冷，寒时如人体。金波法：一石麋用麦蘖四两①，炒，令冷，麦蘖咬尽米粒，酒乃醇酽②。糁在麋上，然后入曲酵一处，古人兼用曲蘖，但期米烂耳。众手揉之，务令曲与麋匀。若麋稠硬，即旋入少冷浆同揉，亦在随时相度。大率搜麋③，只要拌得曲与麋匀足矣，亦不须搜如糕麋。京酘京师酘。搜得不见曲饭，所以太甜。曲不须极细，曲细则甜美；曲粗则硬辣；粗细不等，则发得不齐，酒味不定。大抵寒时化迟，不妨宜用粗曲，可骰子大；暖时宜用细末，欲得疾发。大约每一斗米，使大曲八两、小曲一两，易发无失，并于脚饭内下之。不得旋入生曲，虽三酘酒，亦尽于脚饭中下。计算斤两，搜拌曲麋，匀即搬入瓮。瓮底先糁曲末,更留四五两曲盖面。将糜逐段排垛,用手紧按瓮边四畔,拍令实。中心剜作坑子,入刷案上曲水三升或五升已来,微温,入在坑中,并泼在醅面上,以为信水④。

【注释】

①蘖(niè):生芽的谷类。

②"炒,令冷"几句:据《四库》本"补入,"《知不足斋》本"无。醇酦(chún nóng),酒味浓厚甘美。

③搜(sōu):拌合。

④信水:《北山酒经》卷上:"北人不用酵,只用刷案水,谓之'信水'。然'信水'非酵也,酒人以此体候冷暖尔。"

【译文】

米蒸得熟烂如糜,摊平在案上,频频翻动,不可上干下湿。重要的是观察掌握气候情况。温凉时放至微冷,热时要让它冷透了,寒时如人的体温。金波法:一石糜要用麦蘖四两,炒令冷,麦蘖要完全渗入米粒,酒才醇厚。撒落在糜上,然后加入曲酵,古人兼用曲蘖,为了使米糜烂。众手揉之,务必使曲与糜均匀。若糜稠硬,就立刻加入冷浆同揉,也是要随时了解情况。一般拌糜,只要把曲与糜拌和均匀就行,也不必揉得如糕糜一样。京酝京师的酝法。搅拌的不见曲饭,所以太甜。曲不必极细,曲细则甜美;曲粗则硬辣;如果粗细不一样,就会发得不齐,酒味不定。大抵寒时发得迟缓,不妨用粗曲,如骰子大小;暖时宜用细末,为的是快发。大约每一斗米,使用大曲八两、小曲一两,才容易发好,并在脚饭内下曲。不能加入生曲,即使是三酘酒,也要完全在脚饭中下曲。计算斤两,搅拌曲糜,拌和均匀即可搬入瓮中。瓮底先撒落曲末,再留四五两曲盖面。将糜逐段排垛,用手紧按瓮边四周,拍压踏实。中心剜成一个坑子,加入刷案上的曲水三升或五升,微温时倒入坑中,同时泼在醅面上,以此作为信水。

　　大凡酝造^①，须是五更初下手，不令见日，此过度法也^②。下时东方未明要了，若太阳出，即酒多不中。一伏时歇^③，开瓮，如渗信水不尽，便添荐席围裹之^④。如泣尽信水，发得匀，即用杷子搅动，依前盖之，频频揩汗。三日后，用手捺破头尾^⑤，紧即连底掩搅令匀；若更紧，即便摘开分减入别瓮，贵不发过。一面炊甜米，便酘，不可隔宿，恐发过无力，酒人谓之"摘脚"^⑥。脚紧多由麋热，大约两三日后必动。如信水渗尽醅面，当心夯起有裂纹^⑦，多者十余条，少者五七条，即是发紧，须便分减。

【注释】

①酝造：酿造，制作。

②过度：超越常度。

③一伏时：一昼夜。

④荐：草，草席。

⑤捺（nà）：用手向下按。头尾：这里指醅面。

⑥摘脚：指因发酵过分，酒曲失去了原有的效力。

⑦夯（hāng）：膨胀，胀满。

【译文】

酝造，一般要在五更初动手，不要见了太阳，这是过度法。下料不等天亮就要完成，如果太阳出来，酒多半会酿不成。一昼夜后开瓮，如信水渗出不尽，就要添加草席围裹。如信水渗尽，发得均匀，就用杷子搅动，依照前样盖好，不断揩干渗出的信水。三天后用手摁破醅面，如果发得紧，就要连底搅动使其均匀；如果还紧，就要把饭料分开，放入其他瓮中，难得不要发酵过分。一面要炊蒸甜米酘料，不要隔夜，担心因发得过分而无力，酿酒的人称之为"摘脚"。脚紧多因为麋热，大约两三日后必动。如果信水渗进醅面，当心醅面膨胀有裂纹，多者十余条，少者五七条，这就是发得太紧，必须分减放入别瓮。

大抵冬月醅脚厚，不妨，夏月醅脚要薄。如信水未干，醅面不裂，即是发慢，须更添席围裹。候一二日，如尚未发，每醅一石，用杓取出二斗以来，入热蒸糜一斗在内，却倾取出者，醅在上盖之，以手按平，候一二日发动。据后来所入热糜，计合用曲，入瓮一处拌匀，更候发紧掩捺，谓之"接醅"。若下脚后，依前发慢，即用热汤汤臂膊，入瓮搅掩，令冷热匀停。须频蘸臂膊^①，贵要接助热气。或以一二升小瓶贮热汤，密封口，置在瓮底，候发则急去之，谓之"追魂"。或倒出在案上，与热甜糜拌，再入瓮厚盖合，且候，隔两夜，方始搅拨，依前紧盖合。一依投抹，次第体当，渐成醅，谓之"搭引"。或只入正发醅脚一斗许，在瓮当心，却拨慢醅盖合。次日发起搅拨，亦谓之"搭引"。

【注释】

①蘸（zhàn）：在液体、粉末或糊状的东西里沾一下就拿出来。

【译文】

大致冬天醅脚厚些没妨碍，夏月醅脚要薄些。如果信水未干，醅面不开裂，这就是发得慢，就要再添加草席围裹。等候一二日，如还没有发，每一石醅，用杓舀出二斗，加热蒸糜一斗，将取出的醅盖在上面，以手按平，等候一二日后发动。根据后来加入的热糜，计算用曲，放入瓮中一起拌匀，等到发紧后按实，称之为"接醅"。若投下饭料后，像此前一样发得缓慢，就要用热汤烫臂膊，伸入瓮搅拨，使其冷热均匀。要不断地用热汤蘸臂膊,为的是接助热气。或者用一二升小瓶贮满热汤,密封瓶口,置放在瓮底,等到发了就马上拿掉,称之为"追魂"。或者倒出在案上,与热甜糜拌和,再移入瓮中,盖严实,两夜后开始搅拨,搅拨后依前盖严实。不断投料查看,这样就逐渐成醅,称之为"搭引"。或只加入正发的醅脚一斗许,放在瓮当心,拨和后盖合严实。等到第二天发起后搅拨,也称之"搭引"。

造酒要脚正,大忌发慢,所以多方救助。冬月置瓮在温暖处,用荐席围裹之①,入麦、黍穰之类,凉时去之。夏月置瓮在深屋底,不透日气处。天气极热,日间不得掀开,用砖鼎足阁起②,恐地气,此为大法。

【注释】

①冬日置瓮在温暖处,用荐席围裹之:《齐民要术·造神曲并酒》曰:"冬欲温暖,春欲清凉。酘米太多则伤热,不能久。春以单布覆瓮,冬用荐盖之。"

②阁:架起,支撑。

【译文】

造酒脚醅要正,尤其忌讳发得缓慢,所以要多方救助。冬月把瓮放在温暖处,用草席围裹,加盖麦、黍穰之类,凉时拿掉。夏月把瓮放在深屋不见日光处。天气极热,白天不要掀开,用砖鼎足架起,担心接触地气,这是最重要的方法。

蒸甜糜

不经酸浆浸,故曰甜糜①。

【注释】

①不经酸浆浸,故曰甜糜:据"《四库》本"补入,"《知不足斋》本"无。

【译文】

不经过酸浆浸泡,所以称作甜糜。

凡蒸酘糜①,先用新汲水浸破米心,净淘,令水脉微透,庶蒸时易软。脚米走水淘,恐水透,浆不入,难得酸。投饭不汤,故欲浸透也。然后控干,候甑气上,撒米装,甜米比醋糜鬆利易炊②。候装彻气上③,用木篦、杴、帚掠拨甑周回生米,在气出紧处,掠拨平整。候气匀溜④,用篦翻搅,再溜,气匀,用汤泼之,谓之"小泼";再候气匀,用篦翻搅,候米匀熟,又用汤泼,谓之"大泼"。复用木篦搅斡,随篦泼汤,候匀软,稀稠得所,取出盆内,以汤微洒,以一器盖之。候渗尽,出在案上,翻梢三两遍,放令极冷,四时并同。其拨溜盘棹并同蒸脚糜法。唯是不犯浆,只用葱、椒、油、面,比前减半,同煎,白汤泼之,每斗不过泼二升。拍击米心,匀破成糜,亦如上法。

【注释】

①酘糜:用作投料的糜。

②鬆(sōng)利:松散。

③彻:通,透。

④匀溜(liū):均匀。

【译文】

蒸酘糜,先用新汲来的水浸透米心,淘洗干净,让水流完全浸透酘糜,蒸时就容易绵软。脚饭仅用流水淘洗,担心水不能浸透而浆不入,难得酵酸。

投饭因不烫米，所以先要浸透米心。然后控干，等到甑中蒸气上来，在甑里撒开装米，甜糜比醋糜松散易炊。等到甑中的米透气了，就用木篦、杴、帚掠拨甑的四周，回翻生米，在蒸气出紧的地方，把米掠拨平整。等到蒸气匀了，用篦翻搅，等到米滑气匀了，用汤泼之，称之为"小泼"；再等到蒸气匀了，用篦翻搅，等到米匀熟了，再次用汤泼，称之为"大泼"。之后再次用木篦搅和，随着搅和泼汤，等到米均匀绵软，稀稠适中，取出放在盆内，以汤微洒，用器具盖好。等到汤水渗尽，取出放在案上翻动三两遍，放得冷透了，四季做法相同。拨溜盘桲与蒸脚糜法相同。重要的是不用浆，只用葱、椒、油、面一同煎，用量比先前减半，用白汤泼，每斗不超过二升。拍击米心，匀破成糜，亦如上法。

投醹①

　　投醹最要厮应②，不可过，不可不及。脚热发紧③，不分摘开，发过，无力方投，非特酒味薄、不醇美，兼曲末少，咬甜糜不住，头脚不厮应④，多致味酸。若脚嫩、力小、酘早⑤，甜糜冷，不能发脱，折断多致涎慢，酒人谓之"攧了"。须是发紧，迎甜便酘，寒时四六酘，温凉时中停酘，热时三七酘。酘法总论："天暖时二分为脚、一分投；天寒时中停投；如极寒时一分为脚、二分投；大热或更不投。"一法：只看醅脚紧慢，加减投，亦治法也。若醅脚发得恰好，即用甜饭依数投之。若用黄米造酒⑥，只以醋糜一半投之，谓之"脚搭脚"。如此酝造，暖时尤稳。若发得太紧，恐酒味太辣，即添入米一二斗；若发得太慢，恐酒味太甜，即添入曲三四斤。定酒味全在此时也。

【注释】

①投醹（rú）：用多次投饭法酿造美酒。醹，醇厚的酒。

②厮应：相互照应。

③脚热：是古人判断酒醪成熟程度、决定再投料时用的术语。所谓"脚"，就是发酵过程中的底料。下文中"醅脚紧慢"，亦是此意。

④头脚：头，指再投的饭料；脚，指脚饭，也称酒母。

⑤脚嫩：指底料还未充分发酵。

⑥黄米：秫米，也称黄糯，原产中国北方，是古代黄河流域重要的粮食作物之一。《本草纲目·谷二·秫》曰："北人呼为黄糯，亦曰黄米。酿酒劣于糯也。"

【译文】

投醹最要讲求相互照应，不可过，也不可不及。饭料发酵旺盛时，如不即时分减，等到发过无力再投米，不只是酿出的酒味道淡薄不醇美，而且因曲末量少，不能充分促使甜麋发酵，头脚不能相互照应，就容易导致酒味酸。若饭料尚未发足，曲力小，投米过早，甜麋温度低，发酵不足，又会产生过黏现象，酒人称之为"撅了"。所以要在发酵旺盛时即时投米，寒冷时要投四至六次，温凉时停投，热时要投三至七次。酝法总论说："三分料，天暖时二分为脚、一分投；天寒时停投；如极寒时一分为脚、二分投；大热不投。"一法：只看醅脚发得紧慢，发得紧加料，发得慢减料，也是好办法。若醅脚发得正好，就用甜饭按次数投放。如果用黄米造酒，只按醅麋的一半量投，称之为"脚搭脚"。这样的酿造方法，天气和暖时尤其稳当。如果发得太紧，担心酒味太辣，就加入米一二斗；如果发得太慢，担心酒味大甜，就添入曲三四斤。决定酒的味道全在此时。

　　四时并须放冷。《齐民要术》："所以专取桑落时造者，黍必令极冷故也。"①酘饭极冷，即酒味方辣，所谓偷甜也。投饭，寒时烂揉，温凉时不须令烂，热时只可拌和停匀，恐伤人气。北人秋冬投饭，只取脚醅一半，于案上共酘饭一处，搜拌令匀，入瓮却以旧醅盖之。缘有一半旧醅在瓮。夏月，脚醅须尽取出案上搜拌，务要出却脚糜中酸气。一法：脚紧案上搜，脚慢瓮中搜，亦佳。

【注释】

①"《齐民要术》"几句：见《齐民要术·造神曲并酒》，下引《齐民要术》同。

【译文】

投醹四时都须放冷。《齐民要术》："之所以专选在桑叶落的时候造酒，是因为黍米一定要让它冷透的缘故。"酘饭冷透了，酒味才会辣，这就是所谓的"偷甜"。投饭，寒时要揉烂，温凉时不须揉烂，热时只需拌和匀停，恐伤人气。北人秋冬季投饭，只取脚醅一半，和投饭一起放在案上，搅拌匀了，移入瓮中却用旧醅覆盖。因为有一半旧醅在瓮中。夏天时，脚醅须完全取出来在案上搅拌，务必要去除脚糜中的酸气。一法：脚饭发得紧案上搅拌，脚饭发得慢瓮中搅拌，也不错。

寒时用荐盖①，温热时用席。若天气大热，发紧，只用布罩之。逐日用手连底掩拌，务要瓮边冷醅来中心。寒时，以汤洗手臂助暖气；热时，只用木杷搅之。不拘四时，频用托布抹汗。五日已后，更不须搅掩也。如米粒消化而沸未止，曲力大，更酘为佳。《齐民要术》："初下用米一石，次酘五斗，又四斗，又三斗，以渐待米消即酘，无令势不相及。味足沸定为熟。气味虽正，沸未息者，曲势未尽，宜更酘之。不酘，则酒味苦薄矣。""第四、第五、六酘，用米多少，皆候曲势强弱加减之，亦无

定法。""惟须米粒消化乃酘之,要在善候。曲势未穷,米粒已消,多
酘为良。"又云:"'米过酒甜'②,此乃不解体候耳。酒冷沸止,米有
不消化者,便是曲力尽也。"若沸止醅塌,即便封泥,起,不令透
气。夏月十余日,冬深四十日,春秋二十三、四日,可上槽③。
大抵要体当天气冷暖与南北气候,即知酒熟有早晚,亦不可
拘定日数。酒人看醅生熟,以手试之。若拨动有声,即是未
熟;若醅面干如蜂窠眼子④,拨扑有酒涌起⑤,即是熟也。

【注释】

①荐:草席。

②米过酒甜:《齐民要术·笨曲并酒》:"必须看候,务使米过,过则酒
　甜。"看候,照看,查看。候,事物在变化中的状态。

③上槽:指上槽榨酒。槽,酒槽。

④蜂窠(kē):蜂巢。窠,动物的巢穴。

⑤拨扑:犹拨弄。

【译文】

寒时用草覆盖,温热时用席覆盖。如果天气大热,发得紧,只用布罩
上。逐日用手连底搅拌,一定要把瓮边的冷醅拢到中心来。天寒时,用
汤烫洗手臂添助暖气;热时,只用木杷搅拌就行。不管什么时候,都要不
断用抹布揩去瓮壁渗出的水滴。五天以后,就不用搅拌了。如果米粒消
化而沸涌未止,是曲力大的缘故,以再投为好。《齐民要术》:"第一次投饭要
用米一石,第二次投用米五斗,再次投用四斗,再次用三斗,要在米逐渐消化了接着
投,不要让曲势与饭料不相搭配。酒味足了、发酵沸涌停止了,表明酒已经成熟。即
使酒味纯正,沸涌还未停息,是曲势还未消尽,应该再次投放饭料。不投,酒味就会
又苦又薄。""第四、第五、六投,用米多少,都要查候曲势强弱或增加或减少,没有一
成不变的规定。""惟须米粒消化后再投,关键是善于查候曲力。曲力还没有消尽,

米粒已经消化,那就以多投为好。"《齐民要术》又说:"'米多酒甜',这其实是不能准确把握发酵时间造成的。酒冷、沸涌停止,米还没有消化尽,这便是曲力消尽了。"如果沸涌停止、醅面塌倒了,就用泥封住瓮口,存放起来,不要透气。夏天存放十余日,深冬存放四十日,春秋存放二十三、四日,而后就可以上槽压榨了。大抵要体察天气冷暖与南北气候的不同,就知道酒熟有早晚,也不一定非要限定天数。酿酒的人查看醅面的生熟,用手探试。如果拨动有声,就是还没有熟;如果醅面干得像蜂巢眼子,拨弄有酒涌起,就是熟了。

　　供御祠祭:十月造酘,后二十日熟;十一月造酘,后一月熟;十二月造酘,后五十日熟。

【译文】

　　供御祠祭法说:十月酿造酘饭料,后二十天成熟;十一月酿造酘饭料,后一个月成熟;十二月酿造酘饭料,后五十天成熟。

酒器

　　东南多瓷瓮,洗刷净便可用。西北无之,多用瓦瓮。若新瓮,用炭火五七斤罩瓮其上,候通热,以油蜡遍涂之[1];若旧瓮,冬初用时,须薰过。其法:用半头砖铠脚安放,合瓮砖上,用干黍穰文武火薰[2],于甑釜上蒸[3],以瓮边黑汁出为度,然后水洗三五遍,候干,用之。更用漆之,尤佳。

【注释】

　　①以油蜡遍涂之:用油脂涂瓮,以防渗漏。《齐民要术·涂瓮》曰:

"凡瓮,七月坯为上,八月为之,余月为下。凡瓮,无问大小,皆须涂治;瓮津则造百物皆恶,悉不成。"

②文武火:用来烧煮的文火与武火。文火,火力小而弱。武火,火力大而猛。

③甑(zèng):古代蒸饭的一种瓦器。底部有许多透蒸气的孔格,置于鬲(lì)上蒸煮,如同现代的蒸锅。釜(fǔ):古代炊具,圆底而无足,须安置在炉灶上或是以其他物体支撑煮物,相当于现在的锅。

【译文】

东南多瓷瓮,洗刷干净后便可使用。西北没有瓷瓮,多用瓦瓮。如果是新瓮,要用炭火五七斤,把瓮放在上面,等到通体烧热了,用油蜡整体涂抹;如果是旧瓮,冬初使用时,须薰过。其法:用半头砖架起脚,把瓮安放在上面,用干柴禾文武火薰,在甑釜上蒸,直到瓮边渗出黑汁,然后水洗三五遍,晾干后就可以使用了。如果用油漆漆过,酿酒时效果会更好。

上槽①

造酒,寒时须是过熟,即酒清数多②,浑头白醭少③;温凉时并热时,须是合熟便压,恐酒醅过熟,又槽内易热,多致酸变。大约造酒,自下脚至熟,寒时二十四、五日,温凉时半月,热时七八日,便可上槽。仍须匀装停铺,手安压版,正下砧、簟④。所贵压得匀干,并无箭失。转酒入瓮,须垂手倾下,免见濯损酒味。寒时用草荐、麦麸围盖,温凉时去了,以单布盖之,候三五日,澄折清酒入瓶。

【注释】

①上槽:指上槽压榨,将酒液与酒糟进行分离的工艺过程。经过长

期发酵的醪液，虽然已经有了酒的成分，但因酒和糟混在一起，还不能算作成品，需要通过压榨将酒与糟分离，即将酒醪装入绢袋，再上槽装入木箱里，放上压板下压。宋杨万里《新酒歌》诗曰："瓮头一日绕数巡，自候酒熟不倩人。松槽葛囊才上榨，老夫脱帽先尝新。"上榨，上槽榨酒。

②酒清：酒醪上层清澈、透明的酒液。

③浑头白酵：浑浊的白色沉淀物。

④砧(zhēn)：砧板。簟(diàn)：竹席。

【译文】

造酒，寒冷时要熟透，这样造的酒清淳而且量多，浑头白酵少；温凉及热时，酒酿熟了就要压榨，怕酒醅过热，长时间贮存在槽内容易变酸。大约造酒，从下饭料到酿熟，寒冷时需要二十四、五天，温凉时半个月，天热时七八天，就可以上槽压榨。但要匀装平铺，手按压板，放正砧板、竹席。要紧的是压得均匀干净，没有溅漏。移酒入瓮时，要垂低手来倾倒，免得溅起来有损酒味。天寒时用草席、麦秸围盖，温凉时以单布覆盖，三五日后把酒澄清后就可以装入瓶中了。

收酒

上榨以器就滴，恐滴远损酒，或以小杖子引下亦可①。压下酒，须先汤洗瓶器，令净，控干。二三日一次折澄②，去尽脚，才有白丝即浑，直候澄折得清为度，即酒味倍佳，便用蜡纸封闭。务在满装，瓶不在大。以物阁起，恐地气发动酒脚③，失酒味，仍不许频频移动。大抵酒澄得清，更满装，虽不煮，夏月亦可存留。内酒库：水酒，夏月不煮，只是过熟上榨，澄清，收。

【注释】

①小杖子:此处指连接在榨箱下方的管型引酒工具。

②折澄:就是澄清,即不断让酒沉淀,将澄清的酒倒入另外一个容器再次澄清,而后再次倒入另外一个容器。如此反复,沉淀物或称固形物越来越少。纯度提高后,酒也就越来越清澈了,最后密封保存。

③酒脚:发酵后酒中残留的细微固形物。

【译文】

上槽榨酒要使用器皿接酒,离远了怕滴出来的酒会有损失,或用小杖子把酒引下来也行。压榨酒时,要先烫洗瓶器,洗净控干。装入瓶中的酒两三天要澄清一次,去尽沉淀物,酒中若稍有白丝儿就会浑浊,所以一直要到澄清为止,这样酒味倍佳,而后便用蜡纸封存。瓶子不在大小,务必要装满。用物架起存放,担心地气引动酒脚,失去酒味,也不要频频移动。大抵酒既澄清,瓶又满装,即使不煮,夏天也可以存留。内酒库:水酒,夏天不煮,只是成熟就上槽压榨,澄清后收藏。

煮酒①

凡煮酒,每斗入蜡二钱、竹叶五片、官局天南星丸半粒②,化入酒中,如法封系,置在甑中,第二次煮酒不用前来汤,别须用冷水下。然后发火③,候甑箪上酒香透④。酒溢出倒流,便揭起甑盖,取一瓶开看,酒滚即熟矣,便住火,良久方取下,置于石灰中,不得频移动。白酒须泼得清⑤,然后煮。煮时瓶用桑叶冥之⑥。金波兼使白酒曲,才榨下槽,略澄折二三日便蒸,虽煮酒亦白色。

【注释】

①煮酒：把装在瓶中的酒再放在甑中用水、汽煮蒸，瓶子放在竹屈上，不着甑底。在具体操作工程中要注意火候，不可以不熟，也不可过熟。古人依靠观察和经验评定酒煮的程度，一般是"候甑箪上酒香透"、瓶中"酒滚即熟矣"。煮酒的目的，一则是杀死酒中的微生物，把酒的成分基本固定下来，防止成品酒发生酸败；二则是通过加热，促进黄酒的老熟和部分溶解的蛋白质的凝结，使酒的颜色清亮透明（参见李华瑞《宋代酒的生产和征榷》，第21页），饮用时口感更好。绍兴黄酒酿造称煮酒为"煎酒"，是酿酒的最后一道工序，如果控制不好会前功尽弃，传统的做法是用锅煮熟。

②官局天南星：官卖的天南星药丸。官局，官署，官设机构。宋朝将药物纳入国家官卖，故称。天南星，天南星科植物天南星、东北天南星或异叶天南星等的块茎，多年生草本，性温，味苦，有毒。

③发火：起火，燃火。

④甑（zèng）：是一种蒸饭的瓦器。箪（dān）：本指盛饭的圆形竹器，这里指蒸饭的用具。《太平预览》卷七五七引《说文》曰："箪，蔽也，所以蔽甑底也。"

⑤白酒须泼得清：意指初酿出的米酒需要澄清。白酒，指澄清之后透明度较好的米酒。泼，当为"澄"字之讹。

⑥冥：当为"幂（mì）"字之讹。幂，覆盖。

【译文】

大凡煮酒，每斗加入蜡二钱、竹叶五片、官局天南星丸半粒，溶入酒中，按照要求封好，置放在甑中，第二次煮酒不用前一次的热水，须另用冷水。然后燃火，等到甑箪上酒香透出来。酒溢出来倒流时，就揭起甑盖，取一瓶打开查看，酒滚开就是熟了，这时停火，过一会儿再取出，放在石灰中，不要频频移动。米酒需要澄清之后再煮。煮时瓶子用桑叶遮盖，兼用金波曲、白酒曲酿成的酒,上槽压榨后取下,要沉淀澄清二三日再蒸,煮酒至白色。

火迫酒[①]

　　取清酒澄三五日后,据酒多少,取瓮一口,先净刷洗讫,以火烘干。于底旁钻一窍子,如箸粗细[②],以柳屑子定[③]。将酒入在瓮,入黄蜡半斤,瓮口以油单子盖系定。别泥一间净室,不得令通风,门子可才入得瓮。置瓮在当中间,以砖五重衬瓮底,于当门里著炭三秤笼,令实,于中心著半斤许,熟火,便用闭门。门外更悬席帘,七日后方开,又七日方取吃。取时以细竹子一条,头边夹少新绵,款款抽屑子,以器承之,以绵竹子遍于瓮底搅缠,尽著底,浊物清,即休缠,仍塞了。先钻窍子,图取淀浊易耳[④]。每取时却入一竹筒子,如醋淋子,旋取之。即耐停不损,全胜于煮酒也。

【注释】

①火迫酒:火迫酒的制作,是把装有酒的瓮密封好了后,再放入密闭的屋子里,用炭火持续熏烤,经七日方成。这样做的好处,就是最大限度去除酒中含有的水分,固定酒的成分、提高酒的纯度,饮用时口感会更好。火迫酒的技术关键是控制火的大小。火力太猛,酒精就要大量挥发;火力太弱,又起不到作用。煮酒是把酿成的酒装入瓶中,“置在甑中”隔水煮;火迫酒则是把酿成的酒装入瓮中,置放在密闭的屋内,以火持续熏烤。前者用时少,后者耗时(七天)多,若要饮用,又须七天。作者之所以说火迫酒的质量“全胜于煮酒”,一在于用火,二在于长时间。在严格意义上的蒸馏酒(烧酒)出现之前,火迫可能是提高酒的纯度最有效的方法

之一。

②箸（zhù）：筷子。

③柳屑子：柳木塞子。

④"仍塞了"几句：据《四库》本补入，《知不足斋》本无。

【译文】

取清酒澄清三五天后，根据酒的多少，选取一口瓮，先洗刷干净，再用火烘干。在瓮底旁钻一个如筷子粗细的小孔，用柳木塞子塞住。把酒倒入瓮中，加入黄蜡半斤，瓮口用油纸盖住扎捆好。另外用泥煳上一间干净屋子，不要让通风，屋门刚好可以放得进瓮。瓮要放在屋子中间，用五层砖垫起瓮底，对着门里放三秤笼炭，堆实了，再在中心放半斤炭，等火燃旺后闭门。门外还要悬挂席帘，七天后打开，再过七天方可以用了。吃的时候用一根细竹子，前头边缠上少许新绵，缓缓地抽出木塞子，用器皿承接瓮中的酒，用缠有绵的竹子在瓮底搅缠遍了，直到把瓮底的污浊之物清除干净为止，仍旧用柳木塞子塞好。先钻一个小孔，为的是方便清除瓮中沉淀污浊之物。取用时插上一个如醋淋子一类的竹筒子，方便不断取用。这样酒的味道经久不损，实在胜过煮酒。

曝酒法

平旦起①，先煎下甘水三四升②，放冷，著盆中。日西，将衡正纯糯一斗③，用水净淘，至水清，浸良久方漉出，沥令米干，炊，再馏饭约四更④，饭熟，即卸在案桌上，簿摊，令极冷。昧旦日未出前⑤，用冷汤两碗拌饭，令饭粒散不成块。每斗用药二两，玉友、白醪、小酒、真一曲同。只槌碎为小块并末⑥，用手糁拌入饭中，令粒粒有曲，即逐段拍在瓮四畔，不须令太实，唯中间开一井子，直见底，却以曲末糁醅面，即以湿布盖之。如布干，又渍润之，常令布湿，乃其诀也。又不可令布太湿，恐滴水入。候浆来井中满，时时酌浇四边。直候浆来极多，方用水一盏，调大酒曲一两，投井浆中，然后用竹刀界醅，作六七片，擘碎番转⑦。醅面上有白衣宜去之。即下新汲水二碗，依前湿布罨之⑧，更不得动。少时自然结面，醅在上，浆在下。即别淘糯米，以先下脚米算数。天凉对投，天热半投。隔夜浸破米心，次日晚夕炊饭⑨，放冷，至夜酘之，再入药二两。取瓮中浆来拌匀，捺在瓮底，以旧醅盖之，次日即大发。候酘饭消化，沸止方熟，乃用竹笓笓之⑩。若酒面带酸，笓时先以手掠去酸面，然后以竹笓插入缸中心取酒。其酒瓮用木架起，须安置凉处，仍畏湿地。此法夏中可作⑪，稍寒不成。

【注释】

①平旦：清早。

②甘水：甜水。

③衠（zhūn）正：纯正。衠，纯粹。

④馏（liù）饭：蒸饭。

⑤昧旦：天将明未明之时，破晓。

⑥槌（chuí）：同"捶"，敲打。

⑦擘（bò）：分开，剖裂。

⑧罨（yǎn）：掩盖，覆盖。

⑨晚夕："《知不足斋》本"作"晚西"，从《四库》本。

⑩竹笓（chōu）：用竹子编成的滤酒器具。笓，过滤（酒）。

⑪夏中：犹夏季。

【译文】

清晨起来，先煎下甘水三四升，放冷，放在盆中。等到日头西了，选用纯正的糯米一斗，用水淘洗，一直淘洗到水清，再浸泡一些时候漉出，控干米里的水分，上甑炊蒸约四更的时间，饭熟后就放在案桌上摊薄，让它冷透了。在第二天太阳未出前，用冷汤两碗拌饭，拌散，不要结块儿。每斗米用药曲二两，与玉友、白醪、小酒、真一曲相同。把药曲槌碎成小块儿及末，用手撒拌到饭中，让每一粒米都沾有药曲，随即逐段按拍在瓮的四周，不必太结实，米中间挖开一个能见底的井子，把曲末撒在醅面上，就用湿布盖上。如果布干，再用水润湿，让布经常保持湿润，是诀窍。但又不能使布太湿，担心有水滴进去。等到酵浆发起并且溢满中间的井子后，不时酌浇四边。一直等到浆来的特别多时，方才用水一碗，调大酒曲一两，投到溢满酵浆的井子中，然后用竹刀划开醅面，分作六七片，掰碎翻转。醅面上有白衣应该去掉。加入新汲来的水二碗，依照前面用湿布覆盖好后，就不再翻动。用不了多时就会自然结面，醅面在上，酵浆在下。这时再另外淘洗糯米，按照先前所下脚米的数量计算。天凉时对等，天热时减半。隔夜浸破米心，第二天傍晚蒸饭，放冷，夜里下米，再入药曲二两。取瓮中浆拌匀，按在瓮底，上面用旧醅盖上，次日就会完全发酵。等到所投之米消化，沸涌停止就酿熟了，这时用竹箅滤酒。如果酒面带酸，滤酒时先用手掠去酸面，然后用竹箅插入缸中心取酒。装酒的瓮要用木架架起来，置放在凉爽处，酒瓮怕湿地。此法夏天可用，天寒则不可用。

白羊酒①

腊月，取绝肥嫩羖羊肉三十斤②，肉三十斤，内要肥膘十斤。连骨，使水六斗已来，入锅煮肉，令极软，漉出骨，将肉丝擘碎③，留著肉汁。炊蒸酒饭时，匀撒脂肉拌饭上，蒸令软，依常盘搅,使尽肉汁六斗泼馈了④。再蒸良久,卸案上摊,令温凉得所。拣好脚醅,依前法酘拌,更使肉汁二升以来,收拾案上及元压面水,依寻常大酒法日数,但曲尽于酴米中用尔。一法:脚醅发只于酘饭内,方煮肉,取脚醅一处,搜拌入瓮。

【注释】

①白羊酒:也称羔儿酒、羊羔酒。《北山酒经·用曲》中曾经提到了羔儿酒:"唯羔儿酒尽于脚饭内著曲。"所谓"绝肥嫩羯羊肉",其实就是羊羔肉。元忽思慧《饮膳正要·米谷品》说:"羊羔酒,依法作酒,大补益人。"李时珍《本草纲目·谷部四·酒》记述了羊羔酒的制法:"宣和化成殿真方:用米一石,如常浸浆,嫩肥羊肉七斤,曲十四两,杏仁一斤,同煮烂,连汁拌末,入木香一两同酿,勿犯水,十日熟,亟甘滑。一法:羊肉五斤蒸烂,酒浸一宿,入消梨七个,同捣取汁,和曲、米酿酒饮之。"

②羯(jié)羊:公羊。

③擘(bò):分开,剖裂。

④馈(fēn):指蒸熟的饭。

【译文】

腊月选取特别肥嫩的羯羊肉三十斤,肉三十斤,内要肥膘十斤。连骨,水六斗入锅煮肉,煮到极软后,漉出骨头,将肉丝掰碎,留下肉汁。在炊蒸酒饭时,把脂肉均匀地撒拌在饭上,蒸软后依照常法搅拌,把六斗肉汁完全泼洒在饭料里。之后再长时间蒸,蒸好了放在案上摊开,晾到温凉适中。选择好脚醅,依照前法酘料搅拌,再用二升肉汁,收拾先前案上摊晾的饭料及原压面水,依照一般大酒法的天数酿造,不过酒曲要完全用在酴米之中。一法:让脚醅只在再投的饭料内发酵,煮好肉,取脚醅放一起和拌后放进瓮中。

地黄酒①

地黄择肥实大者,每米一斗,生地黄一斤,用竹刀切,略于木石臼中捣碎,同米拌和,上甑蒸熟,依常法入酝,黄精亦依此法②。

【注释】

①地黄酒:一种药酒。唐代孟诜《食疗本草》曰:"地黄、牛膝、虎骨、仙灵脾、通草、大豆、牛蒡、枸杞等,皆可和酿作酒。"元忽思慧《饮膳正要·米谷品》曰:"地黄酒,以地黄绞汁酿酒,治虚弱,壮筋骨,通血脉,治腹内痛。"地黄,一种多年生草本植物,高者尺余,低者三四寸,叶长圆形并有皱纹,开淡紫色花。黄色根,中医入药。生地黄味甘苦,性微寒,有养阴生津、清热凉血的作用。生地黄加黄酒煮至黑色即为熟地黄,性微温,有滋肾补血的功效,是传统的重要中药物之一。

②黄精:又名老虎姜、鸡头参,是百合科多种黄精植物的统称。以根茎入药,有补气养阴、健脾润肺的功能。明代高濂《遵生八笺·饮馔服食笺·酝造类》中黄精酒的酿法是这样的:"用黄精四斤,天门冬去心三斤,松针六斤,白术四斤,枸杞五斤,俱生用,纳釜中。以水三石,煮之一日,去渣。以清汁浸曲,如家酝法。酒熟取清,任意食之。主除百病,延年,变须发,生齿牙,功妙无量。"

【译文】

选择结实肥大的地黄,每米一斗,生地黄一斤,用竹刀切开,在木石臼中捣碎,与米拌和,上甑蒸熟,依照常法装入瓮中酝酿,黄精酒的酿造也依照此法。

菊花酒①

九月，取菊花曝干，揉碎，入米馈中②，蒸，令熟，酝酒如地黄法。

【注释】

①菊花酒：在饭料中加入菊花酿成的酒，也称"菊酒"，有长寿、辟邪的功效。晋代葛洪《西京杂记》卷三曰："九月九日，佩茱萸，食蓬饵，饮菊华（花）酒，令人长寿。菊华舒时，并采茎叶，杂黍米酿之，至来年九月九日始熟，就饮焉，故谓之菊华酒。"菊花，菊科、菊属的多年生草本植物，原产于中国，《礼记·月令》曰："鞠有黄华。"宋代陆佃《埤雅》曰："菊本作蘜，从鞠，穷也，花事至此而穷尽也。"元代大司农司《农桑辑要·药草》曰：菊花"气味和正；花、叶、根、实，皆长生药。其性介烈，不与百花同盛衰，是以通仙灵也。"

②米馈（fēn）：蒸熟的米饭。

【译文】

农历九月，选取菊花晒干，揉碎加入饭料中，蒸熟，酿造方法依照地黄酒。

酴醿酒①

七分开酴醿，摘取头子，去青萼，用沸汤绰过②，纽干。浸法酒一升③，经宿漉去花头，匀入九升酒内，此洛中法。

【注释】

①酴醿（tú mí）酒：一种以酴醿为原料的浸泡酒。宋李保《续〈北

山酒经》》中有"酴醾酒法",宋朱弁《曲洧旧闻》卷七引张能臣《酒名记》中有"西京酴醾香"一种。关于酴醾酒,前人说是重酿的酒,即一种经几次复酿而成的甜米酒,唐代无名氏《辇下岁时记•钻火》曰:"新进士则于月灯阁打毬之宴,或赐宰臣以下酴醾酒,即重酿酒也。"当时的酴醾酒应该分作两种:一种是酴醾花和米而酿的甜米酒,如重酿酒;一种用酴醾花浸渍过的酒。酴醾,花名,属蔷薇科,落叶或半常绿蔓生小灌木,绿色的茎上有钩状刺,羽状椭圆形复叶。初夏开花,花色多为白色,也有酒黄、火红等颜色,有香味,不结实。

②绰:同"焯"(chāo),把蔬菜等放进开水锅里略微一煮就拿出来。

③法酒:按照一定"术法"酿造的酒。

【译文】

选取七分开的酴醾,摘取头子,去掉青萼,用开水焯一下,控干。用一升法酒浸,过一夜后滤去花头,匀入到九升酒内,此洛中的酿造法。

蒲萄酒法①

酸米入甑蒸,气上,用杏仁五两,去皮、尖。蒲萄二斤半,洗过,干,去子、皮。与杏仁同于砂盆内一处,用熟浆三斗,逐旋研尽为度,以生绢滤过。其三斗熟浆泼饭,软盖良久,出饭,摊于案上。依常法,候温,入曲搜拌。

【注释】

①蒲萄酒:一种由葡萄汁发酵制得的酒精饮料,本文指一种加入葡萄酿成的米酒。宋代钱易《南部新书》丙卷记载:"太宗破高昌,收马乳葡萄种于苑中,并得酒法,仍自损益之,造酒成绿色,芳香

酷烈,味兼醍醐,长安始识其味也。"明李时珍《本草纲目·谷部四·酒》曰:"葡萄久贮,亦自成酒,芳甘酷烈,此真葡萄酒也。"又曰:"酿者,取汁同曲,如常酿糯米饭法。无汁,用干葡萄末亦可。魏文帝所谓葡萄酿酒,甘于曲蘖,醉而易醒者也。"宋朱弁《曲洧旧闻》卷七引张能臣《酒名记》中有"太原府葡萄酒""黄州葡萄醅""渠州葡萄"三种酒。

【译文】

把酸米放入甑中蒸,等到蒸气上来,用杏仁五两,去掉皮、尖。葡萄二斤半,洗过,晾干,去掉籽、皮。与杏仁一同放在砂盆内,倒入熟浆三斗,以熟浆均匀渗入其中为止,而后用生绢过滤。再把三斗熟浆泼入饭中,让饭软,盖好,等候一段时间,把饭拿出来,摊放在案上。依照常法,等到饭晾温了,加入酒曲拌和。

猥酒①

每石糟,用米一斗煮粥,入正发醅一升以来,拌和糟,令温。候一二日,如蟹眼发动,方入曲三斤、麦蘖末四两搜拌,盖覆,直候熟。却将前来黄头②,并折澄酒脚倾在瓮中,打转,上榨。

【注释】

①猥酒:利用回收的酒糟重新加工而成的米酒。

②黄头:黄衣,指饭料生出的黄色霉菌群。《齐民要术·黄衣、黄蒸及蘖》有"作黄衣法"。李时珍《本草纲目·谷部四·曲》曰:黄衣"此乃以米、麦粉和罨,待其薰蒸成黄,故有诸名"。

【译文】

每一石糟,用米一斗煮粥,加入正发的酒醅一升,拌和糟,晾温。等一二天,如果有像蟹眼一样的气泡涌动,再加入曲三斤、麦蘖末四两拌和,覆盖,直到酒熟。将渗出来的黄头及酒中固形物沉淀澄清,一同倒入瓮中,搅转后上槽压榨。

神仙酒法

【题解】

　　"神仙酒法"附在三卷之后,包括"武陵桃源酒法""真人变髭发方""冷泉酒法"三种酒的酿造方法及"妙理曲法""时中曲法"两种曲的制作方法,在酿酒工艺中又融入了作者本人浪漫的人文理想。

　　在朱肱看来,在武陵桃源这样优美宁静、自由光明的环境中酿出的酒自然也纯美无比,有如甘霖,这便是"武陵桃源酒法"。首先,选料要精:"取一斗好糯米";其次,淘米要净:"淘三二十遍",净之再净;再次,要把淘净的糯米"三溜炊饭令极软烂",摊开放冷;第四,将蒸的软烂的糯米饭"投入曲汁中,熟搅令似烂粥",等待发酵;第五,视发酵情况一投再投,以至于八九投,其中的指导思想就是酒以多投为妙。朱肱认为,多投的酿酒思想本来就是"于武陵桃源中得之"的,后被《齐民要术》采信编录。此酒是典型的精酿酒,堪称灵丹妙药,"久服延年益寿""蠲除万病,令人轻健。纵令酣酌,无所伤"。美酒总是与美好的自然图景、人生图景相随相伴的。桃花源人为招待来人"设酒杀鸡作食",所设之酒自然是用"武陵桃源酒法"酿成的。无论如何,仅是"武陵桃源酒"五个字,就足以引人遐思、让人追慕了:"碧桃红杏桃源路,绿水青山水墨图,杖头挑着酒葫芦。行行觑着,山童分付,问前村酒家何处?"(徐再思[双调]《卖花声》)

　　"真人变髭发方"是奇方亦是妙方,在糯米之外,此酒中又加入生姜、地黄等,属于补酒,而且通过长时间的酿造切实提高酒的品质,夏天要酿三十天,秋天、冬天要酿四十天,这是《北山酒经》中所涉及的各种酿酒法中时间最长的。从酒名和配料上可以看出,作者显然认为常饮此酒可以得道成仙,返老还童,进入真人的境界。冷泉酒的制作方法也与通常的酿酒法完全使用蒸饭不同,此法将蒸饭"坐在生米上",再加水,熟饭、生米混装发酵,而后将先前的浸米捞出蒸熟,再次拌曲、放入瓮中,密封,发酵。"夏五日,春秋七八日",属于速成酿法,旋酿旋饮,旋饮旋酿,最能满足好酒之人对酒的渴求。

"妙理曲"的制作方法较为简单,就是白面加辣蓼,压成曲饼后装入纸袋,在风中晾晒一个月。每年七月中旬,采摘辣蓼嫩叶,当天晒干粉碎,过筛,装入坛内,储藏备用。用辣蓼制曲,在宋代是被普遍采用的,苏轼《新酿桂酒》诗说:"捣香筛辣入瓶盆,盎盎春溪带雨浑",也是说酿制桂酒须用捣碎筛成细末的辣蓼制曲发酵。朱肱心仪苏轼,喜读苏轼,捣辣入曲,并为曲法起名"妙理",亦是受到苏轼《浊醪有妙理赋》等著作的启发。明高濂《遵生八笺·饮馔服食笺·曲类》说的"蓼曲"与"妙理曲法"相似:"用糯米不拘多少,以蓼捣汁,浸一宿,漉出,以面拌匀,少顷,筛出浮面,用厚纸袋盛之,挂通风处。夏月制之,两月后可用。以之造酒,极醇美可佳。""时中曲"的制作以绿豆、辣蓼及白面为主要原料,三者捣碎拌和,制成曲饼,风中晾干。其中,绿豆的加入别有慧心。绿豆古名菉豆、植豆,性味甘凉,清热解毒。绿豆的蛋白质含量高于粳米三倍,具有良好的食用和药用价值,有"济世之食谷"之称,所酿之酒的保健性质由此而体现。

无论是美酒的酿造,还是酒曲的制作,都寄寓了朱肱自己的美好生活理想与人生理想,藉此让人们获得健康的体魄和快乐的心情,以更大的热情投入到未竟的追求之中。

武陵桃源酒法[①]

取神曲二十两,细剉如枣核大,曝干,取河水一斗,澄清

浸待发。取一斗好糯米，淘三二十遍，令净，以水清为度。三溜炊饭令极软烂，摊冷，以四时气候消息之[2]。投入曲汁中，熟搅令似烂粥，候发，即更炊二斗米，依前法，更投二斗。尝之，其味或不似酒味，勿怪之。候发，又炊二斗米，投之，候发，更投三斗。待冷，依前投之，其酒即成。如天气稍冷即暖和，熟后三五日，瓮头有澄清者，先取饮之。蠲除万病[3]，令人轻健。纵令酣酌，无所伤。此本于武陵桃源中得之，久服延年益寿，后被《齐民要术》中采缀编录[4]，时人纵传之，皆失其妙。此方盖桃源中真传也。

【注释】

①武陵桃源：指风景优美、可以避世隐居的地方。东晋陶渊明《桃花源记》说：晋太元（376—396）中，武陵渔人误入桃花源，见其屋舍俨然，有良田美池，阡陌交通，鸡犬相闻，男女老少怡然自乐。"便要还家，设酒杀鸡作食。村中闻有此人，咸来问讯。"村人自称先世避秦时乱，率妻子邑人来此，遂与外界隔绝，"不知有汉，无论魏晋。"后渔人复寻其处，"迷不复得"。

②消息：变化。

③蠲（juān）除：去除。

④后被《齐民要术》中采缀编录：指多投的酿酒思想本来就是"于武陵桃源中得之"的，后被《齐民要术》采录编入其中。《齐民要术·造神曲并酒》曰："冬酿，六七酘；春酿，八九酘。"

【译文】

取神曲二十两，细剉如枣核大小，晒干，取河水一斗，澄清后等待发酵使用。选取一斗上好糯米，淘洗三、二十遍，直至水清为止。糯米一蒸再蒸，直到软烂的程度，摊开放冷，要考虑四时气候的情况变化。糯米投

放到曲汁中，不断搅拌如烂粥，等到发酵了，就再蒸二斗米，依照先前的
方法投入。尝一下，如果味道不像酒味，不要奇怪。等到发酵了，再蒸二
斗米投入，发酵了，又投三斗米。等到放冷了，再依照前法投入，酒就酿
成了。若天气稍冷即加温，熟后三五日，瓮口有澄清的酒，可以先行取
饮。这样的酒可以去除万病，令人轻健。即便是开怀畅饮，也无所伤损。
此酿酒法是从武陵桃源中获得的，久服可以延年益寿，后被《齐民要术》
采编录入，时人肆意传扬，都已失去了原方的妙致。此方才是桃源中的
真传。

　　今商量以空水浸曲未为妙。每造一斗米，先取一合以
水煮，取一升澄，取清汁浸曲，待发。经一日炊饭，候冷，即
出瓮中，以曲熟和，还入瓮内，每投皆如此。其第三、以一斗
为率，初用一合米浸曲，一酘一升，二、三、四酘皆二升，五酘三升，是
止九升一合①。第五皆待酒发后，经一日投之。五投毕，待发
定讫。更一两日，然后可压漉，即滓大半化为酒。如味硬，
即每一斗酒蒸三升糯米，取大麦曲蘖一大匙、神曲末一大
分，熟搅和，盛葛袋中，内入酒瓶，候甘美，即去却袋②。

【注释】

①"以一斗为率"几句：据《四库》本"补入，"《知不足斋》本"无。
②"如味硬"几句：这段文字似有散乱，揣摩语意，应该是指用葛袋
　滤酒装入瓶中，静候酒的甘美。

【译文】

　　如今人们以水浸泡曲未为妙。每造一斗米，先取一合用水煮，取一
升澄清，取清汁浸曲，等待发酵。经过一天蒸饭，等到放冷了，就从瓮中
取出，拌和酒曲，重新放入瓮内，每一次投饭料皆如此。第三次、以一斗为

标准，开始时用一合米浸曲，一酸一升，二、三、四酸皆二升，五酸三升，一斗用九升为止。第五次投料等待酒发酵后，过一天再投。五投结束后，看发酵情况而定。过一两天后，就可以压榨过滤，到时渣滓大半化作了酒。如果酒味硬，每一斗酒要蒸三升糯米，取大麦曲蘖一大匙、神曲末一大份，搅和到了，盛放在蒻袋中，放入酒瓶，等到酒甘美了，就去掉蒻袋。

凡造诸色酒，北地寒，即如人气投之；南中气暖，即须至冷为佳。不然，则醋矣已。北造往往不发，缘地寒故也。虽料理得发，味终不堪。但密泥头①，经春暖后，即一瓮自成美酒矣。

【注释】

①泥头：用以封住酒瓮口的泥巴。

【译文】

凡酿造各种酒，北方天寒，要暖和了投入饭料；南方温暖，以放冷为佳。不这样做，酒就会发酸。北方酿酒往往不发酵，是地寒的缘故。虽经过料理能够发酵，但味道终究不好。只有用泥密封瓮口，经春暖后，才能酿成一瓮美酒。

真人变髭发方①

糯米二斗，净簸择，不得令有杂米。地黄二斗，其地黄先净洗，候水脉尽，以竹刀切如豆颗大、勃堆叠二斗②，不可犯铁器。母姜四斤，生用，以新布巾揩之③，去皮，须见肉，细切，秤之。法曲二斤。若常曲四斤，捣为末。

【注释】

①真人变髭（zī）发方：本段具体说明真人变髭发酒的制作方法。真人，道家称存养本性或修真得道之人，亦泛称"成仙"之人。《黄帝内经·素问》卷一曰："上古有真人者，提挈天地，把握阴阳，呼吸精气，独立守神，肌肉若一，故能寿敝天地，无有终时，此其道生。"大意是说，上古时的真人，支配天地，把握阴阳，呼吸精气，独立守神，肌体与太极同质，所以能寿过天地，没有终了之时，真人是至高无上的"道"所化生的。髭，髭须，胡子。

②勃堆叠：堆叠，堆起。勃堆，指聚集成堆，如土堆、沙堆。宋代滕岑《行路难》："行路难，有如此，不如闭门且隐几。门前有地平如砥，无忧那忧勃堆起。"

③揩（kāi）：拭抹，擦。

【译文】

糯米二斗，簸选择，不能有杂米。地黄二斗，地黄要先洗干净，等到水流滴尽，用竹刀切成豆粒大小，撮起堆叠二斗，不能接触铁器，母姜四斤，生用，用新布巾擦去皮，要见到姜肉，再切细秤之。法曲二斤。如果是常曲则要四斤，捣为细末。

　　右取糯米，以清水淘，令净，一依常法炊之，良久，即不馈①。入地黄、生姜，相重炊。待熟，便置于盆中，熟搅如粥。候冷，即入曲末，置于通油瓷瓶瓮中酝造。密泥头②，更不得动，夏三十日，秋、冬四十日。每饥即饮，常服尤妙。

【注释】

①馈（fēn）：蒸熟。

②泥头：固封在陶制酒坛上的干泥，以防止酒味散失。

【译文】

以上各种酒材，糯米要用清水淘净，完全依照常法蒸炊较长的时间，已不是半熟饭。而后加入地黄、生姜后再次蒸炊。熟了后放在盆中，搅拌成粥状。放冷后，再加入曲末，放在通油瓷瓶瓮中酿造。密封瓮口，不要再移动，夏季需酿三十天，秋、冬季需酿四十天。酿好之后，饥时则饮，常服尤妙。

妙理曲法①

白面不计多少，先净洗辣蓼，烂捣，以新布绞，取汁，以新刷帚洒于面中。勿令太湿，但只踏得就为度。候踏实，每个以纸袋挂风中，一月后方可取。日中晒三日，然后收起备用。

【注释】

① 妙理：玄妙的道理，这里指酿酒之理。苏轼有《浊醪有妙理赋》。明代高濂《遵生八笺·饮馔服食笺·曲类》曰："用糯米不拘多少，以蓼捣汁，浸一宿，漉出，以面拌匀，少顷，筛出浮面，用厚纸袋盛之，挂通风处。夏月制之，两月后可用。以之造酒，极醇美可佳。"

【译文】

白面不计多少，先把辣蓼洗净，捣烂，用新布绞拧，获取汁液，用新刷帚洒于面中。不要太湿，以能压踏成团为标准。等到压踏结实后，每个曲饼用纸袋装好，挂在风中，一月后方可取下。在太阳下晾晒三日，然后收用。

时中曲法

每菉豆一斗①，拣净水淘，候水清，浸一宿。蒸豆极烂，摊在案上,候冷,用白面十五斤,辣蓼末一升,蓼曝干,捣为末。须旱地上生者,极辣。豆、面,大斗用大秤,省斗用省秤②。将豆、面、辣蓼一处拌匀,入臼内捣,极相乳入。如干,入少蒸豆水。不可太干,不可太湿,如干麦饭为度。用布包,踏成圆曲,中心留一眼,要索穿,以麦秆、穰草罨一七日③,先用穰草铺在地上,及用穰草系成束,排成间,起曲,令悬空。取出,以索穿,当风悬挂,不可见日,一月方干。用时,每斗用曲四两,须捣成末,焙干用。

【注释】

①菉(lù)豆:即绿豆。绿豆古名菉豆、植豆,性味甘凉,清热解毒。唐代孟诜《食疗本草》卷下曰:绿豆"补益,和五脏,行十二经脉,此为最良";明代卢和《食物本草·谷类》曰:绿豆"和五脏,行经脉"。清代汪昂《本草备要》卷四曰:绿豆"甘,寒,行十二经,清热解毒一切草木、金石、砒霜毒皆治之,利小便,止消渴,治痢疾"。宋李保《续北山酒经·酝酒法》也列了"菉豆曲法"一种,有目无文,未知具体酿法。宋黄庭坚《豫章黄先生文集》卷十五提到"绿豆曲酒",又名"醇碧",当为时中曲所酿。元宋伯仁《酒小史》记天下名酒一百种,有"淮南菉斗酒"。

②大斗用大秤,省斗用省秤:大斗,高于标准容积的斗。大秤,称量高于标准官秤的一种秤制。省斗,小斗,低于标准容积的斗。省秤,小秤,称量低于标准官秤的一种秤制。

③罨(yǎn):掩盖,覆盖。

【译文】

绿豆一斗,拣净后用水淘洗,等到水清了浸泡一宿。绿豆要蒸得极烂,摊在案上,放冷后,用白面十五斤,辣蓼末一升,辣蓼要晒干,捣为碎末。

辣蓼要旱地上生长的，味极辣。豆、面，大斗用大秤，小斗用小秤。把豆、面、辣蓼
和在一起拌匀，放入臼内捣碎，细黏如有乳加入。如果显干，就加入少量
蒸豆水。不可太干，不可太湿，像干麦饭就行。用布包好，踏压成圆圈，
中心留一眼，以便用细绳穿起，以麦秆、穰草掩盖一至七天，先用穰草铺在
地上，再用穰草系成串，排列要有间隔，让曲悬空。取出用细绳穿起，当风悬挂，
不可见日，晾一月便干了。使用的时候，每斗用四两曲，需捣成碎末，焙
干后使用。

冷泉酒法

　　每糯米五斗，先取五升淘净，蒸饭，次将四斗五升米，
淘净入瓮内，用梢箕盛蒸饭五升[①]，坐在生米上，入水五斗
浸之。候浆酸饭浮约一两日。取出，用曲五两，拌和匀，先入
瓮底。次取所浸米四斗五升，控干，蒸饭，软硬得所，摊令极
冷，用曲末十五两，取浸浆。每斗米用五升拌饭与曲，令极
匀，不令成块，按令面平，罿浮饭在底，不可搅拌。以曲少许糁
面，用盆盖瓮口，纸封口缝两重，再用泥封纸缝，勿令透气。
夏五日，春秋七八日。

【注释】

①梢箕：用竹篾编成的勺形盛米器。

【译文】

　　糯米五斗，先取五升淘洗干净蒸成饭，然后再把其余的四斗五升米
淘洗干净，放入瓮内，用梢箕盛蒸饭五升，坐在生米上，加入五斗水浸泡。
等到浆酸饭浮，约一两日。时取出，用五两曲拌和均匀，先放到瓮底。然
后捞出先前浸泡的四斗五升米，控干蒸成饭，饭要软硬适中，摊开、冷透

了以后,用十五两曲末,浸入浆中。每斗米用五升拌饭和曲末,要拌得非常均匀,不要结成块儿,把上面摁平,盖在浮饭上面,不可搅拌。用少许曲粘到米上,用盆盖住瓮口,然后用两层纸封上瓮口,再用泥封住纸缝,不要让透气。夏季需酿五天,春季、秋季需酿七至八天。

附录

读朱翼中《北山酒经》并序

　　大隐先生朱翼中，壮年勇退，著书酿酒，侨居西湖上而老焉①。属朝廷大兴医学②，求深于道术者为之③，官师乃起公为博士④，与余为同寮⑤。明年，翼中坐书东坡诗贬达州⑥。又明年，以宫祠还⑦。未至，余一夕梦翼中相过⑧，且诵诗云："投老南还愧转蓬⑨，会令净土变炎风。由来祇许杯中物⑩，万事从渠醉眼中⑪。"明日，理书帙⑫，得翼中《北山酒经》，发而读之，盖有"御魑魅于烟岚⑬，转炎荒为净土"之语，与梦颇契⑭，余甚异，乃作长诗以志之。他时见翼中，当以是问之，其果梦乎？非耶？政和七年正月二十五日也⑮。

【注释】

①侨居：寄居异地。

②属：恰好遇到。

③深于道者：指学有专长的人。

④官师：考试官。

⑤同寮：即"同僚"，在一起做官的同事。

⑥坐：因。达州：今四川达州。

⑦宫祠：官名，宫观使，属于闲官。

⑧相过：拜访，来访。

⑨投老：垂老。

⑩祗许：只许。杯中物：此指酒。陶渊明《责子》诗："天运苟如此，
　　且进杯中物。"

⑪渠：方言，他。

⑫书帙（zhì）：书籍。帙，书的封套。

⑬魑魅（chī mèi）：古谓能害人的山泽之神怪。亦泛指鬼怪。烟岚
　　（lán）：山林间蒸腾的雾气。

⑭契：合。

⑮政和七年：1117年。政和，宋徽宗赵佶年号（1111—1118）。

【译文】

大隐先生朱肱，字翼中，正值壮年就急流勇退，以著书、酿酒为乐，
侨居西湖并终老于此。恰逢朝廷大兴医学，寻求精通医术之人，考试官
于是选拔朱肱为医学博士，正好和我成为同事。一年后，朱肱因书写苏
东坡的诗被贬至达州。又过了一年，以宫观使的身份回来。还未见到朱
肱，有一个晚上我梦见朱肱来访，并且诵诗说："投老南还愧转蓬，会令净
土变炎风。由来祗许杯中物，万事从渠醉眼中。"第二天，整理书籍，看
到了朱肱的《北山酒经》，拿起阅读，书中有"抵御隐藏在烟岚中的鬼怪，
把荒蛮之地转化成圣洁的净土"之语，与我昨晚的梦非常契合，我特别
惊异，于是写下一首长诗记述这件事情。如果他日见到朱肱，我会就这
件事情问他，果真是梦？还是不是梦？政和七年正月二十五日。诗曰：

赤子含德天所钧①，日渐月化滋浇淳②。

惟帝哀矜怜下民③，为作醪醴发其真④。

炊香酿玉为物春⑤，投醻酴米授之神⑥。

成此美禄功非人⑦，酷适安在味甘辛⑧。

一醉竟与羲皇邻⑨，薰然刚愎皆慈仁⑩。

陶冶穷愁孰知贫⑪，诵德不独有伯伦⑫。

先生作经圣贤分⑬，独醒正似非全身⑭。

德全不许世人闻⑮，梦中作诗语所亲。

不顾万户误国恩⑯，乞取醉乡作封君⑰。

朝奉郎行开封府刑曹掾李保⑱

【注释】

①赤子：初生的婴儿，也指纯洁善良的人。钧：陶钧，制陶器所用的转轮，也用来比喻造就人才。

②日渐月化：指在时间的流转中慢慢地发生变化。滋浇：滋润浇灌，培育。淳：敦厚，朴实。《淮南子·齐俗》："浇天下之淳，析天下之朴。"

③哀矜（jīn）：怜悯，体恤。

④醪醴（láo lǐ）：醪酒，甜酒。

⑤炊香酿玉为物春：指蒸米、下料、酿酒。玉，指糯米。

⑥投醹（rú）酴（tú）米授之神：指酿酒技术精湛，仿佛神授一般。醹，醇厚的酒。酴，酒曲。

⑦美禄：美酒。《汉书·食货志下》："酒者，天之美禄，帝王所以颐养天下，享祀祈福，扶衰养疾。百礼之会，非酒不行。"

⑧酣适：畅快舒适。

⑨羲皇：指伏羲氏，传说中的华夏始祖。古人认为羲皇之世的人们都恬淡闲适，生活安宁。邻：为邻。

⑩薰然刚愎（bì）皆慈仁：酒让人和顺，刚愎自用者也变得慈祥仁厚。薰然，温和、和顺的样子。刚愎，执拗，固执己见。

⑪陶冶穷愁：指修养品性，不把穷愁放在心上。

⑫诵德：颂赞酒德。伯伦，刘伶字伯伦，有《酒德颂》，盛赞酒的无上
　　功德。

⑬作经：指朱肱著有《北山酒经》。圣贤：指以圣和贤区分酒的品质。

⑭全身：全身免祸。

⑮德全：德行完备。

⑯万户：万户侯，汉制称食邑满万户的侯爵，后泛指高官。国恩：指
　　来自王朝或君主的恩惠。

⑰封君：受有封邑的贵族。

⑱李保：曾任朝奉郎，与朱肱同时代人。

【译文】

赤子含德天所钧，日渐月化滋浇淳。

惟帝哀矜怜下民，为作醪醴发其真。

炊香酿玉为物春，投醢醁米授之神。

成此美禄功非人，酣适安在味甘辛。

一醉竟与羲皇邻，薰然刚愎皆慈仁。

陶冶穷愁孰知贫，诵德不独有伯伦。

先生作经圣贤分，独醒正似非全身。

德全不许世人闻，梦中作诗语所亲。

不顾万户误国恩，乞取醉乡作封君。

　　　　　　　　　　　朝奉郎行开封府刑曹掾李保

《北山酒经》跋

　　《北山酒经》三卷，大隐先生朱翼中撰。翼中不知何郡人，政和七年医学博士^①，李保题诗其后。序言：翼中壮年勇退，著书酿酒，侨居西湖上，朝廷起为医学博士。明年，坐书东坡诗贬达州。又明年，以宫祠还云云。此册为玉峰门生徐瓒所赠^②，犹是述古堂旧藏^③。戊戌九月廿四日^④，雨窗翻阅，偶记于此。

　　漫士翊凤^⑤

　　乾隆壬寅四月初十日校写讫^⑥，计一万二千四百八十四字，陈世彭记^⑦

【注释】

①政和七年：1117年。政和，宋徽宗赵佶年号。

②玉峰：当指"玉峰主人"，又称"玉峰生"。现存明弘治间（1488—1505）刊文言小说《钟情丽集》四卷，题"玉峰主人编辑"，生平事迹不详。徐瓒：明朝人。生平事迹不详。

③述古堂：在杭州西湖孤山西泠印社内，因乾隆皇帝题额而名。

④戊戌：乾隆四十三年（1778）。

《北山酒经》跋

　　《北山酒经》三卷，大隐先生朱翼中撰。翼中不知何郡人，政和七年医学博士[1]，李保题诗其后。序言：翼中壮年勇退，著书酿酒，侨居西湖上，朝廷起为医学博士。明年，坐书东坡诗贬达州。又明年，以宫祠还云云。此册为玉峰门生徐瓒所赠[2]，犹是述古堂旧藏[3]。戊戌九月廿四日[4]，雨窗翻阅，偶记于此。

　　漫士翊凤[5]

　　乾隆壬寅四月初十日校写讫[6]，计一万二千四百八十四字，陈世彭记[7]

【注释】

[1]政和七年：1117年。政和，宋徽宗赵佶年号。

[2]玉峰：当指"玉峰主人"，又称"玉峰生"。现存明弘治间（1488—1505）刊文言小说《钟情丽集》四卷，题"玉峰主人编辑"，生平事迹不详。徐瓒：明朝人。生平事迹不详。

[3]述古堂：在杭州西湖孤山西泠印社内，因乾隆皇帝题额而名。

[4]戊戌：乾隆四十三年（1778）。

⑤漫士:不受世俗约束的文人。翌凤:即吴翌凤(1742—?),字伊
　仲,号枚庵,江苏吴县(今江苏苏州吴中区)人。清代诗人、藏书
　家。工诗文,好山水。中年游南楚名胜,垂老始归,卜居城南,著
　书奉母,题室名曰"归云舫",生平事迹见《清史稿·文苑传》。

⑥乾隆壬寅:乾隆四十七年(1782)。

⑦陈世彭:生平事迹不详。

【译文】

　考《北山酒经》三卷,大隐先生朱翼中撰。朱翼中不知何地人,只知
道他是政和七年的医学博士,李保在此书后有题诗。诗序说:翼中正值
壮年就急流勇退,以著书、酿酒为乐,侨居西湖,被朝廷选拔为医学博士。
第二年,因书写苏东坡诗被贬达州。又过了一年,以宫观使的身份回来,
等等。这册《北山酒经》是玉峰主人的门生徐瓒所赠,是述古堂的旧藏。
戊戌九月廿四日,在雨天的窗下翻阅,偶记于此。

　漫士吴枚庵

　乾隆壬寅四月初十日校写讫,计一万二千四百八十四字,陈世彭记

《北山酒经》跋

　　《北山酒经》三卷,宋吴兴朱肱撰。肱字翼中,元祐戊辰李常宁榜登第^①,仕至奉议郎、直秘阁^②。归寓杭之大隐坊,著书酿酒,有终焉之志^③。无求子、大隐翁,皆其自号也。潜心仲景之学^④,政和辛卯遣子遗直赍所著《南阳活人书》上于朝^⑤。甲午起为医学博士^⑥,旋以书东坡诗贬达州^⑦。逾年,以朝奉郎提点洞霄宫召还^⑧。

【注释】

①元祐戊辰:宋哲宗元祐三年(1088)。李常宁(1037—1088):字安邦,开封廪延(今河南延津)人。元祐三年(1088)戊辰科状元。中状元后授宣义郎,签书镇海军节度判官,同年六月病故于任上。

②奉议郎:官名。属于文散官,即有官名而无固定职事的官。《新唐书·百官志一》:"正六品上曰朝议郎,正六品下曰承议郎,从六品上曰奉议郎。"直秘阁:官名。简称"直秘",掌宫廷藏书等事。

③终焉之志:在此终老的志愿。

④仲景之学:指中医学。仲景,即张仲景,南阳涅阳(今河南南阳)

人，东汉著名医学家。著有《伤寒论》，总结了汉以前的医疗经
验，被后世尊为"医圣"。

⑤政和辛卯：宋徽宗政和元年（1111）。赍（jī）：带着。

⑥甲午：此指政和四年（1114）。

⑦旋：不久。

⑧朝奉郎：文散官名。原为隋置散官朝议郎。宋因之，开宝九年
（976）十月改朝议郎为朝奉郎，属宋前期文散官二十九阶之第十
四阶。正六品上。

【译文】

《北山酒经》三卷，北宋吴兴人朱肱撰。朱肱，字翼中，元祐戊辰年，
与状元李常宁同榜登第，官至奉议郎、直秘阁。后居住在杭州的大隐坊，
以著书、酿酒为乐，有在此地终老的志愿。无求子、大隐翁，都是他为自己
起的名号。朱肱潜心于中医之学，政和辛卯年，命其子遗直将所著《南阳
活人书》呈现给朝廷。政和甲午年，朱肱被选为医学博士，不久就因为书
写东坡诗被贬达州。又过了一年，以朝奉郎提点洞霄宫的身份被召回。

　　此书有"流离放逐"及"御魑魅""转炎荒"之语①，似成
于贬所②。而题曰"北山"者③，示不忘西湖旧隐也。《活人
书》当政和间④，京师、东都、福建、两浙凡五处刊行⑤，至今
江南版本不废。是书虽刻于《说郛》及《吴兴艺文志补》⑥，
然中下两卷已佚不存。吴君伊仲喜得全书⑦，曲方酿法，粲
然备列⑧。借登枣木以补《齐民要术》之遗⑨。较之窦苹
《酒谱》徒摭故实而无裨日用⑩，读者宜有华实之辨焉⑪。

【注释】

①魑魅（chī mèi）：古谓能害人的山泽之神怪。亦泛指鬼怪。

②贬所：贬官后被安置的地方。

③北山：山名，在今杭州西湖北，靠近西湖北里湖。

④《活人书》：亦称《类证活人书》《南阳活人书》，朱肱著，张蕆补订，是一部研究治疗伤寒症的中医学专著。政和：宋徽宗赵佶年号（1111—1118）。

⑤京师、东都、福建、两浙凡五处刊行：在开封、洛阳、福建、浙东、浙西五地刊印发行。唐肃宗时析江南东道为浙江东路和浙江西路，钱塘江以南简称浙东、以北简称浙西。宋代有两浙路，地辖今江苏长江以南及浙江全境。

⑥《说郛》：明人陶宗仪编，选辑汇编了汉魏至宋元的各种笔记而成，共一百卷。《吴兴艺文志补》：指《吴兴艺文补》，《明史·艺文志四》："董斯张《吴兴艺文补》七十卷。"

⑦吴君伊仲：指吴翌凤（1742—？）。字伊仲，号梅庵，江苏吴县（今江苏苏州吴中区）人。清代诗人、藏书家。工诗文，好山水。中年游南楚名胜，垂老始归，卜居城南，著书奉母，题室名曰"归云舫"，生平事迹见《清史稿·文苑传》。

⑧粲然备列：清楚地列出来。粲然，鲜明，清楚。备列，详列。

⑨登枣木：指书籍的刊布行世。枣木质地坚实，木纹细密，古代刻书多用枣木雕版，凡书籍刊布，多说"付之梨枣"。登，上。

⑩徒摭（zhí）故实而无裨（bì）日用：只是捡拾旧事、旧典，而无补于实际生活。摭，拾取。故实，典故。裨，增添、弥补。

⑪华实之辨：浮华与朴实的分别。

【译文】

从书中"流离放逐"及"御魑魅""转炎荒"的话来看，此书应该是朱肱在被贬之地所作。书名中有"北山"字样，表示不忘记自己在西湖的隐居生活。《活人书》流传于政和年间，京师、东都、福建、两浙五个地方刊刻印行，至今此书的江南版本仍在流行。此书虽然留存在《说郛》

及《吴兴艺文志补》中，然而中下两卷已散佚不存。吴伊仲君喜得全书，各种曲方与酿酒之法，都清楚地列了出来。此书的刊布行世，可以弥补《齐民要术》的缺遗。与窦苹《酒谱》一味捡拾关于酒的典故而无补于实际生活相比，读者自会分辨浮华与朴实的差别。

　　肱祖承逸①，字文倦，归安人②，为本州孔目③，好善乐施。尝代人偿势家债钱三百千④，免其人全家于难。庆历庚寅岁饥⑤，以米八百斛作粥⑥，活贫民万人。父临⑦，历官大理寺丞⑧，尝从安定先生学⑨，为学者所宗。兄服⑩，熙宁六年进士甲科⑪。元丰中⑫，擢监察御史里行⑬。章惇遣袁默、周之道见服⑭，道荐引意，服举劾之⑮。绍圣初⑯，拜礼部侍郎⑰，出知庐州⑱，坐与苏轼游，贬海州团练副使⑲，蕲州安置⑳，改兴国军㉑，卒。与肱盖有“二难”之目云㉒。

　　乾隆乙巳六月既望㉓，歙鲍廷博识于知不足斋㉔

【注释】

①肱祖承逸：朱肱祖父朱承逸。生平事迹见《北山酒经·前言》。

②归安：归安县，北宋太平兴国七年（982）分乌程县东南境置，与乌程县同治一城，即今浙江湖州市。

③孔目：职掌文书的小官。

④势家：有权势的人家。

⑤庆历庚寅：1050年。

⑥斛（hú）：旧时量器，也是容量单位。南宋前十斗为一斛，南宋末年改五斗为一斛。

⑦临：朱肱之父朱临。生平事迹见《北山酒经·前言》。

⑧大理寺：古代掌管刑狱的官署。

⑨安定先生：指胡瑗（993—1059）。字翼之，泰州海陵（今江苏泰州）人。曾任国子监直讲，主持太学，弟子众多，开宋代理学之先声，世称"安定先生"。

⑩服：朱肱之兄朱服。生平事迹见《北山酒经·前言》。

⑪熙宁六年：1073年。进士甲科：宋代进士考试分甲乙科。

⑫元丰：宋神宗年号（1078—1085）。

⑬擢（zhuó）：提拔。监察御史：职官名，主管纠察、狱讼等事。

⑭章惇（dūn，1035—1105）：字子厚，建州浦城（今福建南平）人。嘉祐四年（1059）进士，曾拜参知政事、知枢密院事，后贬雷州司户参军等。袁默：字思正，江苏无锡人。仁宗嘉祐八年（1063）进士。官京兆府教授，迁司农簿。历太学博士、湖北转运使判官。学问渊博，为时所宗。周之道（1030—1100）：字觉明，浙江长兴人。仁宗皇祐五年（1053）进士，调主杭州钱塘薄，有政绩。被荐入朝，累迁江宁府江宁县。

⑮道荐引意，服举劾（hé）之：《宋史·朱服传》："参知政事章惇遣所善袁默、周之道见服，道荐引意以市恩，服举劾之。惇补郡，免默、之道官。"荐引，推举，引荐。举劾，列举罪状，加以弹劾。

⑯绍圣：宋哲宗年号（1094—1098）。

⑰礼部侍郎：礼部副长官，长官为礼部尚书。礼部，隋唐为六部之一，历代相沿，主管科考及与藩属、外国往来之事。

⑱庐州：今安徽合肥。

⑲坐与苏轼游，贬海州团练副使：因为与苏轼往来，被贬为海州团练副使。坐，因，由于。游，交游，交往，来往。海州，今江苏连云港。团练副使，一州的副官，有职无权。

⑳蕲（qí）州：今湖北蕲春。

㉑兴国军：北宋太平兴国二年（977），升鄂州永兴县置永兴军，次年改为兴国军，属于江南西道，治永兴县（今湖北阳新），辖境相当

于今湖北黄石及大冶、通山、阳新等地。

㉒与肱盖有"二难"之目云：对于朱服、朱肱兄弟俩的遭遇，世人有
"二难"的说法。二难，指兄弟二人一同受难。难，受难。目，名称。

㉓乾隆乙巳：乾隆五十年（1785）。既望：农历十五日为望，十六日
为既望。

㉔鲍廷博（1728—1814）：字以文，号渌饮，安徽歙县人。清代著名
的藏书家。刻《知不足斋丛书》三十集二百二十种。

【译文】

朱肱的祖父朱承逸，字文倦，归安县人，是本州职掌文书的小官，好
善乐施。曾经替代别人偿还有权势之家债达三百千钱，避免了这个人全
家落难。庆历庚寅年发生饥荒，他用八百斛米熬粥，救活了万余贫民。
朱肱的父亲朱临，曾任大理寺丞，曾经师从世称"安定先生"的著名学
者胡瑗，朱临的才学为当时学者所推重。朱肱之兄朱服，是熙宁六年的
甲科进士。元丰中，升为监察御史里行。章惇派遣袁默、周之道来见朱
服，表明引荐之意想以此讨好朱服，不料正直的朱服不买账，随即弹劾了
袁、周二人。绍圣初年，朱服升为礼部侍郎，出任庐州知州，因为与苏轼
交往，被贬为海州团练副使，在蕲州安置，后改为在兴国军安置，后去世。
对于朱服、朱肱兄弟俩的坎坷遭遇，世人有"二难"的说法。

乾隆乙巳六月十六日，歙县鲍廷博记于知不足斋

酒・烧酒・葡萄酒

前言

明朝（1368—1644）是中国历史上最后一个由汉族建立的封建王朝。明初政治上的集权、文化上的专制，阻碍了文学艺术、科学文化的发展。随着城市商业经济的繁荣，市民阶层（自由商人）的扩大，手工业工人及雇佣关系的出现，到了明中叶，思想上的钳制开始松动，出现了一批对后世有深远影响的科学家、文学家、旅行家和他们的著作，如李时珍（1518—1593）及其《本草纲目》、汤显祖（1550—1616）及其"玉茗堂四梦"、徐光启（1562—1633）及其《农政全书》、徐霞客（1587—1641）及其《徐霞客游记》（也是地理学著作）、宋应星（1587—约1666）及其《天工开物》。这其中，李时珍及其《本草纲目》的出现，在科学史和文化史上都有重大意义。

一

李时珍，字东璧，晚号濒湖老人，湖广蕲州（今湖北蕲春）人。出生医药世家，官楚王府奉祠正。其父李言闻曾任太医院吏目，著有《四珍发明》等。李时珍14岁考中秀才，后因乡试三次落榜，遂决定继承家学，以医为业，同时确立了自己宏大的学术理想。李时珍博览前代医典及文化经典，实地调查，广泛收集验方，进行多学科的综合研究，在继承和总结前代本草学成就的基础上，撰写药学巨著《本草纲目》。

　　《明史·方技传》说李时珍为了撰写《本草纲目》，"穷搜博采，芟烦补阙，历三十年，阅书八百余家，蒇（稿）三易而成书。"李时珍在《本草纲目·序例》中详细列出了"阅书八百余家"的具体书名。李时珍并不是就本草研究本草，他是将本草置放在浩瀚的中国文化的历史长河中加以观照的，医书、药书、农书之外，李时珍引用更多的是传统哲学、历史、文学、语言学经典，如王弼的《易经注》、郑玄的《礼记注》、张湛的《列子注》、郭象的《庄子注》、杜预的《春秋左传注》、李善的《文选注》以及《尔雅》《方言》《释名》《埤雅》等等，其间还有对前代典籍年代的考证、作者的辨识、舛误的订正，因而取得了别人不能也不可能取得的巨大成就。李时珍殚精竭虑，为此耗尽了毕生心血，其子李建元在《进〈本草纲目〉疏》中说："行年三十，力肆校雠；历岁七旬，功始成就。""三十"是举其大数，实际上李时珍花了整整二十七年（1552—1578）的时间才完成了《本草纲目》的编撰，一直到七十岁仍在精心校勘此书，以避免讹误。

　　《本草纲目》全书五十二卷，190余万字，收药物1892种，附方11096个，插图1160幅，分为十六部（水、火、土、金石、草、谷、菜、果、木、服器、虫、鳞、介、禽、兽、人）60类，采用的体例是："首标正名为纲，余各附释为目，次以集解详其出产、形色，又次以气味、主治附方"（《明史·李时珍传》)。通常是在一个药名下分列少则3—5项，多则7—8项，依次解说论述，包括："释名"，即正名，列举别名，释解意义；"集解"，汇辑诸家之说，以广识见；"正误"（"辨疑"），辨析纠正诸家之误；"修治"，专述药之炮制方法；"气味"，阐述药性，如甘、温、无毒；"主治"，其药主治何种病症；"发明"，列举他人之说，亦多作者个人见解；"附方"，针对病症，附列相关方剂。

　　由于集大成性质，《本草纲目》成为明代之后中国药学著作的资料源泉，在此基础上产生了近百种本草学著作，如《本草原始》（明代李中立)、《本草汇言》（明代倪朱谟)、《本草备要》（清代汪昂)、《本经逢原》（清代张璐)、《本草从新》（清代吴仪洛)、《本草纲目拾遗》（清代赵学敏）、《本草求真》（清代黄宫绣）等等，直至今天的《中药大辞典》（江苏新医学院编，上海科学技术出版社1986年版）、《中华本草》（全10册，国家中医药管理局主持编纂，上海科学技术出版社1999年版）。达尔文在讨论鸡的变异、金鱼的育种家化时均征引了《本草纲目》的内容，并称其为"古代中国的百科全书"（见《中国大百科全书·中国传统医学》）。《本草纲目》还传至东南亚及日本等地，对东南亚尤其是日本的药学、植物学发展起了巨大的推动作用。

二

《本草纲目》是一部医药学的集大成之作，也是一部具有世界影响的博物学著作，英国科学史家李约瑟称李时珍为"中国博物学中的无冕之王"，称《本草纲目》是"明代最伟大的科学成就"。《本草纲目》对医药学、植物学、矿物学、化学甚至食品、酿造等学科和领域均有杰出的贡献，仅书中对于酒的讨论，也可以看出李时珍的渊博和极高的专业水准。李时珍在《本草纲目·谷部四·酒》（卷二十五）中分别对酒（米酒）、烧酒、葡萄酒加以讨论，先总论，后分说，纲目清晰，层次分明。

中国酒文化源远流长，丰富博大，李时珍引宋代药物学家寇宗奭《本草衍义》说："《本草》已著'酒名'，《素问》亦有'酒浆'，则酒自黄帝始，非仪狄矣。"依照此说法，酒在中国的起源是在传说中的黄帝时期，远早于大禹时代，至少也有四千五百多年的历史。《本草纲目·谷部四·酒》在充分吸收前代丰富的酒文化研究成果的基础上，对酒的产生、名称、酿制、功用等做了总体的介绍：

> 时珍曰：按许氏《说文》云：酒，就也。所以就人之善恶也。一说：酒字篆文，象酒在卣中之状。《饮膳》标题云：酒之清者曰"酿"，浊者曰"盎"；厚曰"醇"，薄曰"醨"；重酿曰"酎"，一宿曰"醴"；美曰"醹"，未榨曰"醅"；红曰"醍"，绿曰"醽"，白曰"醝"。

能通过命名将酒区分到如此精细的程度，足见李时珍的眼光，同时也说明没有长期深入的了解是不可能的。不仅是名称,可以用来酿酒的材料也有很多种类:"酒有秫、黍、粳、糯、粟、曲、蜜、葡萄等色。"此外,还有大量的中草药如地黄、牛膝、虎骨、牛蒡、大豆、枸杞、通草、仙灵脾等,"皆可和酿作酒,俱各有方"。仅是古代流传下来的药方用酒,就有醇酒、春酒、白酒、清酒、美酒、糟下酒、粳酒、秫黍酒、葡萄酒、地黄酒、蜜酒、有灰酒、新熟无灰酒、社坛余胙酒等等。李时珍特别引用《尚书·商书·说命》关于"若作酒醴,尔惟曲糵"的论述,指出酒与醴、曲与糵的细微差别:酿酒要用酒曲,制醴则用糵。在对中国各地名酒的研究考察过程中,李时珍对东阳酒夸赞有加,认为"常饮、入药俱良",一个重要原因是酿酒之地自然环境、所用之水优异,所谓好水出好酒,"水土之美也"。

对米酒特别是对用谷物添加草药酿造、或用米酒与草药调制而成的药酒及其功用的讨论,是《本草纲目·谷部四·酒》的重点。《汉书·食货志四下》说:"夫盐,食肴之将;酒,百药之长。"指出酒有特殊的药效,在百药中排为第一。明人卢仝《食物本草·味类》说:"酒,大热,有毒,主行药势,杀百邪恶、毒气。行诸经而不止。通血脉,厚肠胃,御风寒雾气,养脾扶肝。"酒能溶出很多香药中的多种有效成分,成为中草药的最佳伴侣。唐宋时期的药学著作如《备急千金要方》《外台秘要》《太平圣惠方》《圣济总录》中都收录了大量药酒、补酒的配方与制法。宋人朱肱《北山酒经》中收入的十五种酒曲,配有中草药如白术、川芎、白附子、木香、桂花、丁香、人参、天南星、茯苓等,是典型的药曲,所谓"后世曲有用药者,所以治疾也",用药曲酿成的酒对风湿等症有明显的疗效。

李时珍引苏恭《唐本草》说:"诸酒醇醨不同,惟米酒入药用。"李时珍以辩证的眼光看待酒与药的关系,他重申陶弘景《名医别录》米酒可以"行药势,杀百邪恶毒气"的观点,认为不同的药酒有不同的功效,或"壮筋骨""健腰脚",或"补虚弱,通血脉""止诸痛",或"消愁遣兴""清心畅意"等。除了辑录《齐民要术》《千金方》《圣惠方》等著名配方药酒之外,李时珍又在"附诸酒药方"中列了69种以米酒酿造调制的药酒,如屠苏酒、五加皮酒、天门冬酒、地黄酒、当归酒、菖蒲酒、茯苓酒、菊花酒、枸杞酒、桑椹酒、蓼酒、松液酒、柏叶酒、竹叶酒等等,详细介绍其配方、酿制、用法、主治等。这些药酒绝大多数配方科学,制作方便,至今仍有很高的保健和药用价值,被老百姓广泛接受。

酒是用粮食或水果、动物乳汁等发酵制成的含有酒精的饮料。在酿制工艺上,可以分为非蒸馏酒与蒸馏酒两大类。时间上前者发明早,后者晚;酿造技术前者是本土的,后者是外来的;前者主要是米酒,酒精度数较低,后者主要是烧酒,酒精度数较高,性烈味香。因为色清如水,烧酒也称为"白酒"。李时珍记述的蒸馏酒酿造方法如下:

> 近时惟以糯米或粳米或黍或秫或大麦蒸熟,和曲酿瓮中七日,以甑蒸取。其清如水,味极浓烈,盖酒露也。

蒸馏的方法,就是加热液体使之变成蒸气,再使蒸气冷却凝成液体,从而完全除去其中的杂质。通过蒸馏法获取的烧酒,既无杂质,颜色清亮,纯度也得到了极大地提高,更容易长久保存,因其"与火同性,得火即燃,同乎焰消",所以又有"火酒"之称。烧酒的发明,在酿酒史上是具有革命性质的,烧酒所具有的特点也是米酒不能比的。李时珍认为,"烧酒非古法也,自元时始创",这一观点已经被越来越多的学者所接受。因为烧酒酒精度数高,虽有特殊的疗效,也不能过量饮,李时珍明确说:"过饮败胃伤胆,丧心损寿,甚则黑肠腐胃而死。"

葡萄酒产自西域,属于典型的外来酒,酿酒的主要原料是葡萄,亦产自西域。《汉书·西域传》说:"罽宾地平,温和,有目宿、杂草、奇木、檀、槐、梓、竹、漆。种五谷、蒲陶诸果,粪治园田",且末国"有蒲陶诸果"、兜难国"种五谷、蒲陶诸果"。蒲陶,即葡萄,也写作"蒲萄""葡桃";罽宾国、且末国、难兜国,均为西域古国,盛产葡萄酒。元好问《蒲桃酒赋》说:"西域开,汉节回。得蒲桃之奇种,与天马兮俱来。枝蔓千年,郁其无涯。敛清秋以春煦,发至美乎胚胎。意天以美酿而饱予,出遗法于湮埋。"葡萄酒进入中原,是汉武帝开通"丝绸之路"的结果。

《神农本草经·上经·草》说:葡萄"益气,倍力,强志,令人肥健,耐饥,忍风寒。久食轻身,不老,延年。可作酒。"葡萄的保健药疗作用明显,自然发酵可以获得葡萄酒:"葡萄久贮,亦自成酒,芳甘酷烈,此真葡萄酒也。"用蒸馏的方法同样可以获得葡萄酒,而且可以长久地保存,《本草纲目·谷部四·酒》中这一节记述引人瞩目:

> 烧者,取葡萄数十斤,同大曲酿酢。取入甑蒸之,以器承其滴露,红色可爱。古者西域造之,唐时破高昌,始得其法。

记述中说用蒸馏法酿造的葡萄酒,有"益气调中,耐饥强志""消痰破癖"的药疗作用,却也"大热大毒,甚于烧酒",所以李时珍提醒说:"北人习而不觉,南人切不可轻生饮之。"

三

《本草纲目》汇辑的资料浩繁,对于李时珍来说,如何采录、采录多少合适确实是一个不能不慎重对待的问题。以李时珍关于酒的概述文字为例,可见其良苦用心。以下这段文字出自宋人寇宗奭的《本草衍义》,后收入《续修四库全书·子部·医家类》第九九〇册(上海古籍出版社1995年版)。《本草衍义》刊于宋政和元年(1111),李时珍对此书倍加推崇,在《本草纲目·历代诸家本草》评价说:"参考事实,核其精理,援引辨证,发明良多,东垣、丹溪诸公亦尊信之。"《本草衍义》卷二十"酒"条文字如下:

> 古方用酒,有醇酒、春酒、社坛余胙酒、糟下酒、白酒、清酒、好酒、美酒、葡萄酒、秫黍酒、粳酒、蜜酒、有灰酒、新熟无灰酒、地黄酒。今有糯酒、煮酒、小豆曲酒、香药曲酒、鹿头酒、羔儿等酒。今江浙、湖南北又以糯米粉入众药,和合为曲,曰饼子酒。至于官务中,亦用四夷酒,更别中国,不可取以为法。今医家所用酒,正宜斟酌。但饮家惟取其味,不顾入药如何尔,然久之,未见不作疾者。盖此物损益兼行,可不谨欤?

汉赐丞相上樽酒，糯为上，稷为中，粟为下者。今入药佐使，专以糯米，用清水白面曲所造为正。古人造曲未见入诸药，合和者如此，则功力和厚，皆胜余酒。今人又以麦蘖造者，盖止是醴尔，非酒也。《书》曰："若作酒醴，尔惟曲蘖。"酒则须用曲，醴故用蘖，盖酒与醴，其气味甚相辽，治疗岂不殊也？

李时珍在引用时有一些改变。一是内容上《本草纲目·谷部四·酒》删了"好酒"一项。二是诸酒排序上发生了变化，《本草纲目》作"醇酒、春酒、白酒、清酒、美酒、糟下酒、粳酒、秋黍酒、葡萄酒、地黄酒、蜜酒、有灰酒、新熟无灰酒、社坛余胙酒"。三是文字有增减或改变："今有糯酒"，《本草纲目》作"今人所用，有糯酒"；"糯米粉"，《本草纲目》作"糯粉"；"和合为曲"，《本草纲目》作"和为曲"；"亦用四夷酒，更别中国，不可取以为法"，《本草纲目》作"亦有四夷酒，中国不可取以为法"等。之所以有这样的改变，李时珍在《本草纲目·凡例》中做了说明："诸家《本草》，重复者删去，疑误者辨正，采其精粹。"不只是为了文字上的简洁，"采其精粹"才是目的，这也是李时珍广泛利用前代典籍、编撰《本草纲目》的一个重要特点。

《本草纲目》一经刊刻，便风行于世。现存最早版本，是万历十八年（1590）出版商胡承龙在金陵（今南京）首刻，至万历二十一年（1593）刻完，简称"金陵本"，未及面世，李时珍去世。李时珍之子李建元在万历二十四年（1596）十一月《进〈本草纲目〉疏》中说：其父"曾著《本草》一部，甫及刻成，忽值数尽，撰有遗表，令臣代献"。就在李建元上疏这年，《本草纲目》全部出版，距离李时珍去世已经三年。万历三十一年（1603）、万历三十四年（1606），又相继有江西本（夏良心序）、湖北本刊行（董其昌序）。到明末，《本草纲目》版本已多达7种。之后，又不断有新版本问世。这在古籍刊刻史上是不多见的，可见其广泛影响和受欢迎的程度。人民卫生出版社1977—1981年间出版的刘衡如以江西本为底本整理校点的《本草纲目》，是目前易得而精确的排印本，简称"刘衡如本"。"金陵本"有上海科学技术出版社1993年影印本,王育杰整理、人民卫生出版社1999年排印本。

本书所选《本草纲目·谷部四·酒》原文悉照台湾商务印书馆1983年印行的《影印文渊阁四库全书·子部·医家类》第七七四册所收《本草纲目》录入,简称"四库本",校以"金陵本"和"刘衡如本"。因为文字差异小,故一般不出校记,遇到特殊情况所出的校记均放在了注释之中。

酒《别录·中品》

【题解】

　　一般认为，中国用谷物酿酒可以追溯到距今有5000年历史的新石器时代晚期，并非一人发明。人们储存粮食因设备简陋受潮而发酵，或是吃剩的食物因搁置久了而发酵，淀粉受微生物的作用发酵引起糖化就能产生酒精，这就是天然的酒，这也是西晋江统《酒诰》所说："酒之所兴，肇自上皇……或云仪狄，一曰杜康……有饭不尽，委余空桑，郁积成味，久蓄气芳。本出于此，不由奇方。"江统揭示了酒是在自然发酵过程中产生的，并非出于什么"奇方"。到了商、周时期，由于农业生产水平的提高，谷物酿酒也就更为普遍。李时珍是在丰富博大、源远流长的中国酒文化视域下展开对酒的讨论的，因而对酒的名称、产生、功用到各地所产名酒及其特点了解透彻，如数家珍。

　　古人对于酒的理解、体味、品评，远比今人雅致和讲究，知识也更渊博。因为上升到了审美与艺术的层面，也就自然有了关于酒的种种让人称绝的名称："酒之清者曰'酿'，浊者曰'盎'；厚曰'醇'，薄曰'醨'；重酿曰'酎'，一宿曰'醴'；美曰'醑'，未榨曰'醅'；红曰'醍'，绿曰'醽'，白曰'醝'。"名称的背后是对对象的深刻理解："酿""盎"是按清浊区分，"醇""醨"是按味道厚薄区分，"酎""醴"是按酿造时间长短区分，"醑""醅"是按工艺粗细区分，"醍""醽""醝"是按颜色区分。能将同一类东西区分到如此精微的地步,谁敢说这不是艺术的品鉴?《本草纲目·谷部四·酒》中对于酒的品类区分是多元的:可以按功用区分,如社坛余胙酒;可以按纯度区分,如醇酒、清酒;可以按季节区分,如春酒、秋露酒、老酒(腊酒);可以按有无添加剂区分,如有灰酒、新熟无灰酒;可以按使用粮食种类区分,如糯酒、粳酒、秫酒、黍酒、粟酒;可以按加入药材的不同区分:植物类如姜酒、地黄酒、桑椹酒、葱豉酒、葡萄酒,动物类如鹿头酒、羔儿酒、虎骨酒、狗肉汁酒。此外还可以按地域区分,这是最多见的区分。历史上,以地域的眼光记述、区分名酒,一直是史家职责范围内的事情。早在唐代,翰林学士李肇就记载了当时的优质酒品:"酒则有郢州之富水,乌程之若下,荥阳之土窟春,富平之石冻春,剑南之烧春,河东之乾和蒲萄,岭南之灵溪、博罗,宜城之九酝,浔阳之湓水,京城之西市腔,虾蟆陵郎官清、阿婆清。又有三勒浆类酒,法出波斯。三勒者谓庵摩勒、毗梨勒、呵梨勒。"(《唐国史补》卷下)宋人朱弁《曲洧旧闻》卷七引张能臣《酒名记》,列举北宋末年的名酒多达两百余种,涉及的生产地区包括开封府、太原府、河间府、凤翔府及定州、怀州、磁州、庆州、苏州、夔州等八十余个府、州;元代宋伯仁《酒小史》记载的名酒也有一百余种,诸如春秋椒浆酒、杭城秋露白、西京金浆胶、处州金盘露、黄州茅柴酒、凤州青白酒、汾州干和酒等等,都是地域的眼光。地域是自然要素与人文因素相互作用形成的综合体,其所体现的文化最先往往是通过当地的特产如名酒等直接鲜明地反映出来的。

虽为医家,李时珍对各地的美酒了若指掌,如山东秋露白酒、苏州小瓶酒、淮南绿豆酒、山西襄陵酒、蓟州薏苡酒、秦蜀之地的咂嘛酒,以及西域的葡萄酒。李时珍注重名酒的历史与文化内涵,特地指出"东阳酒即金华酒,古兰陵也,李太白诗所谓'兰陵美酒郁金香'即此"。不仅如此,李时珍通过对各地名酒及其与自然环境关系的观察,获得了一些结论性的观点。他对东阳酒夸赞有加,认为"常饮、入药俱良",一个重要原因是酿酒所用之水优异,所谓好水出好酒:"其水秤之,重于他水,邻邑所造俱不然，皆水土之美也。"如今，长江上游的赤水（也称赤水河）穿行于川、滇、黔三省，全长仅500千米，流经的地域却诞生了中国60%的名酒，茅台、郎酒、习酒、泸州老窖皆产于赤水河畔，被誉为中国白酒的母亲河。其他名酒也多与名水、名泉关系密切，如酒鬼酒产自湘西的猛洞河畔、五粮液酿酒用水取自宜宾的"安乐泉"、剑南春酿酒用水取自绵竹城西的"玉妃泉"，都证明了李时珍的观点。

米酒的酿造历史悠久，比有文字记录的历史更长，而且由于性质特殊，从一开始就与药结下了不解之缘，是传统中医药的重要组成部分。李时珍谙熟中国酒文化史，他是在充分继承前代医家丰富的研究成果的基础上讨论米酒的。在本章中，除了一般地提到的酒名，李时珍引述了前代医家对米酒功能的论述，指出酒不是全能的，有一些酒是不能饮的："酒浆照人无影，不可饮；祭酒自耗，不可饮"（陈藏器）；有一些情形下是不能饮酒或不能过量饮酒的，否则后果是严重的："久饮伤神损寿，软筋骨，动气痢"（孟诜），"过饮腐肠烂胃，溃髓蒸筋，伤神损寿"（扁鹊）等等。

科学的态度、深入的了解和体味，加上审美的眼光与艺术的品鉴，让李时珍的酒论既有传统中国酒文化的深厚悠长，又有医家的体贴入微与仁爱之心。明人夏良心《重刻〈本草纲目〉序》说："夫医之为道，君子用之以卫生，而推之以济世，故称仁术。"其李时珍之谓耶？

"酒"名后的《别录》指《名医别录》，梁代陶弘景增补。《本草纲目·序例》说："《神农本草》药分三品，计三百六十五种，以应周天之数。梁陶弘景复增汉、魏以下名医所用药三百六十五种，谓之《名医别录》，凡七卷。"

【校正】《拾遗》[①]：糟笋酒、社酒[②]，今并为一。

【释名】〔时珍曰〕按许氏《说文》云：酒，就也。所以就人之善恶也[③]。一说：酒字篆文，象酒在卣中之状[④]。《饮膳》标题云[⑤]：酒之清者曰"酿"[⑥]，浊者曰"盎"[⑦]；厚曰"醇"[⑧]，薄曰"醨"⑨;重酿曰"酎"⑩,一宿曰"醴"⑪;美曰"醑"⑫,未榨曰"醅"⑬;红曰"醍"⑭,绿曰"醽"⑮,白曰"醝"⑯。

【注释】

①《拾遗》:指《本草拾遗》十卷,唐代陈藏器撰写,是一部总结前代及唐代药物学的著作。《本草纲目·序例》曰:"藏器,四明人。其所著述,博极群书,精核物类,订绳谬误,搜罗幽隐,自《本草》以来,一人而已。"四明,今浙江宁波。

②糟笋酒:指糟笋节中酒,一种米酒。金元时李俊民《糟笋》诗曰:"瓮中有地可藏真,子子孙孙曲蘖醽。"社酒:家酿的薄酒。唐杜甫《题张氏隐居》诗之二曰:"杜酒偏劳劝,张梨不外求。"宋代王楙《野客丛书·杜撰》曰:"然仆又观俗有杜田、杜园之说。杜之云者,犹言假耳。如言自酿薄酒,则曰杜酒。"

③就人之善恶:意指酒是依附于人性的,人性中的善和恶都可以通过酒释放出来。陈藏器《本草拾遗·酒》曰:"智人饮之则智,愚人饮之则愚。"清代段玉裁《说文解字注》曰:"宾主百拜者,酒也;淫酗者,亦酒也。"

④酒字篆文,象酒在卣(yǒu)中之状:篆书的"酒"字,类似酒盛放在卣中。卣,古代一种盛酒的器具,口小腹大,圈足,有盖和提梁。《说文解字·酉部》曰:"酉,就也。八月黍成,可为酎酒。象古文酉之形。"

⑤《饮膳》:指《饮膳正要》,元代饮膳太医忽思慧撰,是一部关于宫廷饮食的专著,旁涉植物、动物、营养保健、食品加工等内容。本段所引"酒之清者曰'酿'……白曰'醝'"一段,未在今本《饮膳正要》中查到。

⑥酿:做酒,酿造。《说文解字·酉部》曰:"酿,酝也。作酒曰酿。"这里指酒,如佳酿。

⑦盎（àng）：即盎齐，指酒色浑浊。《释名·释饮食》曰："盎齐，盎，滃也，滃滃然浊色也。"

⑧醇（chún）：酒味厚，如醇酒、醇醪。

⑨醨（lí）：味不浓烈的酒，指薄酒。唐代李洞《早春友人访别南归》诗曰："一盏薄醨酒，数枝零落梅。"

⑩重酿曰"酎"（zhòu）：不断加入饭料再酿的酒称之"酎"。重酿，即再酿，指在酿酒过程中，分批加入饭料。

⑪一宿（xiǔ）曰"醴"（lǐ）：一夜酿成的酒称为"醴"。《说文解字·酉部》曰："醴，酒一宿孰也。"孰，通"熟"，成熟。

⑫醑（xǔ）：去糟滤清后的酒。南朝谢灵运《石门新营所住》诗曰："芳尘凝瑶席，清醑满金尊。"

⑬未榨曰"醅"（pēi）：没有压榨过滤的、带糟的酒称为"醅"。唐代杜甫《客至》诗曰："盘飧市远无兼味，樽酒家贫只旧醅。"

⑭醍（tǐ）：指盎（zī）醍，一种浅红色的清酒。《礼记·礼运》曰："盎醍在堂，澄酒在下。"

⑮醽（líng）：指醽醁（lù），亦作"酃渌"，一种绿颜色的美酒。《资治通鉴·梁元帝承圣元年》曰："陆纳袭击衡州刺史丁道贵于渌口。"胡三省注曰："衡州，治衡阳县。县东二十里有酃湖，其水湛然绿色，取以酿酒，甘美，谓之酃渌。"唐代陆龟蒙《袭美病中闻余游颜家园见寄次韵酬之》诗曰："佳酒旋倾醽醁嫩，短船闲弄木兰香。"

⑯醝（cuō）：白醝酒，一种白色的酒。南北朝刘骏《四时诗》曰："匏酱调秋菜，白醝解冬寒。"匏（páo），同"匏"，一种葫芦。

【译文】

【校正】《本草拾遗》说：有糟笋酒、社酒，现将其合并为一。

【释名】〔李时珍说〕根据许慎《说文解字》：酒是依附于人性的，人性中的善和恶都可以通过酒来释放。另一种说法：篆书的"酒"字，类似酒盛放在卣中。《饮膳正要》标题说：颜色清澄的酒称"酿"，颜色浑浊的酒称"盎";味道厚的酒称"醇",味道薄的酒称"醨";不断加入饭料再酿的酒称"酎",一夜酿成的酒称"醴";去糟滤清后的酒称"醑",没有压榨过滤的酒称"醅";红颜色的酒称"醍",绿颜色的酒称"醽",白颜色的酒称"醝"。

【集解】〔恭曰①〕酒有秫、黍、粳、糯、粟、曲、蜜、葡萄等色②。凡作酒醴须曲③,而葡萄、蜜等酒,独不用曲。诸酒醇醨不同④,惟米酒入药用。〔藏器曰⑤〕凡好酒欲熟时,皆能候风潮而转,此是合阴阳也⑥。〔诜曰⑦〕酒有紫酒、姜酒、桑椹酒、葱豉酒、葡萄酒、蜜酒及地黄、牛膝、虎骨、牛蒡、大豆、枸杞、通草、仙灵脾、狗肉汁等⑧,皆可和酿作酒,俱各有方⑨。

【注释】

①恭:即苏恭。唐代药学家,主持修订《唐本草》二十卷。《本草纲目·序例》曰:"唐高宗命司空英国公李勣等修陶隐居所注《神农本草经》,增为七卷,世谓之《英公唐本草》,颇有增益。显庆中,右监门长史苏恭重加订注,表请修定。"

②酒有秫(shú)、黍、粳(jīng)、糯(nuò)、粟、曲、蜜、葡萄等色:指可以酿酒的材料有很多种类。秫,黏高粱,常用来酿酒。黍,一年生草本植物,其子实煮熟后有黏性,可以酿酒、做糕等,今北方谓之黄米。《说文解字·禾部》曰:"黍,禾属而黏者也。以大暑而种,故谓之黍。"粳,稻的一种,米粒宽而厚,近圆形,米质黏性强,胀性小,如粳稻,粳米。糯,稻的一种,亦称"江米",米黏性大,如糯稻、糯米。粟,一年生草本植物,子实为圆形或椭圆小粒,北方通称"谷子",去皮后称"小米"。曲,酒母,酿酒或制酱、醋等时引起发酵的东西。《本草纲目·谷部四·曲》曰:"酒非曲不生,故

曰酒母。""曲有麦、面、米造者不一,皆酒醋所须,俱能消导,功不甚远。"曲本身也是酿酒的材料。蜜,蜂蜜,可以用来酿制甜酒,即蜜酒。北宋苏轼《蜜酒歌并叙》曰:"君不见,南园采花蜂似雨,天教酿酒醉先生。"北宋苏辙《和子瞻〈蜜酒歌〉》曰:"调和知与酒同法,试投曲糵真相宜。"葡萄,多年生落叶藤本植物,果实可酿酒,即葡萄酒。《神农本草经·果·蒲萄》曰:葡萄"益气,倍力,强志,令人肥健,耐饥,忍风寒。久食轻身,不老,延年。可作酒。"色,种类。

③凡作酒醴须曲:大凡酿酒必须用酒曲。酒醴,酒和醴,泛指各种酒。

④醇醨(lí)不同:酒的味道薄厚不一样。醨,薄酒。

⑤藏器:指陈藏器,撰有《本草拾遗》。

⑥"凡好酒欲熟时"几句:大凡好酒就要酿成之时,都能顺应大自然的变化而变化,这就是阴阳相合。候,伺望,此处是顺应之意。风潮,指气候变化,风向与潮汐。转,改变。合,不违背,一事物与另一事物相应或相符。《太平御览·饮食部一·酒上》(卷八百四十三)引《春秋纬命》曰:"凡黍为酒,阳据阴,乃能动,故以曲酿黍为酒。曲,阴也。是先渍曲,黍后入,故曰阳相感皆据阴也。相得而沸,是其动也。凡物阴阳相感,非唯作酒。"

⑦诜(shēn):即唐朝医学家孟诜(621—713)。汝州梁县(今河南汝州)人。食疗学家。进士及第,授尚药奉御,累迁中书舍人,撰有《食疗本草》三卷。

⑧紫酒:一种药酒。孟诜《食疗本草·酒》曰:"熬鸡屎如豆淋酒法作,名曰紫酒。卒不语,口偏者,服之甚效。"姜酒:一种以姜浸渍成的酒或以姜汁和曲酿成的酒。唐代薛曜《服乳石号性论》曰:"凡人身血脉经行不绝,如血脉微有滞处,便于其处发疮,或发热,神气昏闷,必欲防之。每朝及暮,温一两盏清酒,或可以生姜刮碎,和少茱萸饮之,令遍体热薰薰。"(《全唐文》卷二百三十九)

又,《太平广记》卷二一九《梁新赵鄂》曰:"又省郎张廷之有疾诣赵鄂才诊脉,说其疾宜服生姜酒一盏,地黄酒一杯。"桑椹(shèn)酒:一种用煎煮过的桑椹汁加入曲、米酿成的酒。桑椹,亦作"桑葚",桑树的果穗,通常暗紫色,浆果状,味甜,可食。葱豉(chǐ)酒:一种用葱根、豆豉浸渍的酒。豉,豆豉,一种用熟的黄豆或黑豆经发酵后制成的食品。地黄:多年生草本植物,根可入药。《北山酒经·地黄酒》曰:"地黄择肥实大者,每米一斗,生地黄一斤,用竹刀切,略于木石臼中捣碎,同米拌和,上甑蒸熟,依常法入酝,黄精亦依此法。"牛膝:多年生草本植物,茎方形,穗状花序,花绿色,果实椭圆形。根可入药,利尿,通经。虎骨:猫科动物虎的骨骼。可用作中药,用于祛风寒、健筋骨、镇惊,常浸渍酒中服用。因动物保护,现已禁用。牛蒡(bàng):二年生草本植物。根及嫩叶可食,种子、根可入药,有降火解毒的功用。大豆:古称"菽",一年生草本植物,果内藏有种子,种皮以黄、绿、黑最常见,分别称"青豆""黄豆""黑豆",含有丰富的植物蛋白质,可制豆腐、酱油或榨油供食用。《本草纲目·谷部三·大豆》曰:"炒黑,热投酒中饮之,治风痹瘫缓口噤,产后头风。"枸杞:落叶灌木。高一至三公尺,花淡紫色,浆果红色,圆形或椭圆形。果可入药,有明目、滋补的功效。根皮、枝叶也可作药用,能解热,消炎。通草:即木通,也称"通脱木"。常绿灌木或小乔木。树干直,花小白色,花粉入药。果实球形,熟时成黑色。中医煮汁可供药用,具利尿及清凉解热和镇静之效。仙灵脾:又称淫羊藿、仙灵毗、三枝九叶等,多年生草本植物。茎高一尺余,有补肾壮阳、祛风除湿、强筋健骨的功效,仙灵脾有治疗阳痿遗精、虚冷不育、尿频失禁、肾虚喘咳、腰膝酸软、风湿痹痛、半身不遂、四肢不仁的作用。狗肉汁:传统中药,有补中益气、温肾助阳的功效。孟诜《食疗本草·酒》曰:"狗肉汁酿酒,大补。"《本草纲目·兽部一·狗》曰:"弘景曰:白狗、

乌狗入药用。黄狗肉大补虚劳,牡者尤胜。""用黄犬肉一只,煮
　　一伏时,捣如泥,和汁拌炊糯米三斗,入曲如常酿酒。候熟,每旦
　　空心饮之。""狗肉汁""四库本"本无"汁"字,据"刘衡如本"补。
⑨皆可和酿作酒,俱各有方:指各种动植物皆可作酿酒之材,酿制方
　　法各不相同。

【译文】

【集解】〔苏恭说〕有用秫、黍、粳、糯、粟、曲、蜜、葡萄酿的各种酒。
大凡酿酒必须用酒曲,唯独葡萄酒、蜜酒不用酒曲。各种酒的味道薄厚
不一样,唯有米酒可以入药。〔陈藏器说〕大凡好酒在快要酿成之时,都
能顺应大自然的变化而变化,这就是阴阳相合。〔孟诜说〕酒有紫酒、姜
酒、桑椹酒、葱豉酒、葡萄酒、蜜酒,此外,地黄、牛膝、虎骨、牛蒡、大豆、枸
杞、通草、仙灵脾、狗肉汁等,都可以用作酒材酿酒,各有各的酿造之法。

　　〔宗奭曰①〕《战国策》云:帝女仪狄造酒②,进之于禹。
《说文》云:少康造酒,即杜康也③。然《本草》已著酒名④,
《素问》亦有酒浆⑤,则酒自黄帝始⑥,非仪狄矣。古方用酒⑦,
有醇酒、春酒、白酒、清酒、美酒、糟下酒、粳酒、秫黍酒、葡
萄酒、地黄酒、蜜酒、有灰酒、新熟无灰酒、社坛余胙酒⑧。
今人所用,有糯酒、煮酒、小豆曲酒、香药曲酒、鹿头酒、羔儿
等酒⑨。江浙、湖南北又以糯粉入众药,和为曲,曰饼子酒。
至于官务中⑩,亦有四夷酒⑪,中国不可取以为法。今医家所
用,正宜斟酌,但饮家惟取其味,不顾入药何如尔,然久之,未
见不作疾者⑫。盖此物损益兼行⑬,可不慎欤?

【注释】

①宗奭(shì):此指宋代药物学家寇宗奭。政和(1111—1118)年间

任通直郎,撰有《本草衍义》二十卷,《本草纲目·历代诸家本草》曰:此书"参考事实,核其精理,援引辨证,发明良多,东垣、丹溪诸公亦尊信之。"本节文字皆出自寇宗奭《本草衍义》卷二十。

②仪狄:传说大禹时代人,善酿酒,后用为酒的代称。《战国策·魏策二》曰:"昔者,帝女令仪狄作酒而美,进之禹,禹饮而甘之。"

③杜康:传说与仪狄同为历史上最早的酿酒者,后成为酒的代称。《说文解字·巾部》曰:"古者少康初作箕、帚、秫酒。少康,杜康也,葬长垣。"又,《说文解字·酉部》曰:"杜康作秫酒。"杜康造酒说出现较晚,首见《说文解字》。西晋江统《酒诰》曰:"酒之所兴,肇自上皇,或云仪狄,一曰杜康。"

④《本草》:指《神农本草经》,又称《本草经》,中国传统医学的四大经典之一(其他为《黄帝内经》《难经》《伤寒杂病论》),托名"神农"所作,大约在东汉时期结集成书。

⑤《素问》:指《黄帝内经·素问》。《黄帝内经》是中国现存最早的医学典籍,分为《灵枢》《素问》两部分。

⑥黄帝:上古帝王轩辕氏的称号。姓公孙,因生于轩辕之丘,故称"轩辕氏"。相传尧、舜、禹、汤等都是他的后裔,因此黄帝被尊为中华民族的共同始祖。

⑦古方:古代流传下来的药方。

⑧醇酒:味道浓厚的酒。春酒:春时酿造至冬始成的酒。白酒:米酒之初熟者,并非后来蒸馏酒意义上的白酒。清酒:这里指过滤渣滓之后澄清的米酒。《齐民要术·法酒·粳米法酒》曰:"合醅饮者,不复封泥。令清者,以盆盖,密泥封之。经七日,便极清澄,接取清者,然后押之。"唐代崔颢《渭城少年行》曰:"渭城桥头酒新熟,金鞍白马谁家宿。可怜锦瑟筝琵琶,玉台清酒就君家。"美酒:好酒,色、香、味俱佳的酒。糟下酒:亦称"糟底酒"。《本草纲目·谷部四·酒》曰:"糟底酒:三年腊,糟下取之。"粳酒:用粳稻

酿的酒。秫黍酒：用秫黍酒酿的酒。有灰酒：酒初熟时，加石灰水少许，以降低酒中的酸度，再使之澄清，所得之清酒称"灰酒""有灰酒"，不加石灰者称之"无灰酒"。元代方回《初夏六首》诗其五曰："肠滑嫌灰酒，脾虚已未茶。"宋代刘宰《送无灰酒周马帅口占三绝》诗其三："奉寄无灰酒十罍，一杯入药可长生。药成预约分酬我，眉寿相期比老彭。"社坛余胙（zuò）酒：社坛祭祀后剩余的酒。社坛，古代祭祀土神之坛。余胙，祭祀所余之肉。宋代陆游《仲秋书事十首》诗其一："秋风社散日平西，余胙残壶手自提。"

⑨糯酒：用糯稻酿的酒。煮酒：也称"煎酒"，把装入瓶中的酒放在甑中，屉上用水、汽煮蒸，以此促进米酒的老熟和蛋白质的凝结，防止成品酒的酸败，使酒的颜色清亮透明，饮用时口感更好。《北山酒经·煮酒》有专门论述。煮酒既指酒的工艺加工过程，又是酒的名称。宋代欧阳修《浣溪沙》曰："青杏园林煮酒香，佳人初著薄罗裳，柳丝摇曳燕飞忙。"小豆曲酒：一种以赤小豆为原料酿成的曲酒。小豆，指赤小豆，也称赤豆，一年生草本植物，茎直立，叶互生，花黄色。种子一般呈暗红色，可供食用及入药。《本草纲目·谷部三·赤小豆》曰："此豆以紧小而赤黯色者入药，其稍大而鲜红、淡红色者，并不治病。"香药曲酒：一种加入香料药物酿成的曲酒。香药，香料药物。鹿头酒：用煮熟捣烂成泥的鹿头连汁和曲、米酿成的酒。羔儿：即羔儿酒，也称白羊酒、羊羔酒，一种以羊肉为原料和米、曲酿成的酒。《北山酒经·白羊酒》具体记述了酿制方法。

⑩官务：公家事物。

⑪四夷酒：泛指华夏之外的各国、各地区出产的酒，如新罗酒、暹罗酒。《唐国史补》卷下曰："又有三勒浆类酒，法出波斯。三勒者谓庵摩勒、毗梨勒、诃梨勒。"四夷，东夷、西戎、南蛮、北狄的总称。

⑫作疾：致病。

⑬损益兼行:指损益各半。

【译文】

〔寇宗奭说〕《战国策》中说:帝女仪狄造酒,进献给了大禹。《说文解字》说:少康造酒,少康指的就是杜康。然而《神农本草经》已经著录酒之名,《黄帝内经·素问》也有酒浆之称,这样看来最早的酒始自黄帝,而不是仪狄。古代流传下来的药方用酒,有醇酒、春酒、白酒、清酒、美酒、糟下酒、粳酒、秋黍酒、葡萄酒、地黄酒、蜜酒、有灰酒、新熟无灰酒、社坛余胙酒。今人所饮用的,有糯酒、煮酒、小豆曲酒、香药曲酒、鹿头酒、羔儿等酒。江浙、湖南、湖北又在糯米粉中加入诸多的香药做成曲,称之饼子酒。至于公家事物中,也有来自四夷的酒,中国不能取之为法。今医家所用四夷之酒,应该反复考虑之后决定取舍,但饮酒者只是看重其中的味道,不管酒里面有何种成分,长此以往,没有不得病的。对饮酒的人来说,这种东西损益各半,不小心对待行吗?

汉赐丞相上尊酒①,糯为上,稷为中②,粟为下。今入药佐使,专用糯米,以清水白面曲所造为正③。古人造曲,未见入诸药,所以功力和厚④,皆胜余酒。今人又以蘖造者,盖止是醴,非酒也⑤。《书》云:"若作酒醴,尔惟曲蘖⑥。"酒则用曲,醴则用蘖⑦,气味甚相辽⑧,治疗岂不殊也?

【注释】

①上尊酒:亦作"上樽酒",指汉天子赐臣下的酒,也是品质醇厚的酒。《汉书·平当传》曰:哀帝"使尚书令谭赐君养牛一,上尊酒十石。"颜师古注:"如淳曰:'律:稻米一斗、得酒一斗为上尊;稷米一斗、得酒一斗为中尊;粟米一斗、得酒一斗为下尊。'""汉赐……岂不殊也"一节文字皆出自寇宗奭《本草衍义》卷二十(见《续修四库全书》第九九〇册),文字略有不同。

②稷（jì）：谷物名，古今著述不一，所指有三。或指粟，小米，《尔雅·释草》曰："粢，稷。"孙炎注："稷，粟也。"或指高粱，《广雅疏证》曰："稷，今人谓之高粱。"或指黍类之不黏者，《本草纲目·谷部二·稷》曰："稷与黍一类二种也，黏者为黍，不黏者为稷。稷可作饭，黍可酿酒。"

③"今入药佐使"几句：现在配药的米酒，专用糯米、以清水白面制成的酒曲酿制成的为正宗。佐使，中药配方，治疗兼症或消除主药副作用的药物为佐，引药直达病所或起调和诸药作用的药物为使。《神农本草经·序录》曰："药有君、臣、佐、使，以相宣摄合和。宜一君二臣三佐五使，又可一君三臣九佐使也。"白面，用小麦磨成的粉。正，正宗，地道。

④功力和厚：功效平和淳厚。

⑤"今人又以蘖（niè）造者"几句：今人用蘖酿造的，只是醴，还不是严格意义上的酒。蘖，麦、豆之芽，这里指用麦、豆制的酒曲。止是，只是。醴，是一夜酿成的酒，因为时间较短，所以还称不上是真正的酒。

⑥若作酒醴，尔惟曲蘖：见《尚书·商书·说命》。曲蘖，曲与蘖。上古时代，曲蘖指的本来是一种东西，即酒曲。随着酿酒技术的进步，曲蘖分化为曲与蘖。曲，即曲霉，一种微生物，能起发酵作用，变淀粉为糖质，是酿酒、造酱、制醋所必不可少的。

⑦酒则用曲，醴则用蘖：酿酒要用酒曲，制醴则用蘖。

⑧气味甚相辽：气味相差特别远。辽，差距大，悬殊。

【译文】

汉代朝廷赐给丞相上尊酒：用糯米酿造的酒为上，用稷酿造的酒为中，用粟酿造的酒为下。现在配入草药的米酒，以糯米加清水白面制成的酒曲酿制成的为正宗。古人制造酒曲没有见加入各种草药的，所以性质平和、气味醇厚，入药胜过其他各种酒。今人用蘖酿造的，只是醴，还不是严格意义上的酒。《尚书》上说:"如果酿制酒和醴,你要分别用曲与蘖。"酿酒要用曲,制醴要用蘖,二者的气味相差特别远,治疗的效果能一样吗?

〔颖曰①〕入药用东阳酒最佳②,其酒自古擅名③。《事林广记》所载酿法④,其曲亦用药⑤,今则绝无,惟用麸面、蓼汁拌造⑥,假其辛辣之力⑦。蓼亦解毒,清香远达,色复金黄。饮之至醉,不头痛,不口干,不作泻。其水秤之,重于他水⑧,邻邑所造俱不然⑨,皆水土之美也。处州金盆露⑩,水和姜汁造曲,以浮饭造酿⑪,醇美可尚,而色香劣于东阳,以其水不及也。江西麻姑酒⑫,以泉得名,而曲有群药。金陵瓶酒⑬,曲米无嫌⑭,而水有碱⑮,且用灰,味太甘,多能聚痰⑯。山东秋露白⑰,色纯味烈。苏州小瓶酒⑱,曲有葱及红豆、川乌之类⑲,饮之头痛口渴。淮南绿豆酒⑳,曲有绿豆,能解毒,然亦有灰,不美。

【注释】

①颖:指汪颖。明江陵(今湖北荆州)人,官至九江知府,曾编辑卢和所撰《食物本草》。《本草纲目·序例》曰:"东阳卢和,字廉夫,尝取本草之系于食品者编次此书。(汪)颖得其稿,厘为二卷,分为水、谷、菜、果、禽、兽、鱼、味八类云。"按,汪颖此段说法多取自宋代田锡《曲本草》。

②东阳酒:东阳出产的一种米酒。东阳,古邑名,春秋鲁地,在今山东费县境。李时珍认为,东阳酒即金华酒。

③擅名:享有名声。

④《事林广记》:宋建州崇安(今福建武夷山市)人陈元靓撰,杂记

天文、地理、政刑、社会、文学、游艺等内容,市井特点鲜明,元、明初翻刻时又有所增补。

⑤其曲亦用药:在制酒曲时加入草药。

⑥麸(fū)面:连同麸皮一起磨成的面粉。麸,麸皮,小麦磨面过箩后剩下的皮。"麸面",《说郛三种》卷九十四《曲本草》作"麸曲"。蓼(liǎo)汁:辣蓼的汁液。蓼,辣蓼,又名水蓼、泽蓼,蓼科植物水蓼的全草,生长在水边或水中,秋季开花时采集、晒干,含有丰富的酵母及根霉生长素。

⑦假:借,借助。

⑧其水秤(chēng)之,重于他水:田锡《曲本草》作:"东阳酒,其水最佳,称之,重于它水,其酒自古擅名。"秤,用秤量物之轻重。

⑨邻邑(yì):毗邻的县地。

⑩处州金盆露:处州出产的一种名酒。处州,浙江丽水的古称,明洪武年间(1368—1398)设置处州府。

⑪浮饭:指酿酒用的糯米饭料。

⑫江西麻姑酒:江西出产的一种名酒。宋代田锡《曲本草》曰:"江西麻姑酒,以泉得名,今真泉亦少,其曲乃群药所造。浙江等处亦造此酒,不入水者味胜麻姑,以其米好也。然皆用百药曲,均不足尚。"

⑬金陵瓶酒:金陵出产的一种名酒。金陵,今江苏南京。

⑭嫌:可疑之处。

⑮碱:含在土里的一种物质,化学成分是碳酸钠,可用来中和发面中的酸味。

⑯聚痰:生痰。宋代田锡《曲本草》曰:"南京瓶酒,曲米无碱,以其水有碱,亦着少灰,味太甘,多饮留中聚痰。"

⑰山东秋露白:山东出产的一种米酒。宋代田锡《曲本草》曰:"山东秋露白,色纯味冽。"元代许有壬《秋露白酒熟卧闻槽声喜而得

句可行当同赋也》诗曰:"治曲辛勤夏竟秋,奇功今日遂全收。日
华煎露成真液,泉脉穿岩咽细流。"

⑱苏州小瓶酒:苏州出产的一种米酒。宋代田锡《曲本草》曰:"苏
州小瓶酒,曲有葱及川乌、红豆之类,饮之头痛口渴。"

⑲川乌:指川乌头,产于四川,乌头的一种,毛茛(gèn)科植物乌头
的(栽培品)的块根,多年生草本植物,性热,味辛,有毒。

⑳淮南绿豆酒:淮南出产的一种用绿豆酒曲酿成的米酒。宋代田锡
《曲本草》曰:"淮南绿豆酒,曲有绿豆,乃解毒良物,固佳,但服药
饮之,药无,乃亦有灰,不美。"淮南,指淮河以南、长江以北的地
区,特指安徽的中部。

【译文】

〔汪颖说〕入药用东阳酿造的米酒最好,东阳酒自古就享有盛名。
《事林广记》所记载的酿法,其酒曲中也添加草药,现在是没有了,只用
麸面、辣蓼的汁拌和制造酒曲,是要借助辣蓼的辛辣之力。辣蓼也能解
毒,清香四处传播,颜色又是金黄的。东阳酒喝到醉,也不会头痛,不会
口干,不会腹泻。用秤称一下此地的水,分量比其他地方的水重,毗邻县
地所造的米酒就不是这样了,这都是水土之美的原因。处州的金盆露,
水和着姜汁制造酒曲,用糯米饭料酿酒,酿成的酒醇美可嘉,但是色香比
不上东阳酒,因为用的水水质要差一些。江西的麻姑酒,因为泉水而得
名,酒曲中添加了各种草药。金陵瓶酒用的酒曲、糯米的质量不差,但用
来酿酒的水中含碱,而且添加了石灰,味道太甜,喝多了会生痰。山东秋
露白酒,色泽纯净、味道浓烈。苏州小瓶酒,酒曲中有葱及红豆、川乌头
一类,喝多了会头痛口渴。淮南绿豆酒,酒曲中有绿豆,因而能解毒,然
而添加了石灰,说不上完美。

〔时珍曰〕东阳酒即金华酒,古兰陵也,李太白诗所谓
"兰陵美酒郁金香"即此①,常饮、入药俱良。山西襄陵酒、

蓟州薏苡酒皆清烈②,但曲中亦有药物。黄酒有灰③。秦、蜀有咂嘛酒④,用稻、麦、黍、秫、药曲,小罂封酿而成⑤,以筒吸饮。谷气既杂⑥,酒不清美,并不可入药。

【注释】

①兰陵美酒郁金香:兰陵的美酒散发着浓郁的郁金花香气。兰陵,古县名,故址在今山东兰陵县兰陵镇。郁金,姜科,多年生草本植物,原产于欧洲地中海一带,叶片长圆形,夏季开白色花。鳞茎及根为黄色,有香气,可用作香料,也可用其汁泡制酒,色如琥珀。李白《客中行》(一题作《客中作》)诗曰:"兰陵美酒郁金香,玉碗盛来琥珀光。但使主人能醉客,不知何处是他乡。"

②山西襄陵酒:山西襄陵出产的一种米酒。襄陵,故址在今山西襄汾县襄陵镇。蓟(jì)州薏苡(yì yǐ)酒:蓟州出产的一种用薏苡仁粉、糯米酿成的米酒。蓟州,古州名,唐开元十八年(730)置,治所在渔阳(今天津蓟州区)。薏苡,一年或多年生草本植物,茎直立,叶线状披针形,颖果卵形,淡褐色。籽粒(薏苡仁)含淀粉,可供食用、酿酒并入药。

③黄酒有灰:指在米酒中加入石灰。

④咂(zā)嘛酒:古称筒酒,因其用竹管吮吸而得名。今天贵州的苗族依然酿制、饮用此酒。

⑤小罂(yīng):小坛子。罂,大腹小口的容器。多为陶制,亦有木制者。

⑥谷气:食物之气,古人谓进食后积聚于人体者。

【译文】

〔李时珍说〕东阳酒即金华酒,是古兰陵的旧地,李太白诗所谓"兰陵美酒郁金香"写的就是此地,此酒平日喝、入药都不错。山西襄陵酒、蓟州薏苡酒香气清郁强烈,但酒曲中也加入了药物。为了降低酸度,黄酒中往往添加石灰。秦、蜀之地有一种酒叫咂嘛酒,把稻、麦、黍、秫、药曲一起封进小坛子中酿制而成，用竹筒吸饮。食物之气混杂，酒也说不上清爽甘美，而且不能入药。

米酒

〔气味〕苦、甘、辛，大热，有毒。

〔诜曰〕久饮伤神损寿，软筋骨，动气痢①。醉卧当风，则成癜风②。醉浴冷水，成痛痹③。服丹砂人饮之④，头痛吐热。

【注释】

①气痢：痢疾的一种。

②癜（diàn）风：皮肤病的一种，皮肤上出现紫色或白色的斑片。《本草纲目·百病主治药上·疬疡癜风》曰："癜风是白斑片，赤者名赤疵。"

③痛痹：中医指以疼痛剧烈为主症的痹症。

④丹砂：又称朱砂，一种矿物，可做颜料，也可入药。

【译文】

米酒

〔气味〕苦、甘、辛，性大热，有毒。

〔孟诜说〕久饮伤神损寿，软人筋骨，引发痢疾。对风醉卧，则会得癜风。醉后洗冷水浴会引发剧烈疼痛的痹症。正在服丹砂的人饮用之后，会头痛呕吐发热。

〔士良曰①〕凡服丹砂、北庭石亭脂、钟乳、诸礜石、生姜②，并不可长用酒下，能引石药气入四肢，滞血化为痈疽③。〔藏器曰〕凡酒，忌诸甜物。酒浆照人无影，不可饮。祭酒自耗④，不可饮。酒合乳饮，令人气结⑤。同牛肉食，令人生虫。酒后卧黍穰⑥，食猪肉，患大风⑦。〔时珍曰〕酒后食芥及辣物，缓人筋骨。酒后饮茶，伤肾脏，腰脚重坠，膀胱冷痛，兼患痰饮、水肿、消渴、挛痛之疾⑧。一切毒药，因酒得者，难治。又，酒得咸而解者，水制火也，酒性上而咸润下也。又畏枳棋、葛花、赤豆花、绿豆粉者⑨，寒胜热也。

【注释】

①士良：指南唐药学家陈士良（936—975）。官至剑州医学助教，撰有《食性本草》十卷。

②北庭石亭脂：指西域出产的颜色发红的硫黄。唐时曾在西域设北庭都护府，故有称西域为北庭之说。钟乳：即钟乳石，又称石钟乳，是指碳酸盐岩地区洞穴内在漫长地质历史中和特定地质条件下形成的石钟乳、石笋、石柱等不同形态碳酸钙沉淀物的总称。魏晋人服的"五石散"又称"五行散"，主要成分是石钟乳、紫石英、白石英、石硫黄、赤石脂。礜（yù）石：矿物，是制砷和亚砷酸的原料。《说文解字·石部》曰："礜，毒石也。出汉中。"礜石，"四库本"无"礜"字，据"刘衡如本"补。

③滞血化为痈疽（yōng jū）：因为血液凝滞而生毒疮。滞血，淤积的血液。痈疽，毒疮。

④祭酒：祭祀或祭奠之酒。

⑤气结：中医学名词，谓气留滞不行，结于一处。

⑥黍穰（ráng）：黍秆。

⑦大风：麻风之类的恶疾。

⑧痰饮：指体内过量水液不得输化、停留或渗注于某一部位而发生的疾病。水肿：细胞间因液体积聚而引发的局部或全身性的肿胀。消渴：中医上指口渴饮水多而小便多，即今之糖尿病。挛（luán）痛：痉挛性疼痛。挛，手脚蜷曲不能伸开。

⑨枳椇（zhǐ jǔ）：落叶乔木。叶广卵形，边缘有锯齿。夏季开绿白色
　　小花，果实味甘，可食。葛花：中药名。为豆科植物野葛、甘葛藤
　　的花。赤豆花：赤豆开的花。赤豆，一年生草本植物，茎蔓生或直
　　立，种子椭圆或长椭圆形，一般为赤色，可食用、药用。

【译文】

　　〔陈士良说〕凡服丹砂、北庭石亭脂、钟乳石、各种礜石、生姜，不可
长久用米酒下药，因为能引发石药气进入四肢，血液凝滞而生毒疮。〔陈
藏器说〕凡酒，忌各种甜物。酒浆照不见人影，不可饮。祭酒已自耗，不
可饮。酒合和着乳汁饮，令人气结。饮酒同时吃牛肉，令人生虫。酒后
卧在黍秆上，吃猪肉，易患大风病。〔李时珍说〕酒后食荠及辣物，会软人
筋骨。酒后饮茶，伤肾脏，腰脚重坠，膀胱冷痛，还会得痰饮、水肿、消渴、
挛痛一类疾病。所有的毒药，通过酒而致病的难以治愈。又，酒遇咸而
解，是因为水能制火，酒性上扬而咸润下行。米酒忌枳椇、葛花、赤豆花、
绿豆粉，是因为寒能胜热。

　　〔主治〕行药势①，杀百邪恶毒气（《别录》②）；通
血脉，厚肠胃③，润皮肤，散湿气，消忧发怒，宣言畅
意（藏器）；养脾气④，扶肝⑤，除风下气（孟诜）；解马肉、
桐油毒，丹石发动诸病⑥，热饮之甚良（时珍）。

【注释】

①行药势：指有助于发挥药的作用。

②《别录》：指《名医别录》。

③厚肠胃：指益肠胃，养肠胃。

④脾气：脾脏之气。中医认为人体有五脏，五脏之气运行失常，就生
　　各种疾病。

⑤扶肝：中医用语，指养肝护肝。

⑥丹石:指丹砂炼制的丹药。

【译文】

〔主治〕米酒有助于发挥药的疗效,杀各种邪恶毒气(《名医别录》);可以通血脉,益肠胃,润皮肤,散湿气,消除忧愁、表达愤怒,发表意见、畅达心意(陈藏器);可以调养脾脏之气,养肝护肝,除风下气(孟诜);可以解马肉、桐油毒,丹药会引发各种疾病,热饮效果尤佳(李时珍)。

糟底酒三年腊糟下取之①。

开胃下食,暖水脏②,温肠胃,消宿食③,御风寒,杀一切蔬菜毒(日华)④。止呕哕⑤,摩风瘙、腰膝疼痛(孙思邈)⑥。

【注释】

①腊糟:冬日酿酒的酒糟。常用于腌制食物。

②水脏:肾。

③宿食:中医指积食之症。

④日华:指宋代药学家日华子,生平事迹不详,撰有《日华诸家本草》。《本草纲目·序列》曰:"按千家姓,大姓出东莱。日华子,盖姓大名明也。或云其姓田,未审然否。"

⑤呕哕(yuě):呕吐。

⑥风瘙(sào):中医病症名,阵发性瘙痒。孙思邈(581?—682):京兆华原(今陕西铜川耀州区)人。曾拒绝唐太宗、高宗的征召,专心采药治病,医德高尚,被尊为"药王",撰有《千金要方》《千金翼方》。

【译文】

糟底酒用三年腊糟酿制。

可以开胃下食,暖肾,温肠胃,消化积食,抵御风寒,能杀所有蔬菜的毒(日华)。可以止呕吐,去风瘙、腰膝疼痛(孙思邈)。

老酒腊月酿造者^①,可经数十年不坏。
和血养气,暖胃辟寒,发痰动火(时珍)。

【注释】

①老酒:陈年酒。宋代范成大《桂海酒志》曰:"老酒,以麦曲酿,酒密封藏之,可数年。土人家尤贵重,家家造酢,使可为卒岁计。有贵客则设老酒、冬鲊以示勤,婚娶亦以老酒为厚礼。"

【译文】

老酒腊月酿造,可经数十年不坏。
和血养气,暖胃去寒,发痰动火(李时珍)。

春酒清明酿造者,亦可经久。
常服令人肥白(孟诜)^①。蠷螋尿疮^②,饮之至醉,须臾虫出如米也(李绛《兵部手集》^③)。

【注释】

①肥白:又白又胖。

②蠷螋(qú sōu)尿疮:中医病症名,类似带状疱疹。蠷螋,一种体扁平狭长的黑褐色昆虫,多生活在潮湿之处。陈藏器《本草拾遗·虫鱼部》曰:"蠷螋能溺人影,令发疮,如热痱而大,绕腰匝,不可疗。虫如小蜈蚣,色青黑,长足,山蠷螋溺毒更猛。"

③李绛(764—830):字深之,赵郡赞皇县(今河北赞皇)人,唐代政治家。德宗贞元八年(792)进士及第,授校书郎,官至兵部尚书,

撰有《兵部手集》三卷。

【译文】

春酒清明节酿造,亦可以经久贮存。

常饮令人又白又肥(孟诜)。如果得了蠼螋尿疮,饮此酒至醉,须臾蠼螋虫会如米一样出来(李绛《兵部手集》)。

社坛余胙酒(《拾遗》)

治小儿语迟,纳口中佳。又,以喷屋四角,辟蚊子(藏器)。饮之治聋。〔时珍曰〕按《海录碎事》云[1]:俗传社酒治聋[2],故李涛有"社翁今日没心情,为寄治聋酒一瓶"之句[3]。

【注释】

[1]《海录碎事》:宋叶廷珪撰,二十二卷。《四库全书总目提要·海录碎事》曰:"廷珪性善读书,每闻士大夫家有异书,无不借读,读即无不终卷,常恨无资,不能尽写。因作数十大册,择其可用者手钞之,名曰《海录》。"

[2]社酒:旧时于春秋社日祭祀土神,饮酒庆贺,称所备之酒为社酒。

[3]李涛(898—961):字信臣,小字社公,京兆万年(今陕西西安)人。唐末诗人,仕五代后汉,官至户部尚书。其诗题作《春社从李昉乞酒》,见《全唐诗》卷七三七,题下注:"《石林诗话》云:'俗称社日饮酒治聋,昉时为翰林学士,有月给内库酒,故涛从乞之。社公,涛小字,与朝士言,多以自名。'"

【译文】

社坛余胙酒(《本草拾遗》)

治小儿学语晚,将酒纳入口中有效果。又,也可以喷洒屋子的四角,驱除蚊子(陈藏器)。饮此酒可以医治耳聋。〔李时珍说〕按

《海录碎事》说：民间传说社酒能医治耳聋，所以李涛有"社翁今日没心情，为寄治聋酒一瓶"的诗句。

糟笋节中酒

〔气味〕咸，平，无毒。

〔主治〕饮之，主哕气呕逆①，或加小儿乳及牛乳同服。又摩疬疡风(藏器)②。

【注释】

①哕（yuě）气呕逆：呕吐，气逆。

②疬疡（lì yáng）风：中医病症名，是一种由霉菌引起的皮肤病。《本草纲目·百病主治药上·疬疡癜风》曰："疬疡是汗斑。"

【译文】

糟笋节中酒

〔气味〕咸，平，无毒。

〔主治〕饮用此酒治呕吐之症，或加入小儿乳及牛乳同服。又能去疬疡风(陈藏器)。

东阳酒

〔气味〕甘、辛，无毒。

〔主治〕用制诸药，良。

【译文】

东阳酒

〔气味〕性甘、辛，无毒。

〔主治〕用来调制各种药均好。

【发明】〔弘景曰①〕大寒凝海,惟酒不冰,明其性热,独冠群物。药家多用以行其势,人饮多则体弊神昏,是其有毒故也。《博物志》云②:王肃、张衡、马均三人,冒雾晨行。一人饮酒,一人饱食,一人空腹。空腹者死,饱食者病,饮酒者健。此酒势辟恶③,胜于作食之效也。〔好古曰④〕酒能引诸经不止,与附子相同⑤。味之辛者能散,苦者能下,甘者能居中而缓。用为导引,可以通行一身之表⑥,至极高之分⑦。味淡者则利小便而速下也。古人惟以麦造曲酿黍,已为辛热有毒。今之酝者加以乌头、巴豆、砒霜、姜、桂、石灰、灶灰之类大毒大热之药⑧,以增其气味,岂不伤冲和⑨,损精神,涸荣卫⑩,竭天癸⑪,而夭夫人寿耶⑫?

【注释】

①弘景:即陶弘景(456—536)。字通明,号华阳隐居。南朝梁时丹阳秣陵(今江苏南京)人。著名的医药家、炼丹家、文学家,人称"山中宰相",撰有《本草经集注》《集金丹黄白方》等。

②《博物志》:西晋张华(232—300)撰。记载异物、奇境、琐闻,多神仙方术故事,为笔记体志怪小说。

③酒势辟(pì)恶:指酒有驱恶除邪的功效。

④好古:即王好古。元代医学教授,撰有《汤液本草》二卷。《本草纲目·序列》曰:"好古,字进之,号海藏,东垣高弟,医之儒者也。取《本草》及张仲景、成无己、张洁古、李东垣之书,间附己意,集而为此。"

⑤附子:多年生草本植物,株高三四尺,茎作四棱,叶茎有毒,根尤剧,含乌头碱,性大热,味辛,可入药。对虚脱、水肿、霍乱等有疗效。

⑥表:中医指用药物把感受的风寒发散出来,如表汗。

⑦极高之分:"四库本"本无"之"字,据"刘衡如本"补。

⑧酝者：酿酒者。乌头：多年生草本植物，特指舟形乌头，花大，紫色。根茎像乌鸦的头，有毒，可入药，过量能麻痹中枢神经。巴豆：植物名。产于巴蜀，其形如豆，故名。中医以果实入药，性热，味辛，有破积、逐水的功效，主治寒结便秘、腹水肿胀等。有大毒，须慎用。砒霜：一种古老的毒药。白色或带黄色与红色霜状粉末，性毒，食之能致死，可制成杀虫剂、灭鼠剂。

⑨冲和：指真气、元气。

⑩荣卫：中医学名词。荣，指血液的循环。卫，指气的周流。荣气行于脉中，属阴，卫气行于脉外，属阳。荣、卫二气散布全身，内外相贯，运行不已，对人体起着滋养和保卫作用。

⑪天癸（guǐ）：一种促进生殖功能的物质，中医称为"天一之气"或"元阴"。

⑫夭：折，缩短。

【译文】

【发明】〔陶弘景说〕天气寒冷到了凝结海水的程度，只有酒不结冰，表明酒性热，在诸物中艳压群芳，一枝独秀。药家多借助米酒以广药效，但是饮过量就会体弊神昏，是因为酒有毒的缘故。《博物志》说：王肃、张衡、马均三人，清晨冒雾而行。一人饮酒，一人饱食，一人空腹。结果是空腹者死亡，饱食者生病，饮酒者健康。这是因为酒有能驱恶除邪的功效，远胜于饮食的功效。〔王好古说〕酒能够使经络通畅，与附子的功效相同。有酒的加入，药性辛者能散，苦者能下，甘者能居中而缓。以酒为药引子，可以把全身的风寒发散出来，达到极好的疗效。有酒的加入，药味淡的利小便，可以快速排泄。古人只用麦子制造酒曲酿成黍酒，认为其他东西辛热有毒。现在的酿酒者竟要在酒中加入乌头、巴豆、砒霜、姜、桂、石灰、灶灰之类大毒大热之药，以增加其气味，怎么能不大伤元气，损耗精神，导致气血干涸，破坏元气的和谐，缩短人的寿命？

〔震亨曰①〕《本草》止言酒热而有毒②，不言其湿中发热，近于相火③，醉后振寒战栗可见矣④。又，性喜升，气必随之，痰郁于上，溺涩于下⑤，恣饮寒凉，其热内郁⑥，肺气大伤。其始也病浅，或呕吐，或自汗，或疮疥，或鼻齇⑦，或泄利⑧，或心脾痛，尚可散而去之。其久也病深，或消渴，或内疽⑨，或肺痿⑩，或鼓胀，或失明，或哮喘，或劳瘵⑪，或癫痫⑫，或痔漏⑬，为难名之病⑭，非具眼未易处也⑮。夫醇酒性大热，饮者适口，不自觉也。理宜冷饮，有三益焉：过于肺，入于胃，然后微温；肺先得温中之寒，可以补气；次得寒中之温，可以养胃。冷酒行迟，传化以渐，人不得恣饮也。今则不然，图取快喉舌焉尔。〔颖曰⑯〕人知戒早饮，而不知夜饮更甚。既醉既饱，睡而就枕，热拥伤心伤目。夜气收敛⑰，酒以发之，乱其清明，劳其脾胃，停湿生疮，动火助欲，因而致病者多矣。

【注释】

①震亨：即元代著名医学家朱震亨（1281—1358）。字彦修，号丹溪，婺州义乌（今浙江义乌）人。屡试不第，去而学医，主张"因病以制方"，创"阳常有余，阴常不足"之说，重滋阴，故称"养阴派"，撰有《本草衍义补遗》《金匮钩玄》《素问纠略》《伤寒论辨》《外科精要发挥》等。

②《本草》：指《神农本草经》。

③湿中发热，近于相火：指饮酒无度，必助阳热、生痰湿，酿成湿热。湿热，指湿热症，湿热蕴结体内，脏腑经络运行受阻。

④振寒：发冷时颤抖的症状。

⑤溺涩：中医指初出不快、小便赤涩者。

⑥内郁：内积。

⑦鼻齄（zhā）：鼻尖暗红色疱点，俗称"酒糟鼻"。《本草纲目·百病主治药下·鼻》曰："鼻齄，是阳明风热，及血热，或脏中有虫。"

⑧泄利：亦作"泄痢"，水泻，痢疾。利，通"痢"。

⑨内疽（jū）：体内脏器的毒性肿块。

⑩肺痿（wěi）：肺病。《本草纲目·百病主治药上·肺痿肺痈》曰："肺痿吐血咳嗽。"

⑪劳瘵（zhài）：即痨瘵。瘵病，中医指肺痨、结核病。

⑫癫痫（diān xián）：病名，又称"羊角风"，一种反复出现阵发性的神志障碍、肌肉的非自主性收缩，或感觉性障碍的疾病。

⑬痔（zhì）漏：痔疮溃烂，流脓液不止。《本草纲目·百病主治药上·痔漏》曰："初起为痔，久则成漏。痔属酒色、郁气、血热或有虫，漏属虚与湿热。"

⑭难名：难以称述。

⑮具眼：具有鉴别事物的眼光。

⑯颖：指汪颖。

⑰夜气：夜里的寒凉之气。

【译文】

〔朱震亨说〕《本草》只说酒性热而有毒，不谈酒湿中发热，近于相火，从醉后打寒战就可以知道。又，酒性喜升，气必随之，痰积郁于上，溺尿滞涩于下，恣意饮用寒凉之物，其热内积，肺气大伤。起初病症较轻，或呕吐，或自汗，或疮疥，或酒糟鼻，或痢疾，或心脾痛，还能散去。长此以往病症会逐渐加重，或消渴，或内疽，或肺痿，或鼓胀，或失明，或哮喘，或劳瘵，或癫痫，或痔漏，均为难以称述之病，非有鉴别事物之眼光不易发现。醇酒性大热，饮者觉得适口，不自觉中就会多喝。米酒理应冷饮，有三个好处：过于肺，入于胃，然后微温；肺先得温中之寒，可以补气；次得寒中之温,可以养胃。冷酒酒劲上来得迟缓,慢慢地才发生变化,所以人不可以恣意饮用。现在则不然,只是为了喉舌一时的痛快。〔汪颖说〕人们知道早上不饮酒,却不知道夜里饮酒坏处更多。又醉又饱,靠着枕头就睡,性热而有毒的酒未消解,会伤心伤目。已经收敛的夜气,又因酒而发,乱人的清明,劳人的脾胃,停湿生疮,动火助欲,因而会导致许多疾病。

朱子云①:以醉为节可也②。〔机曰③〕按扁鹊云④:过饮腐肠烂胃,溃髓蒸筋⑤,伤神损寿。昔有客访周颛⑥,出美酒二石。颛饮一石二斗,客饮八斗。次明,颛无所苦,客已胁穿而死矣⑦。岂非犯扁鹊之戒乎?〔时珍曰〕酒,天之美禄也⑧。面曲之酒⑨,少饮则和血行气,壮神御寒,消愁遣兴;痛饮则伤神耗血,损胃亡精,生痰动火。邵尧夫诗云⑩:"美酒饮教微醉后。"此得饮酒之妙,所谓醉中趣、壶中天者也⑪。若夫沉湎无度,醉以为常者,轻则致疾败行,甚则丧邦亡家而陨躯命⑫,其害可胜言哉?此大禹所以疏仪狄⑬,周公所以著《酒诰》⑭,为世范戒也⑮。

【注释】

①朱子:指南宋哲学家朱熹。朱熹(1130—1200),字元晦,号晦庵,谥文,世称朱文公,祖籍徽州婺源(今江西婺源)。宋朝著名的思想家、哲学家、教育家,儒学的集大成者,是中国封建社会后期影响最大的学者,中国教育史上继孔子之后的又一人,世尊称为朱子。

②以醉为节可也:有一点儿微醺的感觉就可以不喝了。《论语·乡党》曰:"肉虽多,不使胜食气。唯酒无量,不及乱。"朱熹《四书章句集注》云:"酒以为人合欢,故不为量,但以醉为节而不及乱耳。程子曰:'不及乱者,非惟不使乱志,虽血气亦不可使乱,但浃

洽而已可也。'"浃（jiā）洽，和谐，融通。

③机：明代药学家汪机，撰有《本草会编》二十卷。

④扁鹊：春秋战国时人，因医术高超，被认为是神医。

⑤溃髓蒸筋：指危害巨大。朱肱《酒经》卷上曰："酒味甘、辛，大热，有毒。虽可忘忧，然能作疾，所谓腐肠烂胃，溃髓蒸筋。"

⑥周颛（yǐ）：字伯仁，汝南安成（今河南汝南）人。晋朝名士，以好酒闻名，《晋书》有传。

⑦胁穿：也称"腐胁"，指因沉迷于酒导致胸部溃烂。

⑧酒，天之美禄也：《汉书·食货志下》曰："酒者，天之美禄，帝王所以颐养天下，享祀祈福，扶衰养疾。"后因以"美禄"指酒。

⑨面曲：用麦子磨的面粉制成的酒曲。

⑩邵尧夫：即邵雍（1011—1077）。字尧夫，范阳（今河北涿州）人。北宋哲学家、诗人，精象数之学。寓洛四十年，称所居为"安乐窝"，卒谥康节。撰有《皇极经世》《伊川击壤集》等。其《安乐窝中吟》诗其七曰："美酒饮教微醉后，好花看到半开时。这般意思难名状，只恐人间都未知。"

⑪壶中天：也称"壶天"。传说东汉费长房为市掾时，市中有老翁卖药，悬一壶于肆头，市罢，跳入壶中。长房于楼上见之，知为非常人。次日复诣翁，翁与俱入壶中，唯见玉堂严丽，旨酒甘肴盈衍其中，共饮毕而出，事迹见《后汉书·方术传下·费长房》。后以"壶中天""壶天"谓仙境、胜境。

⑫陨：失去，丧失。躯命：生命，性命。

⑬大禹：传说中古代部落联盟领袖，亦称禹、夏禹，鲧的儿子，奉舜的命令治理洪水。《战国策·魏策二》曰："昔者，帝女令仪狄作酒而美，进之禹，禹饮而甘之，遂疏仪狄，绝旨酒，曰：'后世必有以酒亡其国者。'"

⑭《酒诰》：指《尚书·酒诰》。《酒诰》曰："文王诰教小子，有正、有

事,无彝酒。"《正义》曰:"小子,民之子孙也,正官、治事,谓下群
吏,教之皆无常饮酒。"

⑮为世范戒:立下规矩,告诫世人。

【译文】

朱熹说:有一点儿微醺的感觉就可以不喝了。〔汪机说〕按扁鹊的说法:饮酒过度会导致腐肠烂胃、溃髓蒸筋、伤神损寿的严重后果。历史上曾有客访周顗,周顗拿出两石美酒招待客人。周顗饮了一石二斗,客人饮了八斗。第二天天亮,周顗倒没什么事儿,客人已经因过量饮酒胸部溃烂而死。这难道不是不听扁鹊警告的结果吗?〔李时珍说〕酒,是上天赐予的美禄。用白面酒曲酿的酒,适当饮则和血行气,壮神御寒,消愁遣兴;痛饮则伤神耗血,损胃亡精,生痰动火。邵雍有诗说:"美酒饮教微醉后。"这是真正懂得饮酒的妙处,所谓醉中趣、壶中天。如果沉湎其中没有节制,让醉酒成为常态,轻则导致疾病、败坏德行,甚则丧邦亡家而失掉了性命,过量饮酒带来的危害哪能说完呢? 大禹之所以要疏远仪狄、周公之所以要颁布《酒诰》,就是要立下规矩,告诫世人警惕酒带来的巨大危害。

【附方】旧十一,新六。

【译文】

【附方】旧方十一,新方六。

惊怖卒死①

温酒灌之即醒②。

【注释】

①惊怖卒(cù)死:因为惊恐突然死亡。惊怖,惊恐。卒,同"猝",

　　突然。

②温酒：指不冷不热的酒。灌：指强行使之饮。

【译文】

惊怖卒死

用不冷不热的酒强行使之饮就会醒来。

鬼击诸病

　　卒然着人①，如刀刺状，胸胁腹内切痛②，不可抑按③，或吐血、鼻血、下血④，一名"鬼排"。以醇酒吹两鼻内，良（《肘后方》⑤）。

【注释】

①卒（cù）然：突然。

②胸胁：即前胸和两腋下肋骨部位的统称。

③抑按：按压。

④下血：证名。即便血。

⑤《肘后方》：指《肘后百一方》，晋葛洪撰，《本草纲目·序例》列有此书。

【译文】

鬼击诸病

　　突然间如刀刺一样，胸胁腹内剧痛，不可按压，或吐血、鼻血、便血，另一名称叫"鬼排"。将醇酒吹入鼻腔内，效果好（《肘后百一方》）。

马气入疮

　　或马汗、马毛入疮，皆致肿痛烦热，入腹则杀人。多饮醇酒，至醉即愈，妙（《肘后方》）。

【译文】

马气入疮

或马汗、马毛入疮,都会导致肿痛烦热,进入腹中则杀人。多饮醇酒,至醉就会痊愈,很奇妙(《肘后百一方》)。

虎伤人疮

但饮酒常令大醉,当吐毛出(《梅师》①)。

【注释】

①《梅师》:即《梅师集验方》,隋僧医梅师撰,号文梅。《本草纲目·序例》列有此书。

【译文】

虎伤人疮

饮酒饮到大醉,应当有毛吐出(《梅师集验方》)。

蛇咬成疮

暖酒淋洗疮上①,日三次(《广利方》②)。

【注释】

①暖酒:指烫热的酒。

②《广利方》:指《贞元广利方》。

【译文】

蛇咬成疮

用烫热的酒淋洗疮上,每日三次(《贞元广利方》)。

蜘蛛疮毒

同上方。

【译文】

蜘蛛疮毒

同上方。

毒蜂螫人①

方同上。

【注释】

①螫（shì）：毒虫或毒蛇咬刺。

【译文】

毒蜂螫人

方同上。

咽伤声破①

酒一合②，酥一匕③，干姜末二匕④，和服，日二次（《十便良方》⑤）。

【注释】

①咽伤声破：咽喉受伤，不能发出正常的声音。

②一合（gě）：数量词，相当于0.1升。苏轼《书〈东皋子传〉后》曰：

"予饮酒终日，不过五合，天下之不能饮，无在予下者。"

③酥：酪，用牛、羊奶制成的食物。

④匕（bǐ）：指勺、匙之类的取食用具。

⑤《十便良方》：南宋郭坦（履道）撰，《本草纲目·序例》列有此书。

【译文】

咽伤声破

酒一合，酥一匕，干姜末二匕，和服，每日二次（《十便良方》）。

三十年耳聋

酒三升,渍牡荆子一升①,七日去滓②,任性饮之(《千金方》③)。

【注释】

①牡荆子:牡荆的子实。牡荆,植物名。落叶灌木或小乔木,广布于长江以南各省。果实和叶皆可入药。茎干坚劲,古以为刑杖。

②滓(zǐ):渣子,沉淀物。

③《千金方》:又作《备急千金要方》,唐孙思邈撰。

【译文】

三十年耳聋

酒三升,浸渍牡荆子一升,七天后去掉渣子,随意饮(《千金方》)。

天行余毒

手足肿痛欲断。作坑深三尺,烧热灌酒,着屐踞坑上①,以衣壅之②,勿令泄气(《类要方》③)。

【注释】

①着(zhuó)屐(jī):穿着鞋。踞(jù):蹲。

②壅(yōng):堵。

③《类要方》:指《正体类要方》,明薛己撰。

【译文】

天行余毒

手足肿痛欲断。挖一个三尺深的坑,烧热,灌上酒,穿着鞋蹲在坑上,用衣服围在坑四周,不要让里面的气外泄(《正体类要方》)。

下部痔蜃①

掘地作小坑,烧赤,以酒沃之②,纳吴茱萸在内坐之③,不过三度,良(《外台》④)。

【注释】

①蜃(nì):中医指虫咬的病。

②沃:淹。

③吴茱萸:植物名。芸香科吴茱萸属,落叶小乔木。羽状复叶,对生,叶片为椭圆形,枝叶均生软毛。夏季开黄色小花,圆锥花序,雌雄异株。果实为小形蒴果,呈紫红色,可入药,具有祛风、收敛之效,并可治疗霍乱及中暑。

④《外台》:指《外台秘要》,亦称《外台秘要方》,唐王焘撰。《本草纲目·序例》列有此书。

【译文】

下部痔蜃

掘地挖一个小坑,以火烧红,用酒淹住,放入吴茱萸,坐在上面,不超过三次就会痊愈(《外台秘要》)。

产后血闷

清酒一升,和生地黄汁煎服(《梅师》)。

【译文】

产后血闷

清酒一升,和生地黄汁煮服(《梅师集验方》)。

身面疣目①

盗酸酒醅②,洗而咒之曰:"疣疣,不知羞。酸酒醅,洗你头。急急如律令③。"咒七遍，自愈（《外台》）。

【注释】

①疣（yóu）目：长在手脚上多余的肉块。

②酸酒醅（fú）：指米酒的汁水。醅，同"浮"，飘浮酒中，浸泡。

③急急如律令：汉代公文常以"如律令"或"急急如律令"结尾，意谓立即按照法律命令办理。后多为道教咒语或符箓文字用以勒令鬼神按符令执行。唐代白居易《祭龙文》曰："若三日之内，一雨滂沱，是龙之灵，亦人之幸，礼无不报，神其听之。急急如律令。"

【译文】

身面疣目

偷取酸酒醅，洗后咒之曰："疣疣，不知羞。酸酒醅，洗你头。急急如律令。"咒七遍，自愈（《外台秘要》）。

断酒不饮①

酒七升，朱砂半两②，瓶浸紧封，安猪圈内，任猪摇动，七日取出，顿饮。

又方：正月一日酒五升，淋碓头杵下③，取饮之（《千金方》）。

【注释】

①断酒：戒酒。

②朱砂：又称丹砂，是提炼汞的重要矿石，亦用作中药，性甘，微寒，有毒。有安神定惊、解毒等功效。

③碓（duì）头：杵的头部。碓，木石做成的舂米器具。杵（chǔ）：舂米或捶衣的木棒。

【译文】

断酒不饮

酒七升,朱砂半两,瓶浸紧封,安放在猪圈内,任猪摇动,七天后取出,时时饮。

又一方:正月一日酒五升,淋在碓头杵下,随时取饮(《千金方》)。

丈夫脚冷

不随,不能行者。用淳酒三斗[①],水三斗,入瓮中,灰火温之[②],渍脚至膝。常着灰火,勿令冷,三日止(《千金方》)。

【注释】

①淳酒:醇酒,浓酒。淳,深厚,浓厚。

②灰火:火灰,物体燃烧后的余烬。

【译文】

丈夫脚冷

不随,不能行者。用淳酒三斗,水三斗,入瓮中,用火灰保温,浸脚至膝。需常有火灰,不要让冷了,三日后停止(《千金方》)。

海水伤裂

凡人为海水咸物所伤,及风吹裂,痛不可忍,用蜜半斤,水酒三十斤[①],防风、当归、羌活、荆芥各二两为末[②],煎汤浴之,一夕即愈(《使琉球录》[③])。

【注释】

①水酒:薄酒。

②防风:多年生草本植物。羽状复叶,叶形狭长,夏秋间开花,花白

色。果实扁广椭圆形。嫩叶可食,根可供入药。当归:多年生草本植物。茎高一公尺,叶为深绿色,质厚,有光泽。夏秋间自枝梢开出白色小花,有药香味。根也称为"当归",为妇科良药。羌活:植物名。缴形科独活属,越年生草本植物。叶背微白,茎略带紫色,中空,全株高约一公尺余。夏天开小白花。根可入药,晒干后使用,有发汗、驱风、止痛等功效。荆芥:一年生草本植物。茎高约二尺,叶淡黄绿色,对生,呈箭镞形。开淡红色花,茎、叶、种子皆可入药。

③《使琉球录》:明代夏子阳撰,记其于万历三十四年(1606)奉命出使琉球之经历见闻。

【译文】

海水伤裂

凡人为海水咸物所伤,或被海风吹裂了皮肤,疼痛不可忍,用蜜半斤,薄酒三十斤,防风、当归、羌活、荆芥各二两研成粉末,煎汤洗浴受伤部位,一晚上就会痊愈(《使琉球录》)。

【附诸药酒方】〔时珍曰〕:《本草》及诸书,并有治病酿酒诸方。今辑其简要者,以备参考。药品多者,不能尽录。

【译文】

【附诸药酒方】〔李时珍说〕《本草》及诸书,都有治病酿酒的各种方子。今辑录其中简要的方子,以备参考。药品多的,不能全录。

愈疟酒

治诸疟疾①,频频温饮之。四月八日,米一石②,曲一斤为末,俱酦水中③,待酢煎之④。一石取七斗,待冷,入曲四斤。一宿，上生白沫，起，炊秫一石，冷酘，三日酒成（贾思勰《齐民要术》⑤）。

【注释】

①疟（nüè）疾：也称"打摆子""冷热病"，是以疟蚊为媒介而散播的急性传染病。其症状有周期性的发冷发热、大量出汗、头痛、口渴、全身无力及溶血等。

②米一石："四库本""金陵本"作"水一石"，《齐民要术·笨曲并酒》作"米一石"，从《齐民要术》。

③酘（dòu）：酒再酿。

④酢（cù）：变酸，腐败。

⑤贾思勰（xié）：北朝齐郡益都（今山东寿光南）人，官高阳太守。长期研究古代农业文献、考察农业生产，孝敬帝时写成《齐民要术》一书，是中国现存最早、最完整的农书，系统地总结了黄河中下游农林牧副渔生产经验和技术知识。

【译文】

愈疟酒

治各种疟疾，不断温饮。四月八日，取一石米、一斤捣成末的酒曲，一同投入水中浸着，等待发酵煎煮。一石酸浆，煎煮成七斗，等待冷了，加入四斤酒曲。过一夜，上面有白泡沫涌起，把浸过的一石秫米炊成饭，等冷了，投入酸浆中，三天酒便酿成了（贾思勰《齐民要术》）。

屠苏酒①

陈延之《小品方》云②：此华佗方也③。元旦饮之，辟疫疠一切不正之气④。造法：用赤木桂心七钱五分⑤，防风一两，菝葜五钱⑥，蜀椒、桔梗、大黄五钱七分⑦，乌头二钱五分,赤小豆十四枚,以三角绛囊盛之⑧,除夜悬井底,元旦取出置酒中,煎数沸。举家东向,从少至长,次第饮之。药滓还投井中,岁饮此水,一世无病。〔时珍曰〕苏魁⑨,鬼名。此药屠割鬼爽⑩,故名。或云,草庵名也。

【注释】

①屠苏酒:用屠苏与肉桂、山椒、白术、防风等调合成的一种酒,常在农历正月初一饮用。唐代鲍溶《范真传侍御累有寄因奉酬十首》诗其十曰:"岁酒劝屠苏,楚声山鹧鸪。"屠苏,古书上说的一种草,未得其详。

②《小品方》:又名《经方小品》,东晋陈延之撰。

③华佗:汉末名医,沛国谯(今安徽亳州)人。声名卓著,尤擅外科。因不从曹操征召被杀,所著医书已佚。事迹见《后汉书·方术传下·华佗》。

④疫疠(lì):瘟疫,急性传染病的通称。

⑤赤木桂:肉桂的别名,常绿乔木,树干断面有紫红色、棕红色者,树皮常被用作香料、烹饪材料及药材。《本草纲目·木部一·桂》曰:"此即肉桂也。厚而辛烈,去粗皮用。其去内外皮者,即为桂心。"

⑥菝葜(bá qiā):多年生草本植物,有刺而外曲,花黄绿色,橘红色浆果,像豆,地下根茎入药。

⑦蜀椒:落叶灌木,产于蜀中,又称巴椒、川椒,果实光黑,气味辛辣,可作香料。桔梗:多年生草本植物。叶椭圆,花五瓣,色紫、白或暗蓝色。根可入药,有止咳祛痰的功用。大黄:多年生草本植物,叶子大,花小,淡黄色。块有苦味,可做泻药。

⑧绛囊:红色口袋。

⑨苏魁(guì):鬼的名称。

⑩屠割:屠杀分割。鬼爽:当指鬼魅。

【译文】

屠苏酒

陈延之《小品方》说:这是华佗的方子。元旦这天饮屠苏酒,可以去除瘟疫及一切不正之气。制作方法:用赤木桂心七钱五分,防风一两,菝葜五钱,蜀椒、桔梗、大黄五钱七分,乌头二钱五分,赤小豆十四枚,装进三角绛囊中,除夕夜里悬在井底,元旦取出放入酒中,煎煮使之多次沸腾。全家面向东方,从少年到长者,按次序饮用。之后药渣再投到井中,年年饮此井水,一世无病。〔李时珍说〕苏魁,是鬼的名称。此酒是专用来宰割鬼魅的,故有"屠苏"之名。一说,是草庵之名。

逡巡酒

补虚益气,去一切风痹湿气①。久服益寿耐老,好颜色。造法:三月三日收桃花三两三钱,五月五日收马蔺花五两五钱②,六月六日收脂麻花六两六钱③,九月九日收黄甘菊花九两九钱,阴干。十二月八日取腊水三斗。待春分,取桃仁四十九枚好者,去皮尖,白面十斤正,同前花和作曲,纸包四十九日。用时,白水一瓶,曲一丸,面一块,封良久,成矣。如淡,再加一丸。

【注释】

①风痹:中医学指因风寒湿侵袭而引起的肢节疼痛或麻木的病症。

②马蔺花:马蔺的花。马蔺,多年生草本植物。根茎粗,叶子线形,有韧性,花蓝色。

③脂麻:即芝麻。

【译文】

逡巡酒

补虚益气,去除一切风痹湿气。久服益寿耐老,容颜好。制作方法:

三月三日采收桃花三两三钱,五月五日采收马蔺花五两五钱,六月六日
采收芝麻花六两六钱,九月九日采收黄甘菊花九两九钱,阴干。十二月
八日取腊月水三斗。等到春分时节,取四十九枚好桃仁,去掉皮尖,白面
十斤整,同前面采收的花做成酒曲,纸包四十九天。用时,白水一瓶,曲
一丸,面一块,封许久就做成了。如果嫌淡,再加一丸。

五加皮酒①

去一切风湿痿痹②,壮筋骨,填精髓③。用五加皮洗刮
去骨,煎汁,和曲、米酿成,饮之。或切碎袋盛,浸酒煮饮。
或加当归、牛膝、地榆诸药④。

【注释】

①五加皮:五加的皮。五加,落叶灌木。枝干生刺,初夏开黄绿小
　花。果实色黑,为球形浆果。根皮可浸酒、入药,有祛风湿、壮筋
　骨的功效。

②痿痹:肢体不能动作或丧失感觉。

③精髓:精气真髓。

④地榆:多年生草本植物,中医以根入药,性微寒,具有凉血、止血的
　功效。

【译文】

五加皮酒

去除一切风湿痿痹,壮筋骨,补精髓。用五加皮洗刮去骨煮汁,和
酒曲、米酿成,饮用。或切碎装入袋中,浸酒煮饮。或加入当归、牛膝、
地榆诸药。

白杨皮酒①

治风毒、脚气②,腹中痃癖如石③。以白杨皮切片,浸酒

起饮。

【注释】

①白杨皮:白杨树皮,有祛风、行瘀、消痰的功效。

②风毒:指严重的中风症状。脚气:腿脚麻木迟缓。

③痰癖(pǐ):中医病症名。指水饮久停化痰,流移胁肋之间,以致有
　时胁痛的病症。

【译文】

白杨皮酒

治疗风毒、腿脚麻木迟缓,腹中痰癖如石等症。用白杨皮切片,浸酒
后饮。

女贞皮酒①

治风虚②,补腰膝。女贞皮切片,浸酒煮饮之。

【注释】

①女贞皮:女贞树皮。女贞,常绿灌木或乔木,凌冬青翠不凋,成熟
　果实晒干为中药女贞子,性凉,味甘苦,具有明目、乌发、补肝肾等
　功效。

②风虚:体内虚弱而外感风邪。

【译文】

女贞皮酒

治风虚,补腰膝。用女贞皮切片,浸酒煮饮。

仙灵脾酒

治偏风不遂①,强筋坚骨。仙灵脾一斤②,袋盛,浸无灰

酒二斗，密封三日，饮之（《圣惠方》^③）。

【注释】

①偏风不遂：中医病症，指中风、半身不遂。

②仙灵脾：又称淫羊藿、三枝九叶等，多年生草本植物。有治疗阳痿遗精、虚冷不育、尿频失禁、肾虚喘咳、腰膝酸软、风湿痹痛、半身不遂、四肢不仁的功效。

③《圣惠方》：指《太平圣惠方》。北宋王怀隐、王祐等奉敕编写，一百卷。

【译文】

仙灵脾酒

治半身不遂，可以强筋健骨。用仙灵脾一斤，装入袋中，浸无灰酒二斤，密封三日，饮用（《太平圣惠方》）。

薏苡仁酒^①

去风湿，强筋骨，健脾胃。用绝好薏苡仁粉，同曲、米酿酒，或袋盛，煮酒饮。

【注释】

①薏苡（yì yǐ）：一年或多年生草本植物。子粒（薏苡仁）含淀粉，可供食用、酿酒并入药。

【译文】

薏苡仁酒

去风湿，强筋骨，健脾胃。用最好的薏苡仁粉，连同曲、米酿酒，或是装入袋中，煮酒饮。

天门冬酒[①]

润五脏,和血脉。久服除五劳七伤、癫痫恶疾[②]。常令酒气相接,勿令大醉,忌生冷。十日当出风疹毒气,三十日乃已,五十日不知风吹也。冬月用天门冬去心煮汁,同曲、米酿成。初熟微酸,久乃味佳(《千金》)。

【注释】

①天门冬:多年生草本攀援植物,块根入药,有解热、镇咳及利尿等功效。

②五劳七伤:泛指身体虚弱多病。五劳,指久视、久卧、久坐、久立、久行五种过劳致病因素。《素问·宣明五气篇》:"久视伤血、久卧伤气、久坐伤肉、久立伤骨、久行伤筋,是谓五劳所伤。"七伤,指食伤、忧伤、饮伤、房室伤、饥伤、劳伤、经络营卫气伤。

【译文】

天门冬酒

润五脏,和血脉。长久服用去除五劳七伤、癫痫恶疾。要让酒气长久相接,不要喝得大醉,忌生冷。十天时会出风疹毒气,三十天时会停止,五十天就不怕风吹了。冬月用天门冬去心煮汁,连同曲、米酿酒。初熟微酸,放久了味道更好(《千金方》)。

百灵藤酒[①]

治诸风[②]。百灵藤十斤,水一石,煎汁三斗,入糯米三斗,神曲九两[③],如常酿成。三五日,更炊一斗糯饭,候冷投之[④],即熟。澄清日饮,以汗出为效(《圣惠方》)。

【注释】

①百灵藤：百灵草的藤。百灵草，攀援藤本植物，生长于山间疏林灌
　木丛中，治风湿。

②风：中医学指风瘫、风湿等疾病。

③神曲：一种药曲。由面粉、麸皮、白术、青蒿、苍耳等经过发酵制成。

④投：同"酘"。酒再酿。

【译文】

百灵藤酒

治风湿、风瘫等病症。百灵藤十斤，水一石，煮汁三斗，加入糯米三
斗，神曲九两，像平常一样酿造。三五天后，再炊熟一斗糯米饭料，等冷
了加入其中，酒就酿成了。酒澄清后每日饮，喝到出汗就见效了（《太平
圣惠方》）。

白石英酒①

治风湿周痹②，肢节湿痛，及肾虚耳聋。用白石英、磁石
煅醋，淬七次③，各五两，绢袋盛，浸酒一升中④，五六日，温
饮。酒少更添之（《圣济总录》⑤）。

【注释】

①白石英：由二氧化硅组成的矿物，半透明或不透明的晶体，一般乳
　白色，质地坚硬。

②周痹：中医病症，为风寒湿邪乘虚侵入血脉、肌肉所致。

③用白石英、磁石煅（duàn）醋，淬（cuì）七次：指将烧热的白石英、
　磁石放入醋中多次淬火，以溶出其药成分。磁石，中药名，为氧化
　物类矿物尖晶石族磁铁矿，主含四氧化三铁。煅醋，指火烧之后
　放入醋中。煅，放在火里烧（中药制法）。淬，将烧红的物件快速
　浸入溶液中。

④浸酒一升中："四库本"无"一升"二字，据"刘衡如本"补。

⑤《圣济总录》：宋代政和年间（1111—1118）由赵佶主编的一部医

学著作，全书二百卷。《本草纲目·序例》列有此书。

【译文】

白石英酒

治风湿周痹，肢节中痛及肾虚耳聋。把烧热的白石英、磁石放在醋中淬七次，各五两，装入绢袋后，再浸入一升酒中五六天，加热饮。酒少了再增加（《圣济总录》）。

地黄酒

补虚弱，壮筋骨，通血脉，治腹痛，变白发。用生肥地黄绞汁，同曲、米封密器中，五七日启之，中有绿汁，真精英也，宜先饮之，乃滤汁藏贮。加牛膝汁效更速[①]，亦有加群药者。

【注释】

①牛膝：多年生草本植物，因其茎有节，突出如牛膝，故名。根可入药，有利尿、通经等功效。

【译文】

地黄酒

补虚弱，壮筋骨，通血脉，治腹痛，能把白发变黑。用生肥地黄挤压出汁液，连同曲、米一同封闭在密闭的器皿中，五七天后开启，如果里面有绿汁，更是精华，宜先饮，再滤汁藏贮。加入牛膝汁疗效更显著，也有加入其他草药的。

牛膝酒

壮筋骨，治痿痹，补虚损，除久疟。用牛膝煎汁，和曲、米酿酒。或切碎,袋盛浸酒,煮饮。

【译文】

牛膝酒

壮筋骨,治痿痹,补虚损,去除久疟。用牛膝煮汁,和曲、米酿酒。或切碎,装进袋子中浸酒,煎饮。

当归酒

和血脉,坚筋骨,止诸痛,调经水。当归煎汁,或酿或浸,并如上法。

【译文】

当归酒

和血脉,坚筋骨,止诸痛,调经水。当归煮汁,或酿或浸,一如上法。

菖蒲酒①

治三十六风②,一十二痹③,通血脉,治骨痿④,久服耳目聪明⑤。石菖蒲煎汁,或酿或浸,并如上法。

【注释】

①菖蒲:石菖蒲,也称为"细叶菖蒲",多年生草本植物。全株有特异香气,可供观赏及入药用。民间习俗于端午节时,束其叶插于檐前,以为避邪。

②三十六风:指包括风瘫、风湿在内的各种疾病。

③一十二痹:指人体感觉功能完全或部分丧失的各种疾病。

④骨痿:腰背酸软,难于直立。《黄帝内经·素问》曰:"肾气热,则腰

脊不举,骨枯而髓减,发为骨痿。"

　⑤耳目聪明:此指视听灵敏。

【译文】

莒蒲酒

治三十六风,一十二痹,通血脉,治骨痿,久服使人耳目聪明。石莒蒲煮汁,或酿酒或浸酒,一如上法。

枸杞酒①

补虚弱,益精气,去冷风,壮阳道②,止目泪,健腰脚。用甘州枸杞子煮烂捣汁③,和曲、米酿酒。或以子同生地黄袋盛,浸酒,煮饮。

【注释】

　①枸杞:落叶灌木。花淡紫色,浆果红色,圆形或椭圆形,称枸杞子,
　　可入药,有明目、滋补的功效。

　②壮阳道:壮阳。《元史·察罕传》(卷一三七)曰:元仁宗"尝赐枸
　　杞酒,曰:'以益卿寿。'"

　③甘州:今甘肃张掖。《饮膳正要》卷三曰:"枸杞酒,以甘州枸杞依
　　法酿酒。补虚弱,长肌肉,益精气,去冷风,壮阳道。"

【译文】

枸杞酒

补虚弱,益精气,去冷风,补肾壮阳,止目泪,健腰脚。用甘州产的枸杞子煮烂捣汁,和曲、米酿酒。或把枸杞子与生地黄装在袋子中,浸酒煮饮。

人参酒①

补中益气②,通治诸虚③。用人参末,同曲、米酿酒。或

袋盛,浸酒,煮饮。

【注释】

①人参:多年生宿根草本植物。主根肥大,形状像人,故称为"人
　参"。味甘,微苦。自古即为补血、强壮、兴奋之药。

②补中益气:中医指调养脾胃、增添元气,为治疗气虚的方法之一。

③诸虚:各种衰弱之症。

【译文】

人参酒

补中益气,通治各种衰弱之症。用人参末,连同曲、米酿酒。或装在
袋子中,浸酒煮饮。

薯蓣酒①

治诸风眩运②,益精髓,壮脾胃。用薯蓣粉同曲、米酿
酒。或同山茱萸、五味子、人参诸药浸酒③,煮饮。

【注释】

①薯蓣(yù):俗称山药,多年生草质藤本植物,产于河南温县怀庆
　地区者质佳,称"怀山药",入方简称"怀山"。

②眩运:眩晕。

③山茱萸:落叶小乔木。春季开黄色小花,果实为长椭圆形核果,初
　为绿色,成熟后变为红色,味甘酸,可供药用。五味子:落叶木质
　藤本。果实略作珠形,熟则色红,入中药,有滋肾、敛肺、生津、收
　汗等功效。

【译文】

薯蓣酒

治风湿、风瘫等病症和眩晕,益精髓,壮脾胃。用薯蓣粉连同曲、米

酿酒。或同山茱萸、五味子、人参诸药浸酒煮饮。

茯苓酒①

治头风虚眩②，暖腰膝，主五劳七伤。用茯苓粉同曲、米酿酒，饮之。

【注释】

①茯苓：也称白茯苓、伏灵、云苓，寄生在松树根上的一种块状菌，皮黑色，有皱纹，内部白色或粉红色，采集阴干可入药，具有解热、安神等功效，亦可酿酒。明代张昱《松筠轩为湖州沈叔方赋》诗曰："客来与酌茯苓酒，月出共看科斗书。"

②头风：头痛。

【译文】

茯苓酒

治头痛气虚眩晕，暖腰膝，治五劳七伤。也可以用茯苓粉连同曲、米酿酒饮。

菊花酒

治头风，明耳目，去痿痹，消百病。用甘菊花煎汁，同曲、米酿酒。或加地黄、当归、枸杞诸药亦佳。

【译文】

菊花酒

治头痛，明耳目，去痿痹，消百病。用甘菊花煮汁，连同曲、米酿酒。或加入地黄、当归、枸杞诸药效果也不错。

黄精酒①

壮筋骨,益精髓,变白发,治百病。用黄精、苍术各四斤②,枸杞根、柏叶各五斤③,天门冬三斤,煮汁一石,同曲十斤,糯米一石,如常酿酒饮。

【注释】

①黄精:多年生草本植物,叶似百合,花为白色或淡绿色,果实黑,根管状。根与茎皆可入药,具补脾润肺的疗效。

②苍术(zhú):多年生草本植物,秋天开白色或淡红色的花,根肥大,可入药。

③柏叶:柏树的叶子,可入药或浸酒。

【译文】

黄精酒

壮筋骨,益精髓,能把白发变黑,治百病。用黄精、苍术各四斤,枸杞根、柏叶各五斤,天门冬三斤,煮汁一石,加入酒曲十斤,糯米一石,如常法酿酒饮用。

桑椹酒①

补五脏,明耳目,治水肿②,不下则满,下之则虚,入腹则十无一活。用桑椹捣汁煎过,同曲、米如常酿酒饮。

【注释】

①桑椹(shèn):为桑椹呈红紫色时采收晒干或略加蒸后晒干的制品。性寒味甘,能补肝益肾,滋阴养血,聪耳明目,止渴生津。

②水肿:因液体积聚而引发的局部或全身性的肿胀。

【译文】

桑椹酒

补五脏,明耳目,治水肿,水肿不消除则满,消除了则虚,进入腹中则十人活不了一人。用桑椹捣汁煮过,连同曲、米如常法酿酒饮。

术酒^①

治一切风湿筋骨诸病,驻颜色,耐寒暑。用术三十斤,去皮捣,以东流水三石,渍三十日,取汁,露一夜,浸曲、米,酿成饮。

【注释】

①术(zhú):即白术,多年生草本植物,秋日开红色筒状花,根块状,肉黄白色。味微甘,有异香,供药用。

【译文】

术酒

治风湿筋骨诸病,驻容颜,耐寒暑。用白术三十斤,去皮捣碎,用东流水三石,浸渍三十天,取汁,露放一夜,放入曲、米酿成饮。

蜜酒

〔孙真人曰^①〕治风疹风癣^②。用沙蜜一斤^③,糯饭一升,面曲五两,熟水五升^④,同入瓶内,封七日成酒。寻常以蜜入酒代之,亦良。

【注释】

①孙真人:指孙思邈。

②风疹：指风痹。半身不遂等症。风癣：一般指风热疮。

③沙蜜：蜂蜜。

④熟水：煮沸的水。

【译文】

蜜酒

〔孙思邈说〕治风疹风癣。用沙蜜一斤，糯饭一升，白面做的酒曲五两，熟水五升，一同放入瓶内，封七日成酒。平常把蜜加入酒中代替，疗效也很好。

蓼酒

久服聪明耳目，脾胃健壮。以蓼煎汁，和曲、米酿酒饮。

【译文】

蓼酒

久服耳聪目明，脾胃健壮。用蓼叶煮汁，和曲、米酿酒饮。

姜酒

〔诜曰①〕治偏风，中恶痓忤②，心腹冷痛。以姜浸酒，暖服，一碗即止。

一法：用姜汁和曲，造酒如常，服之佳。

【注释】

①诜：此指孟诜。

②痓忤（zhù wǔ）：中医病名，中恶，俗称中邪。由于犯不正之气所引起的错言妄语，牙紧口噤，或头旋晕倒，昏迷不醒。

【译文】

姜酒

〔孟诜说〕治中风、中邪,心腹冷痛。以姜浸酒,烫热,服一碗即止。

一法:用姜汁和曲,造酒如平常一样,服用也不错。

葱豉酒

〔诜曰〕解烦热,补虚劳。治伤寒、头痛、寒热,及冷痢、肠痛,解肌发汗①。并以葱根、豆豉浸酒煮饮。

【注释】

①解肌发汗:四肢疼痛,发热。

【译文】

葱豉酒

〔孟诜说〕解烦热,补虚劳。治伤寒、头痛、寒热及痢疾、肠痛、四肢疼痛、发热。同时用葱根、豆豉浸酒煮饮。

茴香酒

治卒肾气痛①,偏坠牵引②,及心腹痛。茴香浸酒,煮饮之。舶茴尤妙③。

【注释】

①肾气:中医认为五脏各有气,肾气为先天之根本,关系人的发育生长和寿夭。

②偏坠:中医上指阴囊一侧肿大偏垂的病症,通常疝气、睾丸炎可能引发此症。

③舶茴:舶茴香,茴香的别称,又称大料、八角。

【译文】

茴香酒

治疗肾气痛，偏坠牵引及心腹痛。用茴香浸酒，煮饮之。舶茴香尤其好。

缩砂酒^①

消食和中，下气，止心腹痛。砂仁炒研，袋盛浸酒，煮饮。

【注释】

①缩砂：植物名，产于岭南，果实外壳称缩砂、仁称蔤（mì）。新鲜者称缩砂蔤，干者称砂仁，入中药，见《本草纲目·草部三·缩砂蔤》。

【译文】

缩砂酒

消食和中，下气，止心腹痛。砂仁炒熟磨细，装进袋子中浸酒，煮饮。

莎根酒^①

治心中客热，膀胱胁下气郁^②，常忧不乐。以莎根一斤切，熬香，袋盛浸酒，日夜服之，常令酒气相续。

【注释】

①莎（suō）根：莎草的根。莎草，多年生草本植物，地下的块根称"香附子"，可入药。

②胁下：从腋下到肋骨尽处的部分。

【译文】

莎根酒

治心中客热，膀胱胁下气郁，常忧不乐。用莎根一斤切碎，熬出香味，装进袋子中浸酒，日夜服用，要常让酒气相续。

茵陈酒①

治风疾，筋骨挛急②。用茵陈蒿炙黄一斤，秫米一石，曲三斤，如常酿酒饮。

【注释】

①茵陈：也称茵陈蒿。蒿类的一种，多年生草本植物，全草有香气，可以入药，有发汗、解热、利尿作用。

②挛（luán）急：中医症名，肌肉紧张或抽动。挛，手脚蜷曲不能伸开，如痉挛。

【译文】

茵陈酒

治风疾，筋骨挛急。用烤黄茵陈蒿一斤，秫米一石，曲三斤，如平常一样酿酒饮。

青蒿酒①

治虚劳久疟。青蒿捣汁，煎过，如常酿酒饮。

【注释】

①青蒿：也叫"香蒿"，菊科二年生草本植物，气味特殊，茎、叶可入药。

【译文】

青蒿酒

治虚劳久疟。青蒿捣碎成汁，煮过，如平常一样酿酒饮。

百部酒①

治一切久近咳嗽。百部根切炒，袋盛浸酒，频频饮之。

【注释】

①百部：也称"野天门冬"，多年生草本植物。茎直立，夏日开花，淡
　绿或紫色，其块根状如天门冬。可供药用，有止咳、化痰、杀虫等
　作用。

【译文】

百部酒

治一切久近咳嗽。百部根切炒，装进袋子中浸酒，不断地饮。

海藻酒

治瘿气①。海藻一斤，洗净浸酒，日夜细饮。

【注释】

①瘿（yǐng）气：中医指多因郁怒忧思过度，气郁痰凝血瘀结于颈
　部，如气瘿。

【译文】

海藻酒

治瘿气。海藻一斤，洗净浸酒，日夜慢饮。

黄药酒

治诸瘿气。万州黄药切片①，袋盛浸酒，煮饮。

【注释】

①万州黄药：黄药以万州产最佳。《本草纲目·草部七·黄药子》
　曰："黄药原出岭南，今夔、陕州郡及明、越、秦、陇山中亦有之，以
　忠州、万州者为胜。藤生，高三四尺，根及茎似小桑，十月采根。"
　万州，今重庆万州。黄药，薯蓣科植物黄独的块茎，大苦，有凉血

降火、消瘿解毒的功效。

【译文】

黄药酒

治诸瘿气。万州黄药切片，装进袋子中浸酒，煮饮。

仙茆酒[①]

治精气虚寒[②]，阳痿膝弱[③]，腰痛痹缓[④]，诸虚之病[⑤]。用仙茆九蒸九晒[⑥]，浸酒饮。

【注释】

①仙茆（mǎo）：即莼菜，多年生水草，多生于湖泊沼泽中。叶椭圆
　　形，浮生水面。茎叶背面有黏液，夏日开暗红色花，嫩叶可食。

②精气：义同"正气"，指构成和维持生命的基本物质和功能。虚
　　寒：指人体精气不足导致的虚弱症候。

③膝弱：因肝肾亏损、失于滋养导致的腰膝软弱无力。

④痹缓：风寒湿邪侵袭经络、痹阻气血引起的肌肉酸痛等疾病。

⑤诸虚之病：中医指各种虚症，有阳虚、阴虚、气虚、血虚之分。

⑥九蒸九晒：指多次蒸晒。

【译文】

仙茆酒

主治精气不足导致的虚寒，阳痿、腰膝软弱无力，腰痛、肌肉酸痛，以及各种虚症。将仙茆多次蒸晒，浸泡在酒中饮。

通草酒

续五脏气[①]，通十二经脉[②]，利三焦[③]。通草子煎汁，同曲、米酿酒饮。

【注释】

①五脏气：五脏之气。五脏，指心、肝、脾、肺、肾五种器官。

②十二经脉：中医谓手、足各有三阴三阳六经脉，表里配合，成为十二经脉。经脉，指人体内气血运行的通路。

③三焦：中医学名词。为上焦、中焦、下焦的合称。中医称心下胃上为上焦，中焦在胃脘，脐下膀胱上为下焦。

【译文】

通草酒

续五脏气，通十二经脉，利三焦。通草子煮汁，连同曲、米一同酿酒饮。

南藤酒①

治风虚，逐冷气，除痹痛，强腰脚。石南藤煎汁，同曲、米酿酒饮。

【注释】

①南藤：即石南藤，常绿灌木。具有祛风湿、强筋骨、止痛、止咳等功效。

【译文】

南藤酒

治风虚，逐冷气，除痹痛，强腰脚。石南藤煮汁，连同曲、米一同酿酒饮。

松液酒①

治一切风痹脚气。于大松下掘坑，置瓮承取其津液，一斤酿糯米五斗，取酒饮之。

【注释】

①松液:即松脂。《饮膳正要》卷三曰:"松根酒,以松树下撅坑置瓮,
　取松根津液酿酒,治风,壮筋骨。"

【译文】

松液酒

治一切风痹及腿脚麻木迟缓。在大松树下掘坑,放一个瓮承取松树
的津液,一斤松液酿糯米五斗,酿成酒饮。

松节酒①

治冷风虚弱,筋骨挛痛,脚气缓痹②。松节煮汁,同曲、
米酿酒饮。松叶煎汁亦可。

【注释】

①松节:松树的节心,富油脂,古时常用以照明,又可入药。

②缓痹:迟缓,麻痹。《饮膳正要》卷三曰:"松节酒,仙方以五月五日
　采松节剉碎,煮水酿酒,治冷风虚骨,弱脚不能履地。"

【译文】

松节酒

治冷风虚弱,筋骨痉挛疼痛,腿脚迟缓麻痹。松节煮汁,连同曲、米
一同酿酒饮。松叶煮汁亦可。

柏叶酒

治风痹历节作痛①。东向侧柏叶煮汁②,同曲、米酿酒饮。

【注释】

①历节:历法上所推算的节气。

②侧柏：常绿乔木。树干挺直，叶可作为清凉收敛剂，种仁具有滋养、润燥、镇静药效。

【译文】

柏叶酒

治风痹及节气更替带来的疼痛。用东向的侧柏叶煮汁，连同曲、米一同酿酒饮。

椒柏酒①

元旦饮之，辟一切疫疠不正之气。除夕以椒三七粒，东向侧柏叶七枝，浸酒一瓶饮。

【注释】

①椒柏酒：椒酒和柏酒。古代农历正月初一用以祭祖或献之于家长以示祝寿拜贺之意。

【译文】

椒柏酒

元旦饮用，可以去一切瘟疫与不正之气。除夕用椒三至七粒，东向的侧柏叶七枝，浸酒一瓶饮。

竹叶酒①

治诸风热病②，清心畅意。淡竹叶煎汁，如常酿酒饮。

【注释】

①竹叶：竹的叶子。

②热病：中医指急性发作、以发烧为主要特征的病症。

【译文】

竹叶酒

治诸风热病,清心畅意。淡竹叶煮汁,如平常一样酿酒饮。

槐枝酒①

治大麻瘘痹。槐枝煮汁,如常酿酒饮。

【注释】

①槐枝:槐树的枝子。《本草纲目·木部二·槐》曰:"八月断大枝,候生嫩蘖,煮汁酿酒,疗大风瘘痹甚效。"

【译文】

槐枝酒

治大麻瘘痹。槐枝煮汁,如平常一样酿酒饮。

枳茹酒①

治中风身直,口僻眼急②。用枳壳刮茹,浸酒饮之。

【注释】

①枳(zhǐ)茹:中药名,为芸香科植物枸橘的树皮屑或果皮屑。《本草纲目·木部三·枳》曰:"枳茹,树皮也。或云:枳壳上刮下皮也。"

②口僻眼急:口眼歪斜,指面瘫。

【译文】

枳茹酒

治中风身直,口眼歪斜。用枳壳刮剥枳茹皮,浸酒饮。

牛蒡酒①

治诸风毒,利腰脚。用牛蒡根切片,浸酒饮之。

【注释】

①牛蒡(bàng):二年生草本植物。根及嫩叶可食,种子、根可入药,
　有降火解毒的功用。

【译文】

牛蒡酒

治诸风毒,利腰脚。用牛蒡根切成片,浸酒饮。

巨胜酒①

治风虚痹弱,腰膝疼痛。用巨胜子二升炒香,薏苡仁二
升,生地黄半斤,袋盛浸酒饮。

【注释】

①巨胜:黑胡麻的别名。

【译文】

巨胜酒

治风虚痹弱,腰膝疼痛。用黑胡麻二升炒香,薏苡仁二升,生地黄半
斤,装进袋子中浸酒饮。

麻仁酒①

治骨髓风毒痛,不能动者。取大麻子中仁炒香,袋盛浸
酒饮之。

【注释】

①麻仁：大麻种子的核仁，可以榨油，亦可供药用。

【译文】

麻仁酒

治骨髓风毒痛、不能动者。取大麻子中仁炒香，装进袋子中浸酒饮。

桃皮酒①

治水肿，利小便。桃皮煎汁，同秫米酿酒饮。

【注释】

①桃皮：桃子的皮，有生津、解渴、消积、润肠的功效。

【译文】

桃皮酒

治水肿，利小便。桃皮煮汁，同秫米酿酒饮。

红曲酒①

治腹中及产后瘀血。红曲浸酒煮饮。

【注释】

①红曲：一种酒曲，中医入药，有活血消食的功效。

【译文】

红曲酒

治腹中及产后瘀血。红曲浸酒煮饮。

神曲酒

治闪朒腰痛①。神曲烧赤，淬酒饮之②。

【注释】

①闪朒（nà）：扭伤筋络或肌肉。

②淬（cuì）酒：浸入酒中。

【译文】

神曲酒

治扭伤腰痛。将神曲烧到赤红，浸入酒中饮。

柘根酒①

治耳聋，方具柘根下②。

【注释】

①柘（zhè）根：柘树的根茎。柘，落叶灌木或乔木，树皮有长刺，叶卵形，可以喂蚕，皮可以染黄色，木材中心为黄色，质坚而致密。

②方具柘根下：是说药方在《本草纲目·木部》中的"柘"条下。《本草纲目·木部三·柘》曰："柘能通肾气，故《圣惠方》治耳鸣、耳聋一、二十年者，有柘根酒。用柘根二十斤，菖蒲五斗，各以水一石，煮取汁五斗。故铁二十斤煅赤，以水五斗，浸取清，合水一石五斗；用米二石，曲二斗，如常酿酒成。用真磁石三斤为末，浸酒中三宿。日夜饮之，取小醉而眠。闻人声乃止。"

【译文】

柘根酒

治耳聋，药方在《本草纲目·木部三·柘》中。

磁石酒

治肾虚耳聋。用磁石、木通、菖蒲等分①，袋盛酒浸，日饮。

【注释】

①木通:即通草,藤本植物,雌雄同株,花紫色。结浆果,果实与茎入药。菖蒲:多年生草本植物,水生,根茎可作香料。

【译文】

磁石酒

治肾虚耳聋。用磁石、木通、菖蒲等分,装进袋子中浸酒,天天饮。

蚕沙酒①

治风缓顽痹②,诸节不随③,腹内宿痛④。用原蚕沙炒黄,袋盛浸酒饮。

【注释】

①蚕沙:家蚕粪,黑色,形同沙粒,干透后可作为枕头的装料或入药。可治风缓顽痹,风瘫、麻痹。

②风缓顽痹:风瘫、麻痹。

③诸节不随:指身体各部分不协调。

④宿(sù)痛:指旧伤引发的疼痛。

【译文】

蚕沙酒

治风瘫麻痹,身体各部分不协调,腹内旧伤引发的疼痛。把原蚕沙炒黄,装进袋子中浸泡酒中饮。

花蛇酒①

治诸风,顽痹瘫缓②,挛急疼痛,恶疮疥癞③。用白花蛇肉一条,袋盛,同曲置于缸底,糯饭盖之,三七日,取酒饮。又有群药煮酒方甚多。

【注释】

①花蛇:有白花蛇、黑花蛇,均为毒蛇。

②顽痹:指肌肉麻木无知觉。瘫缓:瘫痪。

③疥癞(jiè lài):皮肤病名,俗谓"头癣"。

【译文】

花蛇酒

治诸风麻痹瘫痪,痉挛疼痛,恶疮疥癞。用白花蛇肉一条,装入袋中,连同酒曲一起放进缸底,再盖上糯米饭,三至七天,取酒饮。又,有群药煮酒方甚多。

乌蛇酒①

治疗、酿法同上。

【注释】

①乌蛇:一种背侧各有一条黑褐色纵纹的无毒蛇。

【译文】

乌蛇酒

治疗、酿法同上。

蚺蛇酒①

治诸风痛痹②,杀虫辟瘴③,治癞风疥癣恶疮④。用蚺蛇肉一斤,羌活一两,袋盛,同曲置于缸底,糯饭盖之,酿成酒饮。亦可浸酒,详见本条。

〔颖曰〕广西蛇酒:坛上安蛇数寸,其曲则采山中草药,不能无毒也。

【注释】

①蚺（rán）蛇：蟒蛇。一种无毒的大蛇。体长可达一丈以上，头部长，口大，舌的尖端有分叉，背部黄褐色，有暗色斑点，腹部白色，多产于热带近水的森林里，捕食小禽兽。

②痛痹：中医指以疼痛剧烈为主症的痹症。

③辟瘴：去除瘴气。

④疥癣（jiè xuǎn）：由霉菌等引起的某些皮肤病的统称。

【译文】

蚺蛇酒

治诸风痛痹，杀虫除瘴，治癞风疥癣恶疮。用蚺蛇肉一斤，羌活一两，装入袋子，连同酒曲一同放进缸底，再盖上糯米饭，酿成酒饮。也可以浸酒，详见本条。

〔汪颖说〕广西蛇酒：坛中浸泡着数寸长的蛇，酒曲则采山中草药，不可能无毒。

蝮蛇酒①

治恶疮诸瘘②，恶风顽痹、癫疾③。取活蝮蛇一条，同醇酒一斗，封埋马溺处，周年取出，蛇已消化。每服数杯，当身体习习而愈也④。

【注释】

①蝮（fù）蛇：一种头呈三角形、体色灰褐有斑纹的毒蛇。其毒腺的毒液可治麻风病。

②瘘（lòu）：中医指颈部肿大的病。

③癫疾：精神错乱失常。

④习习：舒和的样子。

【译文】

蝮蛇酒

治恶疮诸瘘,恶风顽痹、精神失常。取活蝮蛇一条、醇酒一斗,封起来埋在马尿处,一年后取出时,蛇已化在酒中。每服数杯,一直到身体慢慢地恢复。

紫酒

治卒风①,口偏不语,及角弓反张②,烦乱欲死,及鼓胀不消。以鸡屎白一升炒焦,投酒中待紫色,去滓频饮。

【注释】

①卒风:即卒中风。中医病症名。因中风系猝然发生昏仆、不省人事等症,故名。

②角弓反张:指项背高度强直,使身体仰曲如弓状的病症。

【译文】

紫酒

治卒风,口偏不能语及角弓反张,烦乱欲死、鼓胀不消等病症。用鸡屎白一升炒焦,投放到酒中,等待变成紫色,去掉渣子不时饮用。

豆淋酒

破血去风,治男子中风口㖞①,阴毒腹痛,及小便尿血,妇人产后一切中风诸病。用黑豆炒焦,以酒淋之,温饮。

【注释】

①口㖞(wāi):口唇歪斜,多由风寒阻滞经脉所致。

【译文】

豆淋酒

破血去风,治男子中风口歪,阴毒腹痛及小便尿血,妇人产后中风诸病。黑豆炒焦了淋上酒,温热饮。

霹雳酒^①

治疝气偏坠^②,妇人崩中下血^③,胎产不下^④。以铁器烧赤,浸酒饮之。

【注释】

①霹雳:急而响的雷。

②疝(shàn)气:指体腔内容物不正常地向外突出的病症,多伴有气痛的症状。

③崩中下血:指经期紊乱、大量出血。

④胎产不下:指难产。

【译文】

霹雳酒

治疝气偏坠,妇女经期紊乱、大量出血,难产。把铁器烧红了,浸入酒中饮。

龟肉酒^①

治十年咳嗽。酿法详见龟条。

【注释】

①龟肉酒:《本草纲目·介部一·水龟》曰:龟肉"甘、酸、温、无毒","酿酒,治大风缓急,四肢拘挛,或久瘫缓不收,皆瘥。""十年咳嗽

> 或二十年医不效者,生龟三枚,治如食法,去肠,以水五升,煮取三
> 升浸曲,酿秫米四升如常,饮之令尽,永不发。"

【译文】

龟肉酒

治十年咳嗽。酿法详见《本草纲目·介部一·水龟》。

虎骨酒

治臂胫疼痛,历节风①,肾虚,膀胱寒痛。虎胫骨一具②,
炙黄槌碎③,同曲、米如常酿酒饮。亦可浸酒。详见虎条。

【注释】

①历节风:即痛风,由高血尿酸导致的关节疼痛。

②胫(jìng)骨:小腿内侧的长形骨。

③槌(chuí)碎:敲碎。

【译文】

虎骨酒

治臂胫疼痛,痛风,肾虚,膀胱寒痛。用虎胫骨一副,烤黄捣碎,连同
曲、米如平常一样酿酒饮。也可以用虎骨浸酒。详见《本草纲目·兽部
二·虎》。

麋骨酒①

治阴虚肾弱,久服令人肥白。麋骨煮汁,同曲、米如常
酿酒饮之。

【注释】

①麋(mí):麋鹿,俗称"四不像",偶蹄目鹿科,原分布于我国北方草

原与沼泽。角甚长似鹿，尾似马，蹄似牛，颈似骆驼。夏季体呈红褐色，冬季呈灰褐色。

【译文】

麋骨酒

治阴虚肾弱，久服令人又胖又白。麋骨煮汁，连同曲、米如平常一样酿酒饮。

鹿头酒

治虚劳不足，消渴，夜梦鬼物，补益精气。鹿头煮烂捣泥，连汁和曲、米酿酒饮。少入葱、椒。

【译文】

鹿头酒

治虚劳不足，消渴，夜里梦见鬼物，补益精气。鹿头煮烂捣成泥，连汁和曲、米酿酒饮。少放葱、椒。

鹿茸酒①

治阳虚痿弱②，小便频数，劳损诸虚。用鹿茸、山药浸酒服。详见鹿茸下。

【注释】

①鹿茸：雄鹿的幼角，是名贵的中药材。

②阳虚：阳气不足、机能衰退，表现为畏寒、肢冷、喜吃热食等。痿弱：肢体萎缩软弱。《本草纲目·主治一·痿》曰："……白胶、鹿茸、鹿角、麋角、膃肭脐，并强阴气，益精血，补肝肾，润燥养筋，治痿弱。"

【译文】

鹿茸酒

治阳虚、肢体萎缩软弱、便频,劳损诸虚。用鹿茸、山药浸酒服。详见《本草纲目·兽部二·鹿》。

戊戌酒^①

诜曰:大补元阳^②。颖曰:其性大热,阴虚、无冷病人^③,不宜饮之。用黄狗肉一只煮糜,连汁和曲、米酿酒饮之。

【注释】

①戊戌(wù xū)酒:指狗肉酒。戊戌,指戊戌年,中国十二生肖年份之一,俗称狗年,故以戊戌代指狗。

②元阳:中医指人体阳气的根本,亦指男子的精气。

③冷病:指感受寒邪所致的病症。

【译文】

戊戌酒

孟诜说:大补元阳之气。汪颖说:戊戌酒酒性大热,阴虚、没有冷病的人,不适合饮此酒。用黄狗肉一只煮烂,连汁和曲、米酿酒饮。

羊羔酒^①

大补元气,健脾胃,益腰肾。《宣和化成殿真方》:用米一石,如常浸浆,嫩肥羊肉七斤,曲十四两,杏仁一斤,同煮烂,连汁拌末,入木香一两同酿^②,勿犯水,十日熟,极甘滑。

一法:羊肉五斤蒸烂,酒浸一宿,入消梨七个^③,同捣取汁,和曲、米酿酒饮之。

【注释】

①羊羔酒:朱肱《北山酒经》卷下有"白羊酒"。

②木香:多年生草本植物,花黄色,香气如蜜,原名蜜香,又称青木香,根可入药,有治眩晕、腹痛,以及祛痰等功效。

③消梨:梨的一种,又称香水梨、含消梨,体大、形圆,可入药。

【译文】

羊羔酒

大补元气,健脾胃,益腰肾。《宣和化成殿真方》说:用米一石,如平常一样浸米做浆,嫩肥羊肉七斤,酒曲十四两,杏仁一斤,一同煮烂,连汁拌末,加入木香一两同酿,不要犯水,十天酒酿熟,极其甘滑。

一法:五斤羊肉蒸烂,酒浸一夜,加入消梨七个,一同捣碎取汁,和曲、米酿酒饮。

腽肭脐酒^①

助阳气,益精髓,破症结冷气^②,大补,益人。腽肭脐酒浸、擂烂,同曲、米如常酿酒饮。

【注释】

①腽肭脐(wà nà qí):一名海狗肾,海狗的阴茎和睾丸。入中药,有补肾等作用。参阅《本草纲目·兽部二·腽肭兽》。

②症(zhēng)结:腹中结块的病。

【译文】

腽肭脐酒

助阳气,补益精髓,可以去除症结冷气,大补,对人有益。腽肭脐酒浸、擂烂,连同曲、米如平常一样酿酒饮。

烧酒 《纲目》

【题解】

东汉刘熙《释名·释饮食》说:"酒,酉也,酿之米曲,酉泽久而味美也。"中国古代酿酒用料不一,制法各异,但其产品都是采用发酵法酿的米酒,直到蒸馏技术发明才开始有了烧酒,或称"火酒""白酒""阿剌吉酒"。烧酒究竟产生于什么时代,学术界有多种说法,说秦说汉说唐宋的均有。按照李时珍的说法:"烧酒非古法也,自元时始创。"中国酿酒历史悠久,但采用蒸馏技术酿造烧酒却不是古已有之,而是始自元代,这已经是10世纪之后的事情,比用古法酿造米酒晚了好几千年。李时珍的烧酒始于元代说,已经被越来越多的学者所接受。

米酒的酿造过程大致是选糯米为料、浸泡蒸饭、拌曲入缸、开耙发酵、上槽榨酒、煮酒(煎酒),最后是成品酒,中国现存的第一部全面系统论述制曲酿酒工艺的专门著作——《北山酒经》说得很清楚。烧酒则不然,"其法:用浓酒和糟入甑,蒸令气上,用器承取滴露"。此处所说"浓酒和糟"是指把未过滤的米酒连同酒糟一起放入甑内蒸,再将蒸汽冷凝,搜集起来即是所谓的"酒露",也就是烧酒。与下文"以糯米或粳米或黍或秫或大麦蒸熟,和曲酿瓮中七日,以甑蒸取"互读,就可以大致了解李时珍所说的烧酒酿法。这样,与传统的米酒相比,烧酒呈现出两个非常鲜明的特点:

一是烧酒的纯度非常高:"其清如水,味极浓烈。"烧酒的透明度已经达到了水的程度。王实甫是元代中期的大都(今北京)人,此时烧酒已在大都广泛流行,于是有了《西厢记·长亭送别》中的"暖溶溶玉醅,白泠泠似水,多半是相思泪"的描写。玉醅,这里指的就是烧酒;"白泠泠似水",是说用蒸馏法酿制的烧酒看上去像水一样清纯透明。

二是烧酒的酒精度高到了可以点燃的程度:"与火同性,得火即燃,同乎焰消。"烧酒与火是一个性质,达到了"得火即燃"的程度,故李时珍称之为"火酒",这是酒性和缓的米酒无论如何不能比的。因为酒精度高,许多芳香成分随着酒精浓度的提高而提高。虽然"其清如水",味道却"极浓烈",亦即诗人艾青《酒》诗说的"水的外形,火的性格"。所以烧酒一经产生,就受到了饮酒者的广泛欢迎,直至今天。

烧酒的这两个特点表明元代已经完全掌握了蒸馏酒的生产技术。在此之前,中国古代文献中尚未有这样的记载。李时珍又引用了元代忽思慧《饮膳正要》中的有关论述:"阿剌吉酒,味甘辣。大热,有大毒。主消冷坚积,去寒气,用好酒蒸熬取露,成阿剌吉。""阿剌吉",又有"轧赖机""阿里奇""哈剌吉""哈剌基"等名称,有学者认为这些名称均为阿拉伯语"aragi"的音译,原义为"汗""出汗"。以"阿剌吉"为酒名,是形容蒸馏时容器壁上凝结的水珠形状。元人黄玠《阿剌吉》一诗极写用蒸馏法制成的白酒酒劲猛烈,难以抵挡:

> 阿剌吉,酒之英,清如井泉花,白于寒露浆。一酌咙胡生刺芒,再酌肝肾犹沃汤,三酌颠倒相扶将。身如瓠壶水中央,天地日月为奔忙,经宿不解大苍黄。阿剌吉,何可当。

"井泉花"是井中涌出的泉水,"寒露浆"指秋露,用以形容烧酒的晶莹清澈。由元朝入明的叶子奇所著《草木子》卷三下"杂制篇"也说:"法酒,用器烧酒之精液取之,名曰哈剌基。酒极醲烈,其清如水,盖酒露也","此皆元朝之法酒,古无有也"。所谓"法酒",即按照一定"术法"亦即蒸馏法酿制的酒,指的就是烧酒。这样看来,用蒸馏法酿酒的技术,最初应该来自西亚的阿拉伯地区。

"极浓烈"的性质,使烧酒具有良好的药疗作用,李时珍提供的七个新药方中,凡冷气心痛、阴毒腹痛、呕逆不止、寒湿泄泻、耳痛不可动者、风虫牙痛、寒痰咳嗽等,或饮或食、或滴或漱,皆可用烧酒治疗。

【释名】火酒(《纲目》)①、阿剌吉酒(《饮膳正要》)②。

【注释】

①火酒:即烧酒,因其"与火同性,得火即燃",故称。《纲目》:指《本草纲目》。

②阿剌吉酒:指烧酒。《饮膳正要》卷三有"阿剌吉酒"条。

【译文】

【释名】烧酒,也称"火酒"(《本草纲目》)、"阿剌吉酒"(《饮膳正要》)。

【集解】〔时珍曰〕烧酒非古法也①,自元时始创。其法:用浓酒和糟入甑②,蒸令气上,用器承取滴露。凡酸坏之酒,皆可蒸烧。近时惟以糯米或粳米或黍或秫或大麦蒸熟,和曲酿瓮中七日,以甑蒸取。其清如水,味极浓烈,盖酒露也③。

【注释】

①古法:古老、传统的方法。

②甑(zèng):古代蒸饭用的一种瓦器,底部有许多透蒸气的孔格,置于鬲上蒸煮,如同现代的蒸锅。

③酒露:指像露水一样晶莹的烧酒。

【译文】

【集解】〔李时珍说〕烧酒,不是用古老、传统的方法酿造的,从元代开始才有了烧酒的酿造方法。酿造方法:用浓酒连糟一同放入甑中蒸,蒸的时候让蒸气向上,用器皿承接收取形成的滴露。凡酸坏之酒,都可以蒸烧。近来人们只用糯米或粳米或黍或秫或大麦蒸熟,和曲酿瓮中七日,用甑蒸收取形成的滴露。滴露清澈如水,味道极其浓烈,这就是酒露。

〔颖曰〕暹罗酒以烧酒复烧二次①,入珍宝异香。其坛每个以檀香十数斤烧烟薰②,令如漆,然后入酒蜡封,埋土中二三年,绝去烧气,取出用之。曾有人携至舶③,能饮三四杯即醉,价值数倍也。有积病④,饮一二杯即愈,且杀蛊⑤。予亲见二人饮此,打下活虫长二寸许,谓之“鱼蛊”云。

【注释】

①暹(xiān)罗:泰国的旧名。

②檀香:檀香木,常绿小乔木,分布在印度、马来西亚、印度尼西亚等地。主干和根部含有黄色芳香油,可蒸馏提取白檀油,用以制造香料、香皂和药材。

③舶:航海用的大船。

④积病:犹久病。

⑤蛊(gǔ):传说中一种人工培养的毒虫,专用来害人。

【译文】

〔汪颖说〕暹罗酒把烧酒再烧两次,加入珍宝异香。每个装酒的坛子都先用十数斤檀香烧烟薰,让它变得黑如漆,然后装入酒蜡封,埋在土中二三年,等到完全去掉了烧气,再取出饮用。曾有人携带此酒到海船上,饮三四杯就醉了,价值数倍也。有人久病,饮一二杯就痊愈了,而且能杀死蛊虫。我亲见两个人饮此酒,打下二寸长的活虫,谓之“鱼蛊”。

【气味】辛、甘，大热，有大毒。〔时珍曰〕过饮败胃伤胆，丧心损寿①，甚则黑肠腐胃而死。与姜、蒜同食，令人生痔。盐、冷水、绿豆粉，解其毒。

【注释】

①丧心：失掉本心。

【译文】

【气味】烧酒性辛、甘，大热，有大毒。〔李时珍说〕过量饮烧酒会败胃伤胆，丧心损寿，甚者会因为黑肠腐胃而死。与姜、蒜同食，会让人得痔疮。盐、冷水、绿豆粉能解烧酒之毒。

【主治】消冷积寒气、燥湿痰①，开郁结，止水泄②，治霍乱、疟疾、噎膈③，心腹冷痛，阴毒欲死，杀虫辟瘴，利小便，坚大便，洗赤目肿痛④，有效（时珍）。

【注释】

①燥湿痰：燥痰、湿痰，中医认为的痰症。

②水泄：俗称"拉肚子"。

③霍乱：一种以严重胃肠道症状为主的人和家畜的传染性疾患。以起病突然、大吐大泻、烦闷不舒为特征。噎膈（yē gé）：中医病症名。噎，吞咽时哽噎不顺。膈，胸膈阻塞饮食不下。

④赤目：指红眼病，因患急性结膜炎眼白发红。

【译文】

【主治】烧酒可以消除冷积寒气、燥痰湿痰，消除郁结，止拉肚子，治霍乱、疟疾、噎膈，心腹冷痛，阴毒欲死，杀虫驱除瘴气，利小便，坚大便，对医治红眼病、消除肿痛，都有疗效（李时珍）。

【发明】〔时珍曰〕烧酒,纯阳[1],毒物也。面有细花者为真[2]。与火同性,得火即燃,同乎焰消[3]。北人四时饮之,南人止暑月饮之[4]。其味辛、甘,升扬发散;其气燥热,胜湿祛寒。故能开怫郁而消沉积[5],通膈噎而散痰饮[6],治泄疟而止冷痛也。辛先入肺,和水饮之,则抑使下行,通调水道[7],而小便长白。热能燥金耗血[8],大肠受刑,故令大便燥结,与姜、蒜同饮,即生痔也。若夫暑月饮之,汗出而膈快身凉;赤目洗之,泪出而肿消赤散,此乃从治之方焉[9]。过饮不节,杀人顷刻。近之市沽,又加以砒石、草乌、辣灰、香药[10],助而引之,是假盗以方矣[11]。善摄生者宜戒之[12]。按,刘克用《病机赋》云[13]:"有人病赤目,以烧酒入盐饮之,而痛止肿消。盖烧酒性走,引盐通行经络,使郁结开而邪热散,此亦反治劫剂也[14]。"

【注释】

①纯阳:指烧酒性刚,属阳。

②面有细花:指酒的浮表有细腻的水纹。

③焰消:同焰硝,即硝石,易燃,可用以引火。

④暑月:夏月,农历六月前后小暑、大暑之时。

⑤怫(fú)郁:忧郁,心情不舒畅。

⑥痰饮:中医学病症,指体内过量水液不得输化、停留或渗注于某一部位而发生的疾病。

⑦水道:水液的道路。

⑧燥金:中医学名称,未详其义。

⑨从治:也称"反治",治法与疾病的假象相从。

⑩砒石：天然砷华矿石或由毒砂、雄黄加工制造而成，有大毒。草乌：中药名。为毛茛科植物北乌头的干燥块根，秋季采挖。味辛、苦，性热，有祛风除湿、温经止痛的功效。香药：香料。

⑪假盗以方：一本作"假盗以刃"。

⑫摄生者：养生之人。摄生，养生，保养。《老子》第五〇章曰："盖闻善摄生者，陆行不遇兕虎，入军不被甲兵。"

⑬刘克用：即刘全备，字克用。明代医家，著有《注解药赋》等。

⑭反治、劫剂：指用反治之法与猛药治疗。反治，指和常规相反的治法，因治法与疾病的假象相从，故又称"从治"。劫剂，中医谓猛烈的药剂。清代徐大椿《劫剂论》曰："世有奸医，利人之财，取效于一时，罔顾人之生死者，谓之劫剂。劫剂者，以重药夺截邪气也。"

【译文】

【发明】〔李时珍说〕烧酒，阳性，是有毒之物。酒的浮表有细腻的水纹是真的。烧酒与火性质一样，一旦接触火就会燃烧，等同于焰硝。北方人四季饮，南方人只在六月前后的小暑、大暑之时饮。烧酒味辛、甘，升扬发散；气燥热，胜湿祛寒。能去除忧郁、消散沉积，通膈噎、散痰饮、治泄疟、止冷痛。烧酒的辛味先入肺，与水同饮，之前被抑止的就能够下行了，并且通畅了水道，小便长白。烧酒之热能燥金耗血，大肠如同受刑，所以大便燥结，如果与姜、蒜同饮就会生痔。如果暑月饮，汗出之后全身爽快；如果得了赤目症，用烧酒清洗，眼泪出来后会肿消赤散，这就是"从治"的方法。过量饮酒不加节制，杀人就在顷刻之间。近来市上卖的烧酒，又加入砒石、草乌、辣灰、香药，使烧酒的毒性发挥到了最大限度，这无异于给假盗以手段。注重养生的人应该警戒。按，刘克用《病机赋》说："有人病赤目，在烧酒中加入盐饮，会痛止肿消。因为烧酒酒性活跃，导引着盐通行于经络之间，使得郁结开而邪热散，这也是用反治之法与猛药治疗的范例。"

【附方】新七。

【译文】

【附方】有七个新方。

冷气心痛

烧酒入飞盐饮①，即止。

【注释】

①飞盐：指飘飞的雪。南朝梁简文帝《咏雪》："盐粉飘落花，舞蝶乱飞盐。"

【译文】

冷气心痛

让烧酒中飘入雪花饮，就能见效。

阴毒腹痛

烧酒温饮，汗出即止。

【译文】

阴毒腹痛

烧酒温热饮，汗出，就能见效。

呕逆不止

真火酒一杯，新汲井水一杯，和服甚妙（《濒湖》①）。

【注释】

①《濒湖》：李时珍晚号濒湖老人，撰《濒湖集简方》，《本草纲目·序

例》列入此方。

【译文】

呕逆不止

真火酒一杯,新打上来的井水一杯,同服甚妙(《濒湖集简方》)。

寒湿泄泻,小便清者

以头烧酒饮之①,即止。

【注释】

①头烧酒:指第一锅蒸馏出的烧酒。元曲《延安府》第三折:"大人
　做事忒乔,拿住我则管便敲;俺两个自家暖痛,头烧酒呷上几瓢。"

【译文】

寒湿泄泻,小便清者

饮头烧酒,就能见效。

耳中有核,如枣核大,痛不可动者

以火酒滴入,仰之半时,即可箝出(《李楼奇方》①)。

【注释】

①箝(qián)出:夹出。《李楼奇方》:指《李楼怪证奇方》,《本草纲
　目·序例》列入此方。

【译文】

耳中有核,如枣核大,痛不可动者

把火酒滴入耳中,仰面半个时辰,就可以夹出(《李楼怪证奇方》)。

风虫牙痛[①]

烧酒浸花椒,频频漱之。

【注释】

①风虫牙痛:指龋(qǔ)齿,俗称"虫牙""蛀牙"。

【译文】

风虫牙痛

烧酒中浸渍花椒,不断漱口。

寒痰咳嗽

烧酒四两,猪脂、蜜、香油、茶末各四两,同浸酒内,煮成一处。每日挑食,以茶下之,取效。

【译文】

寒痰咳嗽

烧酒四两,猪脂、蜜、香油、茶末各四两,同浸渍在酒内,煮在一起。每日挑拣着吃,用茶服下,就能见效。

葡萄酒《纲目》

【题解】

葡萄主产于西域，葡萄酒酿造法也是从西域传入的。以葡萄为主要原料，经过榨取葡萄汁、酒精发酵、陈酿等处理后获得葡萄酒。历史上的葡萄酒酿造技术主要是为西域少数民族所掌握，葡萄酒的主产地也集中在西域一带。《史记·大宛列传》首次记载了葡萄酒："大宛在匈奴西南，在汉正西，去汉可万里。其俗土著，耕田，田稻麦。有蒲陶酒，多善马。马汗血，其先天马子也。有城郭屋室。其属邑大小七十余城，众可数十万。""安息在大月氏西可数千里。其俗土著，耕田，田稻麦，蒲陶酒。城邑如大宛，其属小大数百城，地方数千里，最为大国。""宛左右以蒲陶为酒，富人藏酒至万余石，久者数十岁不败。俗嗜酒，马嗜苜蓿。汉使取其实来，于是天子始种苜蓿、蒲陶肥饶地。及天马多，外国使来众，则离宫别观旁尽种蒲萄、苜蓿极望。"大宛，西域古国，在今乌兹别克斯坦费尔干纳境内。安息，西域的波斯国，在今伊朗境内。大宛及周边国家，自古以来就是葡萄酒的出产地。《博物志》卷五说："西域有蒲萄酒，积年不败。彼俗传云：可至十年饮之，醉弥日不解。"《太平御览》卷九百七十二引《后凉录》说："建元二十年，吕光入龟兹城。俗尚奢侈，富于生养，家有蒲萄酒，或至千斛，经十年不败。"龟兹，西域古国，今天新疆库车一带。建元十九年（383）春，前秦苻坚的将领吕光奉命进攻西域，后进入龟兹城,看到龟兹城里家家都储存着大量的葡萄酒,十年不败,可见当时葡萄酒的纯度是非常高的。

随着葡萄酒传入和推广,人们的认识也在不断加深。从"魏文帝所谓葡萄酿酒,甘于曲米,醉而易醒者也"的记载看,魏文帝曹丕已经把用葡萄酿的酒和用曲蘖酿的米酒区别开来,并指出了葡萄酒"醉而易醒"的特点。易醒,说明这种葡萄酒所含的酒精度并不太高。大约到了唐太宗时期,中原才掌握了葡萄酒的酿制方法。《册府元龟·外臣部·朝贡第三》说:"前代或有贡献,人皆不识,及破高昌,收马乳蒲桃实于苑中种之,并得其酒法,帝自损益,造酒成。凡有八色,芳辛酷烈,味兼缇盎。既颁赐群臣,京师始识其味。"缇盎,指缇齐、盎齐,是《周礼·天官·酒正》中提到的两种酒的名称。唐太宗破高昌后,开始在官苑中种植葡萄,还引进了葡萄酒酿造方法,亲自过问酿酒工艺,还建议做了一些改进,酿成的葡萄酒"芳辛酷烈",味道并不亚于粮食酒。

因为掌握了酿造技术,从唐开始,诗中对葡萄酒的描写明显多了起来。李白《襄阳歌》说:"遥看汉水鸭头绿,恰似蒲萄初酦醅。此江若变作春酒,垒曲便筑糟丘台。"酦醅(pō pēi),是未经过滤的重酿酒。在诗人眼里,碧水悠悠的汉江如同新酿出的葡萄酒。若是汉江真的都变成了美酒,酒糟一定会堆积如山,可以垒成高台,那该有多么壮观啊!后来王安石的"舍难舍北皆春水,恰似蒲萄初拨醅"(《怀元度三首》其二)、苏轼的"春江渌涨蒲萄醅,武昌官柳知谁栽"(《武昌西山》)的描写,都继承了李白诗意,更把汉江扩大为整个春江,由此见出诗人们对葡萄酒的喜好和渴望。由于酿酒技术的成熟、推广和产量的提高,历史上,元人的葡萄酒喝得较为畅快:"酌官庭前列千斛,万瓮蒲萄凝紫玉"(袁桷《装马曲》),"蒲萄与法酒,承燕时漱齿"(袁桷《善之佥事兄南归述怀百韵》),"芍药名花围簇坐,蒲萄法酒拆封泥"(柳贯《观失剌斡耳朵御宴回》),"法酒蒲萄熟,天花芍药春"(吴莱《寄柳博士》)。

到了明朝,葡萄的种植更加广泛,明人王圻、王思义父子辑纂《三才图会·草木》说:"葡萄处处有之,苗作藤蔓而极长,大花极细而黄色。其实有紫白二种,又有无核者,皆七月八月熟,取其汁,可以酿酒。味甘平,主筋骨湿痹、益气、倍力、强志、逐水,利小便。"从李时珍的记述看,葡萄酒也可用酿制烧酒的方法亦即蒸馏法酿造:"烧者,取葡萄数十斤,同大曲酿酢。取入甑蒸之,以器承其滴露,红色可爱。古者西域造之,唐时破高昌,始得其法。"用今天的眼光看,用蒸馏法酿造出的颜色鲜红可爱的高度葡萄酒,有点儿接近欧美人喜好的白兰地。《红楼梦》第六十回写道:"见芳官拿了一个五寸来高的小玻璃瓶来,迎亮照着,里面有半瓶胭脂一般的汁子,还当是宝玉吃的西洋葡萄酒。"从颜色看,当是赤色葡萄酒。《清稗类钞·饮食类》说:"葡萄酒为葡萄汁所制,外国输入甚多,有数种。不去皮者色赤,为赤葡萄酒,能除肠中障害;去皮者色白微黄,为白葡萄酒,能助肠之运动。"葡萄酒的普及推广,丰富了中原酒的品种,也为文人的读书生活平添了几分雅趣。

【集解】〔诜曰〕葡萄可酿酒,藤汁亦佳。〔时珍曰〕葡萄酒有二样:酿成者,味佳;有如烧酒法者,有大毒。酿者,取汁同曲,如常酿糯米饭法。无汁,用干葡萄末,亦可。魏文帝所谓葡萄酿酒,甘于曲米,醉而易醒者也[1]。烧者,取葡萄数十斤,同大曲酿酢[2]。取入甑蒸之,以器承其滴露,红色可爱。古者西域造之[3],唐时破高昌[4],始得其法。按,《梁四公记》云:高昌献蒲桃干冻酒[5]。杰公曰:蒲桃皮薄者味美,皮厚者味苦。八风谷冻成之酒,终年不坏。叶子奇《草木子》云[6]:元朝于冀宁等路造蒲桃酒[7],八月至太行山辨其真伪[8]。真者下水即流,伪者得水即冰冻矣[9]。久藏者,中有一块,虽极寒,其余皆冰,独此不冰,乃酒之精液也,饮之令人透腋而死。酒至二三年,亦有大毒。《饮膳正要》云:酒有数等,出哈喇火者最烈⑩,西番者次之⑪,平阳、太原者又次之⑫。
或云:葡萄久贮,亦自成酒⑬,芳甘酷烈,此真葡萄酒也。

【注释】

①"魏文帝所谓葡萄酿酒"几句:《太平御览》卷九百七十二引《续
　汉书》曰:"魏文帝诏群臣曰:中国珍果甚多,且复为说蒲萄。当其
　朱夏涉秋,尚有余暑,醉酒宿醒,掩露而食。甘而不饴,脆而不酸,
　冷而不寒。味长汁多,除烦解饴。又酿以为酒,甘于曲蘖,善醉而
　易醒。道之固以流涎咽唾,况亲食之耶? 他方之果,宁有匹者!"
　魏文帝,即曹丕(187—226),字子桓,沛国谯县(今安徽亳州)人。
　魏武帝曹操之子,三国时期著名的政治家、文学家,曹魏开国皇帝。
　饴(yuàn),厌腻。

②同大曲酿酢(cù):与大曲一同发酵。大曲,酿酒用的酒曲,以大
　麦、小麦、豌豆等为原料制成,因形似砖块,又称"块曲"或"砖
　曲"。酢,变酸,腐败。

③西域:汉代的西域泛指玉门关、阳关以西之地,狭义的西域专指葱
　岭以东地区,广义的西域指通过狭义西域所能到达的地区,包有
　今之中亚、西亚、印度半岛、欧洲东部和非洲北部。元宋伯仁《酒
　小史》记天下名酒一百种,有"西域葡萄酒"一种。

④高昌:西域古国,在今新疆吐鲁番东,是西域交通枢纽,贞观十四
　年(640)为唐太宗所灭。

⑤《梁四公记》云:高昌献蒲桃干冻酒:《太平御览·饮食部三》引
　《梁四公记》曰:"高昌遣使,献蒲桃干冻酒。帝命杰公迋之,谓其
　使曰:'蒲桃七是涝林,三是无半。冻酒非八风谷所冻者,又无高
　宁酒和之。'使者曰:'其年风灾,蒲桃不熟,故驳杂冻酒,奉王急
　命,故非时耳。'帝问杰公群物之异,对曰:'蒲桃,涝林者,皮薄味
　美;无半者,皮厚味苦。酒是八风谷冻成者。终年不坏。今嗅其

气酸。涔林酒滑而色浅,故云然。'"蒲桃干冻酒,古酒名,一种用冷冻方法把葡萄酒里的水分析出后的浓缩葡萄酒。八风谷,地名,在今新疆吐鲁番。

⑥叶子奇:字世杰,号静斋,又号草木子,浙江龙泉人。元末著名学者,曾任巴陵主簿,因讼事株连下狱,磨瓦为墨著书,有《草木子》《太玄本旨》等。

⑦冀宁:冀宁路,元代行政区名,元大德九年(1305)诏颁改太原路置为冀宁路,治阳曲县(今山西太原)。

⑧太行山:山脉名,位于山西与华北平原之间,纵跨北京、河北、山西、河南4省市,呈东北—西南走向,绵延400余公里,是黄土高原的东部界线。

⑨真者下水即流,伪者得水即冰冻矣:《草木子》卷三下曰:"真者不冰,倾之则流注;伪者杂水即冰凌而腹坚矣。"

⑩哈喇火:城堡名,亦称哈喇火州、哈喇和卓、哈喇禾州、合剌和州,在今新疆吐鲁番东南六十里,堡有高昌城故址。《元史·文宗纪三》曰:至顺元年(1330)三月,"西番哈喇火州来贡蒲萄酒"。

⑪西番:即西蕃(fān),古代对西域及西部边境地区的泛称。

⑫平阳:古地名,今山西临汾西南。太原:今山西太原。历史上曾种植葡萄、酿葡萄酒,唐代刘禹锡《和令狐相公谢太原李侍中寄蒲桃》诗曰:"珍果出西域,移根到北方。"

⑬葡萄久贮,亦自成酒:金代元好问《蒲桃酒赋·序》曰:"贞祐中,邻里一民家避寇自山中归,见竹器所贮蒲桃在空盎上者,枝蒂已干,而汁流盎中,薰然有酒气。饮之,良酒也。盖久而腐败,自然成酒耳。"贞祐,金宣宗完颜珣的年号(1213—1217)。

【译文】

【集解】〔孟诜说〕葡萄可以酿酒,葡萄藤汁酿酒也不错。〔李时珍说〕葡萄酒有两种:用传统的发酵法酿成的,味道好;用蒸馏烧酒法制成的,有大毒。用传统的发酵法酿,榨取葡萄汁连同曲像平常酿糯米酒的方法。没有鲜葡萄汁,用干葡萄末也可以。魏文帝曹丕所说的葡萄酒,比米酒还要甘美,喝醉了容易醒来。用蒸馏法制葡萄酒,取葡萄数十斤,与大曲一同发酵。取放入甑中蒸,用器皿承接蒸汽冷凝后的滴露,酒红色可爱。自古以来,西域能用此法酿造葡萄酒,唐太宗破高昌后,才学到了这种酿法。按,《梁四公记》说:高昌来献蒲桃干冻酒。杰公说:蒲桃皮薄的味美,皮厚的味苦。只有八风谷冻成的蒲桃酒,终年不坏。叶子奇《草木子》说:元朝在冀宁路等地酿造蒲桃酒,八月到太行山辨别葡萄酒的真假。真的注入水就流走了,假的注入水就会结冰。陈年真蒲桃酒中间有一块地方,即使天气极其寒冷,周围都结冰了,只有这里不结冰,这就是葡萄酒的精华之所在,饮这里的酒,会让人透腋而死。葡萄酒放至二三年,也有大毒。《饮膳正要》说:葡萄酒分为几等,产自哈喇火州的最为浓烈,西番的次之,平阳、太原的又次之。也有人说:葡萄长久贮存,也会自酿成酒,芳甘酷烈,这就是真葡萄酒。

酿酒①

〔气味〕甘、辛,热,微毒。〔时珍曰〕有热疾、齿疾、疮疹人,不可饮之。

〔主治〕暖腰肾,驻颜色,耐寒(时珍)。

【注释】

①酿酒:这里指用传统发酵法酿造的葡萄酒。

【译文】

用传统发酵法酿造的葡萄酒

〔气味〕甘、辛,热,微毒。〔李时珍说〕有热疾、齿疾、疮疹的人,不可饮。

〔主治〕暖腰肾,保持容颜美好,耐寒(时珍)。

烧酒①

〔气味〕辛、甘,大热,有大毒。〔时珍曰〕大热大毒,甚于烧酒。北人习而不觉,南人切不可轻生饮之。

〔主治〕益气调中,耐饥强志(《正要》)②。消痰破癖(汪颖)③。

【注释】

①烧酒:这里指用蒸馏法酿造的葡萄酒。

②《正要》:指《饮膳正要》。

③消痰破癖(pǐ):祛痰、消除积癖。癖,中医指潜匿在两胁(两肋)间的积块。《医学传灯》:"癖者,隐在两胁之间,时痛时止,故名曰癖,痰与气结也。"

【译文】

用蒸馏法酿造的葡萄酒

〔气味〕辛、甘,大热,有大毒。〔李时珍说〕大热大毒,超过了烧酒。北方人习惯了不觉得,南方人切不可轻易饮。

〔主治〕葡萄酒补益气虚、调节脾胃,有助于忍耐饥饿、增强意志(《饮膳正要》)。祛痰、消除积癖(汪颖)。

政 觞

前言

　　在明代文坛上,袁宏道是一位引人注目的作家,不仅在于他的才情,还在于他的文学主张与别样的人生趣味。袁宏道认为,真正的文学"大都独抒性灵,不拘格套,非从自己胸臆流出,不肯下笔"(《叙小修诗》),不粉饰蹈袭,不为传统绳墨所拘,崇尚真情的抒发,强调个性化的文学创作,脱尽了文人习气,给人耳目一新之感。与文学趣尚相一致,袁宏道不愿为官场羁绊,自言"性之所安,殆不可强,率性而行,是谓真人"(《识张幼于箴铭后》),其短暂的一生以诗酒自娱、以游赏山水为务。

一

　　袁宏道(1568—1610),字中郎,湖北公安县人,万历二十年(1592)进士。此前一年春,袁宏道只身前往麻城龙湖,问学隐居于此的思想巨匠李贽(1527—1602),居留长达三个月。万历二十年、二十一年(1593),又与兄袁宗道、弟袁中道再次拜访李贽,欢谈有日。三次拜望李贽,对袁宏道人生道路的选择与文学主张的提出产生了重要影响。李贽考中举人之后不应会试,弃官设帐讲学;袁宏道进士及第之后,心思仍在学问文章、诗酒山水。李贽主张"童心说",袁宏道主张"独抒性灵",二者之间是有内在联系的。

　　袁宏道一生三次出仕。第一次是万历二十三年(1595)二月任吴县知县。在任上，他努力做了一些事情，颇受地方拥戴，也招致当道者的不满，加上吏事繁杂，让人心烦，他在给任萧山知县的沈广乘的信中说：

> 人生作吏甚苦，而作令为尤苦，若作吴令则其苦万万倍，直牛马不若矣。何也？上官如云，过客如雨，簿书如山，钱谷如海，朝夕趋承检点，尚恐不及，苦哉！苦哉！

袁宏道第二年便托故辞职，却没有回到湖北公安，而是在长达三个月的时间里，饱览了吴越风光。他在给袁宗道的信中说："自堕地以来，不曾有此乐"，"无一日不游，无一游不乐，无一刻不谭，无一谭不畅"（《伯修》）。第二次是万历二十六年（1598）起任顺天府教授、国子监助教，因为公务清闲，期间撰写专门研究瓶中插花艺术的《瓶史》十二篇，与友人饮酒论诗，遍游京城名胜。万历二十八年（1600）升礼部主事，七月告假回公安，在城南营建柳浪馆以为新居。馆成，六年盘桓其间，不接应酬，惟读书写作。第三次是万历三十四年（1606），奉父命再次入京，补吏部主事，公务清闲，以诗酒读书写作为乐。后升为吏部考功司员外郎，公务渐多。万历三十八年（1610）请假归乡，中秋节后得病，九月初六去世，时年四十三岁。袁宏道一生三次为官，时间加起来不到六七年。

袁宏道是那种热爱生活、懂得生活的人，机智、风趣，有性情，一生喜好山水诗酒及博雅之事。袁小修《中郎先生行状》称他"好山水，喜谭谑。不能酒，最爱人饮酒。意兴无日不畅适，未见其一刻皱眉蒿目。居柳浪六年，睡或高歌而醒。好修治小室，排当极有方略"。与袁宏道有过交往并且一起喝过酒的李枬在《觞政·题词》中说：

> 往岁中郎以谒选侨居真州，时四方谭秋者云集，而高阳生居十之八九，予幸割公荣之半，尚不了曲蘖事，日从中郎狎游，每胜地良辰，未尝不挈尊携侣，即歌舞纷沓，觥筹错落，而更肃然作文子饮，卜昼卜夜无倦色，客各欢然剧饮而散，觉中郎酣适亦过于客，是所谓得酒之趣，传酒之神者也。

袁宏道在真州与四方酒友相聚，饮酒量虽不大，却最为酣畅快乐。酒之外,袁宏道对山水最有会心:"一峦一壑,可列名山;败址残石,堪入图画"(《西洞庭》),"青山也许人酬价,学得云闲是主人"(《采石蛾眉亭》其三)。在袁宏道看来,凡是能被人欣赏的自然,都具有美的性质。有了闲云一样散淡的胸怀,便自然能成为江山美景的主人。"闲"作为一种审美胸怀的体现,使欣赏主体能以超越世俗的虚静空灵、从容自如的心态与大自然相近相投、相融相化,从而在真正意义上领略美、品赏美、享受美。

由于一生体弱多病,又遭逢兄长袁宗道(1560—1600)英年早逝,袁宏道对生命的感叹显得格外深沉:"古今文士爱念光景,未尝不感叹于死生之际。故或登高临水,悲陵谷之不长;花晨月夕,嗟露电之易逝。虽当快心适志之时,常若有一段隐忧埋伏胸中。"(《兰亭记》)对山水的喜好与对生命短暂的悲慨,让袁宏道对酒特别是酒文化产生了浓厚的兴趣,在与友人结社饮酒的同时,产生了编撰《觞政》的念头,作为"雅饮"的依据。

二

万历二十七年(1599),袁宏道任顺天府教授,广结名士,初夏在京西崇国寺结"葡萄社",时常召同道饮,除袁氏兄弟,与社者有谢肇淛、江进之、丘长孺、黄平倩、方子公等。袁宏道《崇国寺葡萄园集黄平倩锺君威谢在杭方子公伯修小修剧饮》说:

> 树上酒提偏,波面流杯满。
>
> 榴花当觥筹,但诉花来缓。
>
> 一呼百螺空,江河决平衍。
>
> 流水成糟醨,鬐髭沾苔藓。
>
> 侍立尽醒颠,不辨杯与盏。
>
> 翘首望裈中,天地困沈沔。
>
> 未觉七贤达,异乎三子撰。

"一呼百螺空""流水成糟醨""侍立尽醒颠,不辨杯与盏",写出了狂饮的场面,足见"葡萄社"中饮徒居多。"七贤",指"竹林七贤",皆能痛饮。
"异乎三子撰",指兴趣在山水自然。孔子问曾皙(名点)的志趣,回答
说:"异乎三子者之撰。""莫春者,春服既成,冠者五六人,童子六七人,
浴乎沂,风乎舞雩,咏而归。"(《论语·先进》)《避雨崇国寺三日纪事》
一诗,描述的也是"葡萄社"聚饮的情形:

> 湿云涨山雨不止,一酣三日葡萄底。
>
> 天公困雨如困酲,醉人渴饮似渴水。
>
> 东市典书西典几,团糟堆曲作城垒。
>
> 明知无雨亦不行,权将雨作题目尔。
>
> 仆夫安眠马束尾,大瓮小瓮来日起。

"一酣三日""渴饮似渴水""团糟堆曲作城垒",虽有夸张,却也写出了欢
饮之甚。此外还有《端阳日集诸公葡萄社分得未字》《夏日过葡萄园赋
得薰风自南来》《夏日同江进之丘长孺黄平倩方子公家伯修小修集葡萄
方丈以五月江深草阁寒为韵余得五字》等诗,记述的均为结社饮酒之事。
《觞政》就是此时在京编撰完成的。引言说:

> 社中近饶饮徒,而觞容不习,大觉卤莽。夫提衡糟丘,而酒宪不
>
> 　修,是亦令长之责也。今采古科之简正者,附以新条,名曰《觞政》。
>
> 凡为饮客者,各收一帙,亦醉乡之甲令也。

这是编撰《觞政》的起因。结社聚会,频繁狂饮,就需要有典章加以规
范。袁宏道写于这年即万历二十七年的《和黄平倩落字》,可以说是袖
珍版的诗体《觞政》:

> 诸君且停喧,听我酒正约。
>
> 禅客饱子卮,文士银不落。
>
> 酒人但盆饮,无得滥杯杓。
>
> 痛饮勿移席,极欢勿嘲谑。
>
> 当杯勿议酒,屈罚无过却。
>
> 种种皆欢候,违者三大爵。

"痛饮勿移席""当杯勿议酒""屈罚""欢侯"等，后来均编入了《觞政》之中。因时在国子监任职，袁宏道有机会大量阅读相关典籍，他在《觞政·引》中提到的有关酒文化的前代著作就有：汝阳王的《甘露经》《酒谱》、王绩的《酒经》、刘炫的《酒孝经》《贞元饮略》、窦子野的《酒谱》、朱翼中的《酒经》、李保的《续北山酒经》、胡杰还的《醉乡小略》、皇甫崧的《醉乡日月》、侯白《酒律》等，他从古代典籍中采集了大量的资料，编撰成《觞政》十六条，要求"凡为饮客者，各收一帙，亦醉乡之甲令也"。

所谓"觞政"，就是饮酒时应遵守的政令，即酒令，用以规范饮酒之秩序，也为了增添饮酒的乐趣和热烈气氛。古代宴饮，往往要推举一人为令官，其余的人听其号令，违令者罚酒。最早的觞政，其实可以追溯到《诗经·小雅·宾之初筵》："凡此饮酒，或醉或否。既立之监，或佐之史。"大凡赴宴饮酒者，有喝醉的也有清醒的；为了维持饮酒的秩序，需设立酒监再加上酒史监督饮酒。《宾之初筵》是中国文学史、中国文化史上关于饮酒及其场面纪录得最早、最完整的文献，"立之监""佐之史"就是最早的酒令官。酒令如法律，一旦制定，就必须执行，《说苑·善说》说：

> 魏文侯与大夫饮酒，使公乘不仁为觞政，曰："饮不釂者，浮以大白。"文侯饮而不釂，公乘不仁举白浮君，君视而不应。侍者曰："不仁退，君已醉矣。"公乘不仁曰："《周书》曰'前车覆，后车戒'，盖言其危。为人臣者不易，为君亦不易。今君已设令，令不行，可乎？"君曰："善！"举白而饮，饮毕，曰："以公乘不仁为上客。"

魏文侯（前472—前396），战国时期魏国国君，是魏国百年霸业的开创者；公乘不仁，魏国客卿；釂，"尽"之义。公乘不仁严格执行觞政，绝不徇私，饮不尽者要罚一大杯，连贵为一国之君的魏文侯也不能例外。宋人窦子野《酒谱》引《说苑》所记故事之后说："其酒令之渐乎？"认为这就是酒令的发端。

1968年，河北满城西汉中山靖王刘胜与其妻窦绾墓，首次出土了一套完整的"行酒令钱"，共40枚，其中20枚铸"第一"至"第廿"字样；另

20枚铸三字或四字韵语,如"圣主佐""珠玉行""五谷成"等。这些韵语内容丰富,有祈盼,有祝福,有行止。同时出土的还有一枚"错金银镶嵌铜骰",铜骰共18面,其中16面为数字,两面分别为"酒来""骄"字。各面除文字外还用金丝、绿松石、红玛瑙镶嵌出纹饰,铜骰与"行酒令钱"应该是配合使用。由此我们知道,最晚在西汉,行酒令已完全成熟,在饮酒场合普遍实行。东晋穆帝永和九年(353)暮春时节,王羲之与谢安、许询、孙绰、支道林等几十人,相会于风景优美的会稽山阴(今浙江绍兴)兰亭,行"曲水流觞"之令,仅是以《兰亭》为题的诗就有三十余首。这是中国文学史上第一次有名有姓的诗人大聚会,"曲水流觞"由此成了诗酒相会、文人雅集的代名词。

　　"觞政"文化形成之后,历代承继不绝。焦竑《焦氏笔乘续集·觞政》说:"唐时文士,或以经史为令,如退之诗'令徵前事为',乐天诗'闲徵雅令穷经史'是也。或以呼卢为令,乐天诗'醉翻衫袖抛小令,笑掷骰盆呼大采'是也。"白居易"花时同醉破春愁,醉折花枝作酒筹"(《同李十一醉忆元九》)的描写,亦颇见饮者的情趣。唐人好饮好醉,酒中醉后一派浩荡天真,勃勃英气尽显,而约以觞政,则豪中有雅,更见饮酒中的文化蕴涵。宋人赵与时的《觞记述》、何剡的《酒尔雅》、元人曹绍的《安雅堂酒令》、明人田艺蘅的《醉乡律令》、陈洪绶的《水浒叶子》《博古酒牌》、无名氏的《酣酣斋酒牌》、清人讷斋道人的《酒人觞政》、任熊的《列仙酒牌》、俞敦培的《酒令丛钞》、黄周星的《酒社刍言》、张潮的《饮中八仙令》等等,都是"觞政"文化有力的继承者和实践者。小说家蒲松龄亦熟悉"觞政"文化,在《聊斋志异·小二》写道:"煮藏酒,检《周礼》为觞政:任言是某册第几叶,第几人,即共翻阅。其人得食旁、水旁、酉旁者饮,得酒部者倍之。"

三

　　中国酒文化博大精深,源远流长。"觞政"体现的是饮酒的文化蕴涵。在情绪大起大落之后的相对平静中,中国文人善于从酒中寻找情致,寻找趣味,以提高饮酒的品位,将饮酒上升到一种"雅"的高度,使之更具有文化气息。与此同时,中国文人对酒之色味的品评、命名,对饮酒器具的要求,对饮酒环境的选择,以至于酒令的编制、酒席间的奖罚等等,都有一整套饶有兴味的规矩。酒趣,说到底是人生感悟、人生智慧在饮酒中的诗意体现。识酒趣、懂酒趣,能在平常饮食中挖掘幽情雅意,饮酒才会有品位,有境界,有深厚的文化蕴涵,才会饶有情味,饶有兴致,避免堕入饮酒无度、借酒使气的"酒荒"和"酒狂"之中,这便是袁宏道编撰《觞政》的文化理由。

与袁宏道关系密切的方子公在《觞政》跋文中说:"先生无酒肠,知酒味,有酒趣,爱酒客饮,因采古科、定新法,寓意深矣。夫士人之善雅谑者,不修酒宪而酒宪存。昔王、阮共饮,不与于刘,刘终日自若,是所以奉酒宪也。间有饶酒之徒,惟知有酒而不知有酒宪,礼法怠矣。故先生订新书十六条,名曰《觞政》,意重于刑书。"不善饮的袁宏道深谙酒道,他赞赏李白之酒:"刘伶之酒味太浅,渊明之酒味太深。非深非浅谪仙家,未饮陶陶先醉心"(《饮酒》),认为李白的酒深浅适宜,既不像刘伶的酒浅露直白,让人觉得乏味,也不似陶渊明的酒蕴含着那么多有关宇宙自然人生的妙理,非用心体悟难以进入真境,而是恰到好处,正在似与不似之间,充满了人间气息。

《觞政》不同于一般的酒令,而是成系统、有深刻文化内涵的。如"酒客"一项是这样说的:"饮喜宜节,饮劳宜静,饮倦宜诙,饮礼法宜潇洒,饮乱宜绳约,饮新知宜闲雅真率,饮杂糅客宜逡巡却退",对在不同的情绪状态下、不同的场合中、面对不同的饮酒对象应采取的态度、做法,都提出了比较合理科学的要求。高兴的时候饮酒要有所节制,劳顿的时候饮酒要比平时更加安静,倦怠的时候饮酒需要幽默诙谐,和礼法之人饮酒要潇洒自如,在混乱的场合饮酒要注意自我约束,和新结识的人饮酒要闲雅真率,和乱七八糟的人饮酒不宜久留、要逡巡退场,总之,要保持良好的酒人风度。"凡醉有所宜"一项强调的是醉酒与具体环境、具体对象的协调和适宜：

> 醉花宜昼,袭其光也。醉雪宜夜,消其洁也。醉得意宜唱,导其和也。醉将离宜击钵,壮其神也。醉文人宜谨节奏、章程,畏其侮也。醉俊人宜加觥盂、旗帜,助其烈也。醉楼宜暑,资其清也。醉水宜秋,泛其爽也。

酒不仅要喝好喝足,就是醉也应醉得其时,醉得其地,醉得其人。袁宏道强调:醉中景美人美,醉中情真意真,醉中有无限的意趣。酒与醉的世界,不仅可以改变时间感和空间感,拉开饮者与现实世界的距离,还可以充分激发浪漫神奇的想象,让饮者在独属于自己的世界里自由遨游,充分享受醉之境带来的曼妙美好。醉之美,是一种自然的美、潇洒的美、飘逸的美,是一种偏离了常轨、超越了社会伦常之后所显示出的自由美。因其真,因其朴,因其绝去雕饰、身心俱忘、不计利害,所以更贴近美的本质,更能引人入胜。元代散曲家商挺说:"暖阁偏宜低低唱,共饮羊羔酿。宜醉赏酿,宜醉赏腊梅香。雪飞扬,堪画在帏屏上。"(〔双调〕《潘妃曲》)在洁白轻寒的雪花漫天飘舞之时,在一个砌玉堆银、粉雕晶琢的世界悄然诞生之际,畅饮羊羔酒,乘着醉意欣赏绽放的腊梅花,最是兴味无穷。

与袁宏道同时的李枳在《觞政·题词》中说:"余观中郎《觞政》,十六款,润旧益新,词简义赡,勒成令甲,型范森然。"《觞政》自诞生以来,一直受到历代文人雅士的关注。在袁宏道的基础上,清人又扩展了《觞政》的内容,张潮说:"上元须酹豪友,端午须酹丽友,七夕须酹韵友,中秋须酹淡友,重九须酹逸友"(《幽梦影》),不同的节日,要和不同气质、性情的朋友饮酒,这样才能最大限度激发酒的兴致。李渔说:"宴集之事,其可贵者有五:饮量无论宽窄,贵在能好;饮伴无论多寡,贵在善谈;饮具无论丰啬,贵在可继;饮政无论宽猛,贵在可行;饮候无论短长,贵在能止。备此五贵,始可与言饮酒之乐"(《闲情偶记·颐养部·饮》),"能好""善谈""可继""可行""能止",是欢饮的前提与基本保证。

　　将中国酒文化推向高潮的是《红楼梦》，其中关于酒令、饮酒场面的描写精彩纷呈，令人目不暇接，是袁宏道之后对"觞政"最生动完美的诠释。《红楼梦》中的诸多酒令、饮酒场面的描写，就明显受到了《觞政》的启发和影响。

　　清人黄周星《酒社刍言》说："饮酒者，乃学问之事，非饮食之事也。何也？我辈生性好学，作止语默，无非学问。而其中最亲切而有益者，莫过于饮酒之顷。盖知己会聚，形骸礼法，一切都忘，惟有纵横往复，大可畅叙情怀。而钓诗扫愁之具，生趣复触发无穷。"袁宏道编撰《觞政》，看重的正在于此。酒宴不是酒局，一醉方休并不是目的。饮酒过程也是一个显露人性与才情的过程，是一个文化熏陶与洗礼的过程。

四

　　关于《觞政》编成的时间，沈德符《万历野获编》卷二十五"金瓶梅"条说："袁中郎《觞政》，以《金瓶梅》配《水浒传》为外典，予恨未得见。丙午遇中郎京邸，问：'曾有全帙否？'曰：'第睹数卷，甚奇快。今惟麻城刘涎、白承禧家有全本。'"丙午为万历三十四年（1606），这年袁宏道在吏部任职，《觞政》已经编成。《觞政》正文前有李枙的题词，所属日期为"万历戊申上巳日"，即1608年农历三月三日。李枙的题词称："《觞政》旧已剞劂，方子公欲重梓广传，属序于余。余素善中郎是编，宁得嘿嘿。子公又出一扇示余，则中郎丁未夏日评论诸君饮量者。"子公即方文僎，字子公，自万历二十二年（1594）至万历三十五年（1607）的几十年间一直为袁宏道料理笔墨，多次陪同袁宏道出游。袁宏道在《西湖一》中说："晚同子公渡净寺，觅阿宾旧住僧房。"《觞政》的跋文就是方文僎撰写的，它对了解袁宏道及其《觞政》有很大帮助。丁未，指万历三十五年（1607），时袁宏道在京任吏部侍郎。这样看来，《觞政》此前已经刊印，这次是序后再印。

　　浙江图书馆藏明万历三十八年（1610）刻本《觞政》一卷，简称"万历本"，就是在袁宏道去世的当年刊刻的，收入齐鲁书社1997年出版的《四库全书存目丛书·子部》第八十册。全书一卷十六条，单鱼尾，同白口四周单边，加上序跋共二十二页，每页十行，每行二十个字。《四库全书总目提要·觞政一卷》说：

> 《觞政》一卷内府藏本，明袁宏道撰。宏道字无学，公安人。万历壬辰进士，官至吏部稽勋司郎中。事迹具《明史·文苑传》。是书纪觞政凡十六则。前有宏道引语，谓采古科之简正者，附以新条，为醉乡甲令。朱国桢《涌幢小品》曰，袁中郎不善饮而好谈饮，著有《觞政》一篇，即此书也。

《觞政》影响广泛，是酒社、宴席中的参加者乐于遵守的条文。关于其成书过程，袁宏道说是"采古科之简正者，附以新条"，也就是说《觞政》由两个部分构成，一为"古科"，即旧有典籍；一为"新条"，即新的条文。袁宏道是在采撷"古科"的基础上，增以"新条"，总成《觞政》的。比勘之后发现，《觞政》"采古科"最多的有两部书：一是唐代皇甫崧的《醉乡日月》，一是明代沈沈的《酒概》。

《醉乡日月》，唐皇甫崧撰。崧，一作"松"，生卒年不详。字梓琪，自号檀栾子，睦州新安（今浙江淳安）人，著名古文家皇甫湜之子。崧工诗文，然终身未及进士第。《新唐书·艺文志》著录《醉乡日月》三卷，《直斋书录题解》卷一一亦记《醉乡日月》三卷，称"唐人饮酒令，此书详载，然今人皆不能晓也"。皇甫崧《醉乡日月·自序》中谈到了编撰此书的起因："余会昌五年春，尝因醉罢，戏纂当今饮酒者之格，寻而亡之。是冬闲暇，追以再就，名曰《醉乡日月》，勒成一家，施于好事，凡上中下三卷。"《醉乡日月》收入明人陶宗仪编《说郛三种》，另有陶敏的整理本（见陶敏主编《全唐五代笔记》第二册，三秦出版社2012年版）。《觞政》的"四之宜""六之候""十二之品第"数节，均来自于皇甫崧《醉乡明月》的"饮论第一""谋饮第二"，个别文字有所不同。

《酒概》，明沈沈撰，北京国家图书馆藏明刻本，收入齐鲁书社1997

年出版的《四库全书存目丛书·子部》第八十册。沈沈生平事迹不详，《四库全书总目提要》说：

> 《酒概》四卷浙江巡抚采进本，明沈沈撰。自题曰震旦醄民囷囷
> 父。前有自序一首，则称曰祸之父。囷囷沈沈，名号诡谲，不知何
> 许人。每卷所署校正姓氏，皆称海陵，则刻于泰州者也。其书仿陆
> 羽《茶经》之体，以类酒事。一卷三目，曰酒、名、器。二卷七目，曰
> 释、法、造、出、称、量、饮。三卷六目，曰评、僻、寄、缘、事、异。四卷
> 六目，曰功、德、戒、乱、令、文。杂引诸书，体例丛碎，至以孔子为酒
> 圣，阮籍、陶潜、王绩、邵雍为四配，尤妄诞矣。

《酒概》没有具体的刊刻时间，每一卷首题有"震旦醄民沈沈囷囷父辑""海陵友弟 储煐君照父 韩涛如巨源父 校"字样，正文前有编撰者沈沈自序。全书四卷二十二目，单鱼尾，同白口四周单边，共三百六十五页，每页九行，每行十九个字。沈沈生平事迹无从考，但从内容大致上可以判定，《酒概》成书早于《觞政》，作者为民间好酒之人，博览群书，熟悉历代典籍，视野开阔，所辑均为明代之前的酒人、酒事，应收尽收，内容驳杂而丰富，虽说"杂引诸书，体例丛碎"，却是辑纂者沈沈的尽心尽力之作，不失为一部有关中国酒文化的资料汇编。

《酒概》在袁宏道编撰《觞政》的过程中的重要参考价值是显而易见的。兹举数例，以见《觞政》与《酒概》之关系：

（一）《酒概》卷二"诸贤"条：

> 山巨源，胡毋彦国、毕茂世、张季鹰、何次道、李元忠、贺知章、
> 李太白以下，祀两庑。至若仪狄、杜康、刘白堕、焦革辈，皆以造酒得
> 名，无关饮徒，姑祠之门垣，以旌酿酒者。

《觞政》改《酒概》"诸贤"条为"八之祭"，改"造酒"二字换成"酝法"，"以旌酿酒者"之后增补"亦犹校官之有土主，梵宇之有伽蓝也"两句，其余文字相同。

（二）《酒概》卷二"饮品"条：

　　曹参、蒋琬,饮醇者也;陆贾、陈遵,饮达者也。张师亮、寇平仲,饮豪者也。王元达、何承裕,饮俊者也。蔡中郎,饮而文;郑康成,饮而儒;淳于髡,饮而俳,广野君,饮而辨;孔北海,饮而肆。醉颠、法常,非禅饮乎? 孔元、张志和,非仙饮乎? 杨子云、管公明,非玄饮乎? 白香山之饮适,苏子美之饮愤,陈暄之饮骏,颜光禄之饮矜,荆卿、灌夫之饮怒,信陵、东阿之饮悲,其饮品各自有派也。

　　《觞政》改《酒概》"饮品"条为"九之典刑",改"非禅饮乎"为"禅饮者也"。在"其饮品各自有派也"后增补"诸公皆非饮派,直以兴寄所托,一往标誉。触类广之,皆欢场之宗工,饮家之绳尺也"数句,其余文字相同。

　　"古科之简正者"之外,就是"新条"了。"新条"中最值得一提的是《觞政》以"六经"为饮酒的经典,同时把小说戏曲如"乐府则董解元、王实甫、马东篱、高则诚等,传奇则《水浒传》《金瓶梅》等,为逸典",给予俗文学以相当高的评价。袁宏道万历二十四年(1596)在吴县时给董其昌(号思白)的信中,第一次透露了有《金瓶梅》这样一部奇书存世。袁宏道说:"《金瓶梅》从何得来? 伏枕略观,云霞满纸,胜于枚生《七发》多矣"(《锦帆集之四·董思白》);又说:"后来读《水浒》,文字益奇变。'六经'非至文,马迁失组练"(《解脱集之二·听朱生说〈水浒传〉》),从《觞政》中可见袁宏道的文学观念及明晚时期的文学风尚。

　　本书的《觞政》原文悉照"万历本"录入,包括明人李枳的《觞政》题词、方文僎的《觞政》跋文。《觞政》原文中的个别错字,参照《说郛三种》续三十八卷(上海古籍出版社1988年影印本)、苏渊雷序《袁中郎集》(上海世界书局1935年版)、钱伯城《袁宏道集笺校》(上海古籍出版社2008年版)中所收《觞政》径改之,未出校记。

引

【题解】

"引"说明编写《觞政》的缘起。在袁宏道看来,酒让人兴奋不安,可以做长夜之饮,但不可以为饮而饮,一醉了之,由此失掉了饮酒的情趣与应有的文化品位。为了饮的优雅,饮的欢乐得体,就不能不制定关于饮酒的政令、法规,这就是编纂《觞政》的缘起。

余饮不能一蕉叶①,每闻垆声②,辄踊跃。遇酒客与留连③,饮不竟夜不休④。非久相狎者⑤,不知余之无酒肠也⑥。社中近饶饮徒,而觞容不习,大觉卤莽⑦。夫提衡糟丘⑧,而酒宪不修⑨,是亦令长之责也⑩。今采古科之简正者⑪,附以新条⑫,名曰《觞政》。凡为饮客者⑬,各收一帙⑭,亦醉乡之甲令也⑮。

【注释】

① 蕉叶:指蕉叶杯,一种容量较小的浅底酒杯,状如芭蕉叶。苏轼《题子明诗后》曰:"吾少时望见酒盏而醉,今亦能三蕉叶矣。"胡仔《苕溪渔隐丛话后集·回仙》引陆元光《回仙录》:"饮器中,惟

钟鼎为大,屈卮螺杯次之,而梨花蕉叶最小。"《红楼梦》第三十八回:"黛玉放下钓竿,走至座间,拿起那乌银梅花自斟壶,拣了一个小小的海棠冻石蕉叶杯。"

②垆(lú)声:卖酒声。垆,旧时酒店里安放酒瓮的炉形土台子,借指酒店。

③留连:留恋不舍,不愿意离开。

④竟夜:整夜,通宵。

⑤相狎(xiá):彼此亲近、要好。狎,亲近,亲热。

⑥酒肠:代指酒量。唐代刘叉《自问》曰:"酒肠宽似海,诗胆大于天。"

⑦"社中近饶饮徒"几句:大意是说酒社中近日多有好饮之徒,不讲饮酒之礼,饮酒多粗率冒失。社,集体性组织团体,这里指酒社,由意气相投的酒友所组成的社团。苏轼《元日次韵张先子野见和七夕寄莘老之作》曰:"酒社我为敌,诗坛子有功。"万历二十七年(1599),袁宏道任顺天府教授,广结名士,初夏在京西崇国寺结"葡萄社",除袁氏兄弟,与社者有谢肇淛、江进之、丘长孺、黄平倩、方子公等。袁宏道有《崇国寺葡萄园集黄平倩锺君威谢在杭方子公伯修小修剧饮》《端阳日集诸公葡萄社分得未字》等诗,记述此事。饶,多。饮徒,酒徒,嗜酒者。觞容不习,指不讲饮酒之礼。习,对某事熟悉。卤莽,粗率冒失,不郑重。

⑧提衡糟丘:每日用秤称量着酒的多少,指在酒局中监酒。提衡,亦作"提珩",谓用秤称物,以平轻重。糟丘,积糟成丘,极言酿酒之多、沉湎之甚。糟,酒糟,从谷物中蒸出酒精或酒精饮料之后剩余的残渣。《北山酒经》卷上曰:"朝登糟丘,暮游曲封。"

⑨酒宪不修:不撰写有关酒的法令。酒宪,酒法,酒礼。修,编纂,撰写。

⑩令长:县长,此处指负有专职者。

⑪古科之简正者：简明切要的古代法令、条文，此处指有关饮酒的规则。古科，古时的法律、条文。简正，简明切要。

⑫新条：新的条文。

⑬饮客：酒徒。

⑭一帙（zhì）：一套。帙，古代竹帛书籍的套子，多用布、帛制成。后世亦指线装书之函套。

⑮醉乡之甲令：饮酒时应遵守的条文、法令。醉乡，指酒醉后精神所进入的昏沉、迷糊境界。唐代王绩《醉乡记》曰："阮嗣宗、陶渊明等十数人并游于醉乡，没身不返，死葬其壤，中国以为酒仙云。"南唐李煜《锦堂春·昨夜风兼雨》词曰："醉乡路稳宜频到，此外不堪行。"甲令，第一道法令，朝廷颁发的重要法令。

【译文】

我的酒量小，每次连一蕉叶杯的酒都喝不了，但一听到卖酒声，便跃跃欲试。与酒友一起饮酒，不饮通宵不肯作罢。不是长久交往的亲密朋友，不知道我其实是没酒量的。酒社中近来多有好饮之徒，大多不熟悉饮酒之礼，让人觉得冒失粗鲁。既然在酒社中监酒，却又不订立酒法、酒礼，这自然是酒社负责人的责任了。现在，我采择古代典籍中简明实用的有关饮酒的条文、法则，再添加一些新条目，编成这本名曰《觞政》的书。凡是好饮之人，各藏一册，也算是醉乡中的守则吧。

一之吏

【题解】

以"吏"开篇,足见"觞政"非小事,非有酒官指导、督促不行。酒令既已制定,那就要按条件选择酒官贯彻执行了。酒官最好推举苛严的,不讲情面的人担任,这样酒令才能得到有效执行,酒才能喝得下去。督酒人的选择也很重要,须是通晓酒令(准确把握政策)、精于音律(以判定所做诗词是否合律)、酒量大(可以与被监督者对饮)的人。督酒人的水平高低,决定了饮酒的公平以及能否让众人信服。袁宏道《九月二日盛集诸公郊游至二圣寺仍用散木韵》诗其五曰:"白马紫缰游,溪光湛碧秋。蛾眉司酒监,大鼻领曹头。"

凡饮以一人为明府①,主斟酌之宜②。酒懦为旷官③,谓冷也;酒猛为苛政④,谓热也。以一人为录事⑤,以纠坐人⑥,须择有饮材者⑦。材有三谓:善令、知音、大户也⑧。

【注释】

①明府:汉代对太守、唐代对县令的尊称,这里指酒令执行者。皇甫崧《醉乡日月·明府第五》曰:"明府之职,前辈极为重难,盖二十人为饮,而一人为明府,所以观其斟酌之道。每一明府,管骰子一

双,酒杓一只,此皆醉录事分配之,承命者法不得拒。"

②主斟酌之宜:主持饮酒之事。斟酌,指饮酒。斟,倒酒。酌,饮酒。
宜,事宜,事情。

③旷官:居官而旷废职守,指不称职。

④苛政:苛刻残酷的统治。《礼记·檀弓下》曰:"苛政猛于虎。"

⑤录事:唐代曲江宴上进士所推举的督酒人。五代王定保《唐摭
言·散序》曰:"其日状元与同年相见后,便请一人为录事,其余
主宴、主酒、主乐、探花、主茶之类,咸以其日辟之。"原注:"旧例
率以状元为录事。"唐代科举考试,同年及第者聚会,便请一人为
录事,主持宴席间的应酬事务。最初由状元担任,后多改以歌妓
充任。

⑥以纠坐人:纠察违犯酒令的人。明代王志坚《表异录》卷十曰:
"觥政,酒令也。酒纠,监令也,亦名瓯宰,亦名觥录事。"坐人,座
中饮酒之人。

⑦饮材:有饮酒之才。宋代陈著《中秋月下醉笔》曰:"去年酒少辄
醉倒,今年酒多如未杯。信知豪饮不在我,月色为我生饮材。"

⑧善令、知音、大户:通晓酒令、精于音律、酒量大的人。唐代皇甫松
《醉乡日月·律录事第六》曰:"夫律录事者,须有饮材。饮材有
三谓:善令、知音、大户也。"

【译文】

凡饮酒时,先推选一人为酒令的执行者,主持饮酒事项。如果执行
力弱就会和荒废政务的官员一样,会使筵席冷清;如果执行力强、罚酒严
苛,则会使筵席气氛热烈。再推举一人为督酒人,专门负责纠察违犯酒
令的人,必须选择有饮酒之才者。衡量"材"有三个条件:通晓酒令、精
于音律、酒量大。

二之徒

【题解】

　　饮酒是一种优雅的消遣，当然对饮酒者有合乎情理的要求。真正的酒徒是有品位的，不是想当就能当得上的。包容大度，幽默风趣，才情横溢，兴致盎然，有内蕴，不张扬，不挑剔，是其必备的品格。一次不事功利的酒席，其实就是一次意气相投、彼此欣赏的好友聚会。有品格的酒徒，也往往是日常生活中的可交之人。一个人对酒的态度，可以看出其对生活的态度。

　　凡酒徒之选，十有二：款于词而不佞者[①]，柔于气而不靡者[②]，无物为令而不涉重者[③]，令行而四座踊跃飞动者，闻令即解不再问者，善雅谑者[④]，持曲爵不分诉者[⑤]，当杯不议酒者，飞斝腾觚而仪不忒者[⑥]，宁酣沉而不倾泼者[⑦]，分题能赋者[⑧]，不胜杯杓而长夜兴勃勃者[⑨]。

【注释】

　①款于词而不佞（nìng）：对人说话诚恳、不巧言谄媚取悦于人。款，诚恳。佞，花言巧语。

②靡：萎靡，精神不振作。

③无物为令而不涉重者：指不靠相关的用具（如骰子、酒筹等）就能发出酒令，而且不加重复。重，重复。

④雅谑（xuè）：趣味高雅的戏谑，高雅的玩笑话。谑，开玩笑。

⑤持曲爵不分诉：意指受罚却不去辩解。曲爵，指持酒不公。明代陈继儒《茶董小叙》曰："觞政不纲，曲爵分诉，呵詈监史，倒置章程，击斗覆瓿。"分诉，辩解，诉说。

⑥飞觯（jiǎ）腾觚（gū）而仪不愆（qiān）：面对热闹的饮酒场面而能保持端庄的仪容。飞觯腾觚，酒杯频传，形容开怀畅饮。腾觚，举杯，传杯。愆，过失，错误。

⑦倾泼：倾倒泼酒。

⑧分题能赋：诗人聚会，分到题目即能赋诗。

⑨不胜杯杓（sháo）：禁不起多喝酒，即醉了。不胜，禁不起。杓，酒器。

【译文】

选择真正的饮酒之人，有十二条标准：说话诚恳、不巧言谄媚的人，气色温柔但不萎靡的人，随意行令却不重复酒令的人，酒令一行就能让满座踊跃的人，听到宣令马上就能理解不再诘问的人，善于开高雅玩笑的人，未犯令而被委屈罚酒、不自我辩解的人，面对酒杯不议论酒好酒坏的人，推杯换盏之际而仪容端正的人，宁可酣醉也不偷着泼洒酒的人，得到题目就能题诗作赋的人，不胜酒力却能长夜饮、兴致不衰的人。

三之容

【题解】

容，指仪容、态度。酒要饮得安适自如，保持良好的饮酒风度，就需要把握饮酒时的自我情绪、心理状态，了解饮酒的环境与对象。不是什么酒都可以一喝到底的，也不是什么场合的酒都可以以同一种态度对待的。有节制，知进退，是成熟的饮酒者的起码标志。

本节来自《酒概》"饮有七宜"，部分文字有改动。

饮喜宜节①，饮劳宜静，饮倦宜诙②，饮礼法宜潇洒③，饮乱宜绳约④，饮新知宜闲雅真率⑤，饮杂糅客宜逡巡却退⑥。

【注释】

①节：节制。

②诙：诙谐，幽默。

③礼法：礼仪法度，这里指遵礼守法之士。《晋书·裴頠传》曰："頠深患时俗放荡，不尊儒术，何晏、阮籍素有高名于世，口谈浮虚，不遵礼法，尸禄耽宠，仕不事事。"

④绳约：绳索，比喻拘束、约束。

⑤闲雅：安适高雅。

⑥饮杂糅（róu）客宜逡（qūn）巡却退：意指看到座中有杂客就要及
时离席，以免发生不快。杂糅，交错混杂。逡巡，退避，退让。

【译文】

高兴时饮酒要有节制，疲劳时饮酒要安静，倦怠时饮酒要诙谐幽默，
与礼法之士饮酒要潇洒自如，在混杂的场合饮酒要自我约束，和新结识的
朋友饮酒要闲雅率真，座中有杂客的饮酒场合要提醒自己及时退避离开。

四之宜

【题解】

"凡醉有所宜",是说饮酒要与环境、季节、对象保持高度的和谐统一。"醉花""醉雪""醉月""醉水""醉暑""醉山""醉楼",是要在醉中享受大自然及季节与环境之美:"坐山客,北亭湖。命舟人,驾舫子。漾漾菰蒲,酒兴引行处"(唐卢仝《观放鱼歌》),"三月初三花正开,闲同亲旧上春台。寻常不醉此时醉,更醉犹能举大杯"(宋邵雍《南园赏花》其一)。"醉文人""醉俊人""醉佳人""醉豪客""醉知音",是要在醉中享受人情之美;"醉得意""醉将离",是要在醉中展现饱满的情绪之美。

凡醉有所宜^①。醉花宜昼,袭其光也^②。醉雪宜夜,消其洁也^③。醉得意宜唱,导其和也^④。醉将离宜击钵^⑤,壮其神也。醉文人宜谨节奏、章程^⑥,畏其侮也^⑦。醉俊人宜加觥盂、旗帜^⑧,助其烈也^⑨。醉楼宜暑,资其清也^⑩。醉水宜秋,泛其爽也^⑪。一云:醉月宜楼,醉暑宜舟,醉山宜幽,醉佳人宜微酡^⑫,醉文人宜妙令无苛酌^⑬,醉豪客宜挥觥发浩歌^⑭,醉知音宜吴儿清喉檀板^⑮。

【注释】

①"凡醉有所宜"至本段末：本段部分文字来自皇甫崧《醉乡日月·饮论第一》："凡醉有所宜。醉花宜昼，袭其光也。醉雪宜夜，乐其洁也。醉得意宜唱，宣其和也。醉将士宜鸣鼍，壮其神也。醉文人宜谨节奏、慎章程，畏其侮也。醉俊人宜益觥盂、加旗帜，助其烈也。醉竹宜暑，资其清也。醉水宜秋，泛其爽也。此皆以审其宜，考其景，以与忧战也。呜呼，反此道者，失饮之天也。"

②袭其光：欣赏花的亮丽。袭，受。

③消其洁：欣赏雪的皎洁。消，享受。

④导其和：传导和畅。

⑤钵：形状像盆而较小的一种陶制器具，用来盛饭、菜、茶水等。

⑥谨节奏、章程：注意节奏、依从章程。谨，谨慎，小心。章程，指酒规、酒法。

⑦侮：轻慢。

⑧醉俊人宜加觥（gōng）盂（yú）、旗帜：意指与才德超卓之人饮酒，应该强化场面不一般的氛围。俊人，俊士，风度高雅及才德超卓的人。觥，盛酒或饮酒器。初用兽角制，后亦用玉、青铜、陶制。腹椭圆或方形，底有圈足，上有兽头形或长鼻上卷的象头形盖，也有整体做兽形的，容积较大。盂，圆形敞口酒器。唐代皇甫崧《抛毬乐》诗曰："上客终须醉，觥盂且乱排。"

⑨烈：威猛，强劲。

⑩资其清：指在楼上享受清凉。资，资借。

⑪泛其爽：乘船在水上浮行，享受清爽。泛，漂浮。

⑫酡（tuó）：因饮酒而脸色泛红。宋玉《招魂》曰："美人既醉，朱颜酡些。"

⑬苦酌：逼着饮酒。

⑭豪客：豪士，侠义之人。浩歌：大声歌唱，纵情歌唱。唐杜甫《自

　　京赴奉先县咏怀五百字》诗曰:"取笑同学翁,浩歌弥激烈。"

⑮知音:知己,至交。吴儿:吴地的歌伎。檀板:乐器名,檀木制成的
　　拍板。

【译文】

　　开怀酣饮,应当有适宜的时节、环境。在花荫间酣饮,最好是在白天,以便享受花的美姿美态。对着雪景饮酒,最好是在夜晚,以便欣赏雪的皎洁。称心得意时饮酒,应该引吭高歌,以宣导内心的喜悦之情。因不忍离别而痛饮,应击钵以壮行色。与文人饮酒,应把握节奏、依从章程,以避免有轻慢之嫌。与才智兼得之人饮酒,应当频添酒杯、插上旗帜,以示威猛有力。在楼上酣饮宜在夏日,高楼有清风降暑。在河湖上痛饮宜在秋天,乘船浮行,享受清爽。另有一说:在月下饮酒宜选择高楼,酷暑天饮酒最好是在船上,在山中饮酒宜选择幽静之处,与佳人饮酒微醺即可,与文人饮酒应该妙语连珠、不逼着强饮,与豪侠之人饮酒最好是举大杯痛饮、放声高歌,与至交、知己饮酒,最好是有吴地歌伎拍击檀板、曼声清唱。

五之遇

【题解】

　　饮酒要尽兴，就须讲求"五合""十乖"。"合"则尽兴，"乖"则败兴。好时节，好天象，好心情，可以畅饮，白居易说："晚来天欲雪，能饮一杯无"(《问刘十九》)，孟郊说："将何谢青春，痛饮一百杯。"(《看花》其二) 杜荀鹤说："就船买得鱼偏美，踏雪沽来酒倍香"(《冬末同友人泛潇湘》)。遭遇到不好的心情，不好的待客环境，不尽心的主人等，就不能畅饮，更不用说尽兴。

　　本节内容合并《酒概》"饮有五合"条、"饮有十乖"条，文字略有改动。

　　饮有五合^①，有十乖^②。凉月好风^③，快雨时雪^④，一合也。花开酿熟^⑤，二合也。偶而欲饮，三合也。小饮成狂^⑥，四合也。初郁后畅^⑦，谈机乍利^⑧，五合也。日炙风燥^⑨，一乖也。神情索莫^⑩，二乖也。特地排当^⑪，饮户不称^⑫，三乖也。宾主牵率^⑬，四乖也。草草应付，如恐不竟^⑭，五乖也。强颜为欢^⑮，六乖也。革履板折^⑯，谀言往复^⑰，七乖也。刻期登临^⑱，浓阴恶雨，八乖也。饮场远缓^⑲，迫暮思归^⑳，九乖也。客佳而有他期^㉑，妓欢而有别促^㉒，酒醇而易^㉓，炙美而

冷^㉔，十乖也。

【注释】

①合：不违背，指一事物与另一事物相应或相符。

②乖：背离，不和谐。《新书·道术》曰："刚柔得适谓之和，反和为乖。"

③凉月：秋月。

④快雨：来得快也停得快的雨。

⑤花开酿熟：花开时节酒也酿成了，指秋冬酿、春天成的米酒。

⑥狂：指酒性大发。

⑦初郁后畅：开始抑郁而后畅快。

⑧谈机乍利：口齿伶俐，能言善辩。谈机，谈话的机锋。

⑨日炙风燥：太阳炙晒，空气燥热。

⑩索莫：亦作"索漠""索寞"，寂寞无聊，失意消沉。

⑪特地排当（dāng）：特意备办的宴席。排当，安排妥当。

⑫饮户不称（chèn）：指与饮酒人的身份不相称。饮户，指饮酒人。称，相称，配得上。

⑬牵率（lù）：犹言草率。

⑭如恐不竟：惟恐不早些收场。

⑮强（qiǎng）颜为欢：勉强装出高兴的样子。

⑯革履板折（zhé）：指有身份地位的人。革履，皮革制成的鞋。板，笏版。折，用纸叠起来的册子，如折子、奏折。

⑰谀言往复：不断地互相吹捧。谀言，谄谀、讨好的言词。汉桓宽《盐铁论·国病》曰："林中多疾风，富贵多谀言。"

⑱刻期登临：在规定的时间内游赏。刻期，克期，在严格规定的期限内。登临，登山临水或登高临下，泛指游览山水。

⑲饮场：饮酒之地。

⑳迫暮：薄暮，日落之时。

㉑他期：另外的邀约。

㉒别促：另外的催促、召唤。

㉓酒醇而易：酒很醇美却被换掉。醇，酒味浓。易，改变。

㉔炙美而冷：烤肉很香却是冷的。炙，烤，这里指烤肉。《诗经·小
　雅·瓠叶》曰："有兔斯首，燔之炙之。"

【译文】

　　饮酒，有五种情形适宜，有十种情形不适宜。秋月明亮，好风送爽，疾雨初停，瑞雪适时而至，是适宜饮酒的第一种情形。春花吐艳之时，新酒酿成，是适宜饮酒的第二种情形。偶有酒兴，端起杯子就饮，是适宜饮酒的第三种情形。稍微喝点儿酒，就兴致勃发，是适宜饮酒的第四种情形。开始郁结，越喝越畅快，口齿越来越伶俐，是适宜饮酒的第五种情形。太阳炙烤，空气燥热，是不适宜饮酒的第一种情形。寂寞消沉，是不适宜饮酒的第二种情形。特地备办，与饮者身份不相称，是不适宜饮酒的第三种情形。宾主冒失草率，有失大雅，是不适宜饮酒的第四种情形。草草应付，唯恐不早些收场，是不适宜饮酒的第五种情形。强作欢颜，是不适宜饮酒的第六种情形。看重对方身份、不断地相互吹捧，是不适宜饮酒的第七种情形。在限定的时间内登高望远，偏逢阴云密布、大雨瓢泼，是不适宜饮酒的第八种情形。饮地僻远，黑夜将临，急于回家，是不适宜饮酒的第九种情形。客人好却有他约，歌妓令人高兴但另有应酬，酒醇美却被换掉，烤肉香却冰凉，是不适宜饮酒的第十种情形。

六之候

酒宴是人际往来的重要场合,故需要郑重对待。不同的条件,造就了不同的饮酒景况,有欢乐的,也有不欢乐的。得其时,得其地,得其人,监酒官还要不徇私情,严格执行酒令,就可能营造出欢乐的饮酒景况;轻慢客人,饮酒场面杂乱,窃窃私语,醉话连篇,玩笑失当,就会使人不快,心生怨言,这样的酒宴还不如不举办。清人沈复《浮生六记》卷二:"萧爽楼有四忌:谈官宦升迁,公廨时事,八股时文,看牌掷色,有犯必罚酒五斤。"

本节文字主要来自皇甫崧《醉乡日月·谋饮第二》。

欢之候①,十有三:得其时②,一也;宾主久闲③,二也;酒醇而主严④,三也;非觥疊不讴⑤,四也;不能令有耻⑥,五也;方饮不重膳⑦,六也;不动筵⑧,七也;录事貌毅而法峻⑨,八也;明府不受请谒⑩,九也;废卖律⑪,十也;废替律⑫,十一也;不恃酒⑬,十二也;歌儿酒奴解人意⑭,十三也。

【注释】

①欢之候:《醉乡日月》作"欢之征"。候,征候,此处有"景况"的

意思。

②得其时：适当其时，恰巧遇上那个时机。

③久闲：没有事情，没有活动。

④酒醇而主严：酒好主人郑重。醇，酒味厚。严，严肃。

⑤非觥罍（léi）不讴（ōu）：不用觥罍喝酒就不歌唱，意谓喝的酒量不够，尚未达到情绪的高峰。此句《醉乡日月》作"非觥盂而不讴，虽觥盂而罍不讴"。罍，一种盛酒的容器。小口，广肩，深腹，圈足，有盖，多用青铜或陶制成。讴，歌唱。

⑥不能令有耻：不能让人觉得有失体面。有耻，指有失体面。

⑦方饮不重膳：在乎酒而不在乎饭菜。

⑧不动筵：不随意挪动宴席。

⑨录事貌毅而法峻：监酒人状貌坚毅而执法严格。毅，果决，志向坚定而不动摇。峻，严厉苛刻。

⑩明府不受请谒（yè）：监酒人不听人说情。请谒，请求，干求。

⑪废卖律：指执行酒令不打折扣。废，停止。卖律，枉法。

⑫废替律：指不许让别人替代饮酒。替律，替换律文（酒令）。

⑬不恃（shì）酒：不依仗着酒妄为。恃，依赖，仗着。

⑭歌儿酒奴解人意：歌童、酒仆善解人意。歌儿，歌童。《史记·封禅书》曰："于是塞南越，祷祠太一、后土，始用乐舞，益召歌儿，作二十五弦及空侯琴瑟自此起。"酒奴，侍酒的仆人。

【译文】

饮酒欢欣，有十三种景况：适得其时，是其一；主客长久闲暇，是其二；酒好主人又郑重，是其三；不给拿大杯喝酒就不歌唱，是其四；不能让人觉得有失体面，是其五；在乎酒而不在乎饭菜，是其六；不随意挪动筵席，是其七；监酒人状貌坚毅而执法严格，是其八；监酒人不听人说情，是其九；执行酒令不打折扣，是其十；不许让别人替代饮酒，是其十一；不仗着酒劲儿胡来，是其十二；歌童、酒仆善解人意，是其十三。

　　不欢之候,十有六:主人吝①,一也;宾轻主,二也;铺陈杂而不序②,三也;室暗灯晕,四也;乐涩而妓骄③,五也;议朝除、家政④,六也;迭谑⑤,七也;兴居纷纭⑥,八也;附耳嗫嚅⑦,九也;蔑章程⑧,十也;醉唠嘈⑨,十一也;坐驰⑩,十二也;平头盗瓮及偃蹇⑪,十三也;客子奴嚣不法⑫,十四也;夜深逃席⑬,十五也;狂花病叶,十六也。

【注释】

①吝:悭吝,过分爱惜财物,舍不得用。

②不序:杂乱无序。

③乐涩而妓骄:乐声艰涩、歌伎傲慢无礼。涩,艰涩,不流畅。骄,任性。

④朝除、家政:指官场与家中私事。朝除,拜官授职之事。家政,家中的事务。

⑤迭谑(xuè):不断地开令人难堪的玩笑。

⑥兴居纷纭:没完没了地唠家常。兴居,指日常生活,犹言起居。

⑦附耳嗫嚅(niè rú):贴在耳朵上窃窃私语。嗫嚅,想说而又吞吞吐吐不敢说出来。

⑧蔑章程:藐视饮酒之规。蔑,无视。

⑨唠嘈(cáo):唠叨,嘈杂。

⑩坐驰:坐下又起身。

⑪平头盗瓮及偃蹇(yǎn jiǎn):奴仆偷酒喝醉了随意仰卧。平头,古时仆隶所戴的头巾,引申作奴仆。盗瓮,偷酒喝。偃蹇,安卧。

⑫客子奴嚣不法:佣工、奴仆吵闹、不懂礼节。客子,佣工。晋朝葛洪《抱朴子·勤求》曰:"陈安世者,年十三岁,盖灌叔本之客子耳。"嚣,喧哗。

⑬逃席:因怕别人劝酒,宴会中途不辞而别。《醉乡日月·逃席第二十一》曰:"酒徒有逃席之病者,弃之如脱屣。"

【译文】

饮酒不欢的景况有十六种:主人吝啬,是其一;来宾轻视主人,是其二;席面杂乱无序,是其三;室内昏暗、烛光不明,是其四;乐声艰涩、歌伎任性,是其五;议论官场与家中私事,是其六;多次开不适当的玩笑,是其七;没完没了地唠家常,是其八;贴在耳朵上窃窃私语,是其九;藐视饮酒之规,是其十;醉话连篇,是十一;不断坐下又起身,是十二;奴仆偷酒喝醉了随意仰卧,是十三;佣工、奴仆吵闹,不知礼节,是十四;夜深逃席而去,是十五;坐中有动不动就瞪眼的"狂花"与装睡的"病叶",是十六。

　　饮流以目睚者为"狂花"①,目睡者为"病叶"②。其他欢场害马③,例当叱出④。害马者,语言下俚⑤,面貌粗浮之类⑥。

【注释】

①饮流:指酒客之辈。明代沈沈《酒概》卷二曰:"古人以同好饮者为饮流。"目睚(yá):发怒时瞪眼。

②目睡:装睡。

③欢场:欢乐的场景或场面,此指饮酒场面。害马:害群之马,比喻为害大众的人。

④叱(chì):责骂,呵斥。

⑤俚(lǐ):粗俗。

⑥粗浮:粗心浮气,浮躁。

【译文】

酒客称那些怒目对人者为"狂花",装睡者为"病叶"。其他的妨碍饮酒欢欣的害群之马,照例须一律撵走。害群之马,就是那些语言粗鄙、面目可憎之人。

七之战

【题解】

　　饮酒者常以自己的长处与对方角力，一争高下，不过是想让对方喝得更多，纷争也由此而起，甚至伤了和气。对于真正的饮酒者来说，谁胜谁负并不重要，重要的是消除牵累，物我两忘，获得精神上的满足与超越："酒杯深，故人心，相逢且莫推辞饮"（马致远［双调］《拨不断》），"弃微名去来心快哉，一笑白云外。知音三五人，痛饮何妨碍，醉袍袖舞嫌天地窄"（贯云石［双调］《清江引》）。

　　户饮者角觥兕①，气饮者角六博局戏②，趣饮者角谭锋③，才饮者角诗赋乐府④，神饮者角尽累⑤，是曰酒战。经云："百战百胜，不如不战。"⑥无累之谓也⑦。

【注释】

①户饮者角（jué）觥兕（gōng sì）：酒量大的人，用兕觥这样容积大的酒器比谁喝得更多。户饮，饮中大户，酒量大的人。角，较量，竞争。觥兕，指兕觥，一种用兕角做成的酒器。腹椭圆或方形，圈足或四足，有带角的兽头形酒盖，主要盛行于商周前期。兕，古代

犀牛一类的兽名。

②气饮者角六博局戏：指带着想战胜对方的急切愿望饮酒。气饮，负气而饮，带着情绪而饮。六博，一种古代博戏。共有十二棋子，六白六黑，投六箸行六棋。《史记·滑稽列传·淳于髡传》曰："若乃州闾之会，男女杂坐，行酒稽留，六博投壶，相引为曹。"

③趣饮者角谭锋：从酒中需求趣味的比谁的谈锋更健。谭锋，谈锋，言谈的劲头。

④才饮者角诗赋乐府：想展示才华的在饮酒之时尽情地吟诗作赋。才饮，在饮酒中展露才情。乐府，汉代音乐机构乐府所采集保存的民间诗歌，后泛指凡配乐的诗歌词曲以及文人模仿乐府的作品。

⑤神饮者角尽累：看重酒的精神作用的比谁更没有负累。神饮，指看重酒所带来的精神作用。尽累，消除牵累。尽，终止，终了。累，拖累，累赘。

⑥百战百胜，不如不战：意谓常打胜仗，不如不打仗就能夺取胜利。语出《孙子兵法·谋攻》："百战百胜，非善之善者也；不战而屈人之兵，善之善者也。"

⑦无累（lěi）：不牵累。《左传·隐公十三年》曰："相时而动，无累后人。"

【译文】

有酒量的通过不断碰大杯一争高下，渴望胜利的要通过六博局戏让对方喝得更多，讲求酒趣的比谁的谈锋更健，有才华的饮酒不停地吟诗作赋、展示自己，注重酒的精神作用的比谁更无牵累，这都是因酒而起的纷争。经书上说："常打胜仗，不如不打仗就能取得胜利。"说的都是饮酒不为胜负所牵累。

八之祭

【题解】

中国文人多喜欢饮酒、论酒，所以一部饮酒史也是一部中国文化史，前贤众多，值得纪念。袁宏道以孔子为"觞之主"，又列出陶渊明、阮籍、王绩、邵雍等26人，多数为声名显赫的文化名人，他们在文学史、文化史上占有重要的地位。仅是陶渊明就有多篇关于酒的经典之论，为人传诵："酒能祛百虑，菊解制颓龄"（《九日闲居》），"中觞纵遥情，忘彼千载忧"（《游斜川》），"何以称我情，浊酒且自陶。千载非所知，聊以永今朝"（《己酉岁九月九日》），"寒暑有代谢，人道每如兹。达人解其会，逝将不复疑。忽与一觞酒，日夕欢相持"（《饮酒二十首》其一），"不觉知有我，安知物为贵。悠悠迷所留，酒中有深味"（《饮酒二十首》其十四）。至于"斗酒诗百篇"的李白，更是古代文人自由精神的代表，为后人景仰。袁宏道让众多文化名人进入酒的祭典，一是为了壮大饮酒者的队伍，二是为了提高饮酒者的文化身份，由此获得了更多、更充分的饮酒理由。

凡饮必祭所始[①]，礼也。今祀宣父曰酒圣[②]，夫无量不及乱[③]，觞之祖也，是为饮宗[④]。四配曰阮嗣宗[⑤]、陶彭泽[⑥]、王无功[⑦]、邵尧夫[⑧]。十哲曰郑文渊[⑨]、徐景山[⑩]、嵇叔夜[⑪]、刘伯伦⑫、向子期⑬、阮仲容⑭、谢幼舆⑮、孟万年⑯、周伯仁⑰、阮宣子⑱。而山巨源⑲、胡毋彦国⑳、毕茂世㉑、张季鹰㉒、何次道㉓、李元忠㉔、贺知章㉕、李太白以下㉖，祀两庑㉗。至若仪狄㉘、杜康㉙、刘白堕㉚、焦革辈㉛，皆以酝法得名㉜，无关饮徒㉝，姑祠之门垣㉞，以旌酿客㉟，亦犹校宫之有土主㊱，梵宇之有伽蓝也㊲。

【注释】

①凡饮必祭所始：但凡饮酒必先祭祀酒的始祖。

②宣父：对孔子的尊称。唐贞观十一年（637）诏尊孔子为宣父，见《新唐书·礼乐志五》。

③夫无量不及乱：喝多少酒没有量的规定，但不能喝得乱了方寸。《论语·乡党》曰："肉虽多，不使胜食气。唯酒无量，不及乱。"

④饮宗：饮酒的宗祖。

⑤配：配享，配祭，祭祀中附带着被祭祀。阮嗣宗（210—263）：即魏晋时期诗人、哲学家阮籍。字嗣宗，曾为步兵校尉，世称阮步兵，陈留尉氏（今河南开封）人。"竹林七贤"之一，有《咏怀八十二首》。《晋书·阮籍传》曰："籍本有济世志，属魏、晋之际，天下多故，名士少有全者，籍由是不与世事，遂酣饮为常。文帝初欲为武帝求婚于籍，籍醉六十日，不得言而止。"

⑥陶彭泽（365—427）：即东晋诗人陶潜。字渊明，又字元亮，浔阳（今江西九江）柴桑人。曾为彭泽令，人称陶彭泽，是中国田园诗的开创者。《宋书·隐逸传》曰："潜不解音声，而畜素琴一张，无弦。每有酒适，辄抚弄以寄其意。贵贱造之者，有酒辄设，潜若先醉，便语客：'我醉欲眠，卿可去。'其真率如此。"

⑦王无功（590—644）：即唐初诗人王绩。字无功，号东皋子，绛州

龙门（今山西河津）人。唐武德年间出任门下省待诏，朝廷破例日给酒一斗，时人称之"斗酒学士"。性嗜酒，知大乐丞署史焦革家善酿酒，求为大乐丞。在《答程道士书》中自称："每一甚醉，便觉神明安和，血脉通利。既无忤于物，而有乐于身，故常纵心以自适也。"王绩著有《五斗先生传》，说自己"醉则不择地斯寝矣，醒则复起饮"。

⑧邵尧夫（1011—1077）：即北宋哲学家邵雍。字尧夫，字号安乐先生，林州（今河南林县）人。《宋史·邵雍传》曰："旦则焚香燕坐，晡时酌酒三四瓯，微醺即止，常不及醉也，兴至辄哦诗自咏。"

⑨郑文渊：三国时吴国人郑泉。字文渊，陈郡（今河南淮阳）人。初为郎中，迁太中大夫。《三国志》裴松之注引《吴书》曰：郑泉"博学有奇志，而性嗜酒，其闲居每曰：'愿得美酒满五百斛斛船，以四时甘脆置两头，反覆没饮之，惫即住而啖肴膳。酒有斗升减，随即益之，不亦快乎！'""泉临卒，谓同类曰：'必葬我陶家之侧，庶百岁之后化而成土，幸见取为酒壶，实获我心矣。'"郑泉希望自己的身体化成土时，能有幸被陶家取来烧制成酒壶，这样又可以日日与美酒亲近了。

⑩徐景山（172—249）：即三国曹魏时重臣徐邈。字景山，燕国蓟县（今北京附近）人。性嗜酒。《三国志·魏书·徐胡二王传》曰："时科禁酒，而邈私饮至于沉醉。校事赵达问以曹事，邈曰：'中圣人。'达白之太祖，太祖甚怒。度辽将军鲜于辅进曰：'平日醉客谓酒清者为圣人，浊者为贤人，邈性修慎，偶醉言耳。'竟坐得免刑。"

⑪嵇叔夜（224—263）：即魏晋时期散文家、诗人、哲学家嵇康。字叔夜，谯国铚县（今安徽濉溪县）人。"竹林七贤"之一。在《与山巨源绝交书》中说自己的人生理想："今但愿守陋巷，教养子孙，时与亲旧叙阔，陈说平生。浊酒一杯，弹琴一曲，志愿毕矣。"

《世说新语·容止》曰："嵇叔夜之为人也，岩岩若孤松之独立；其醉也，傀俄若玉山之将崩。"

⑫刘伯伦：即魏晋时期名士刘伶。字伯伦，沛国（今安徽淮北）人。"竹林七贤"之一。嗜酒如命。《世说新语·任诞》曰："刘伶恒纵酒放达，或脱衣裸形在屋中"，自称"天生刘伶，以酒为名，一饮一斛，五斗解酲"。著有《酒德颂》，盛赞酒的无量功德。

⑬向子期（约227—272）：即魏晋时期的文学家向秀。字子期，河内怀县（今河南武陟）人。"竹林七贤"之一。《世说新语·任诞》说他与阮籍、嵇康等人常集于竹林之下，肆意酣畅。后入仕，官至黄门侍郎、散骑常侍。好读书，博通老庄，擅辞赋，有《思旧赋》，追念旧游。

⑭阮仲容：即魏晋时期名士阮咸。字仲容，陈留尉氏（今河南开封尉氏）人。阮籍侄子，"竹林七贤"之一。纵酒放达，擅弹琵琶，传说圆形琵琶即由阮咸发明，人称"阮"或"阮咸"。《世说新语·任诞》曰："诸阮皆能饮酒，仲容至宗人闲共集，不复用常杯斟酌，以大瓮盛酒，围坐，相向大酌。时有群猪来饮，直接去上，便共饮之。"

⑮谢幼舆（281—323）：即谢鲲。字幼舆，陈郡阳夏（今河南太康）人。年少知名，生性豁达，喜读《老子》《易经》。《资治通鉴·晋纪四》曰："王澄及阮咸、咸从子修、泰山胡毋辅之、陈国谢鲲、城阳王尼、新蔡毕卓，皆以任放为达，至于醉狂裸体，不以为非。"

⑯孟万年：即西晋名士孟嘉。字万年，江夏鄂（今湖北安陆）人。陶渊明的外祖父，对酒独有感悟。陶渊明《晋故征西大将军长史孟府君传》中说孟嘉"好酣饮，逾多不乱。至于任怀得意，融然远寄，傍若无人。(桓)温尝问君：'酒有何好，而卿嗜之。'君笑而答曰：'明公但不得酒中趣尔'。"

⑰周伯仁（269—322）：即西晋名士周颉（yǐ）。字伯仁，汝南安成

（今河南汝南）人，曾为礼部尚书，好酒，略无醒日，不理俗务，有"三日仆射"之称。《晋书·周顗传》曰："顗在中朝时，能饮酒一石。及过江，虽日醉，每称无对。偶有旧对从北来，顗遇之欣然，乃出酒二石共饮，各大醉。及顗醒，使视客，已腐胁而死。"腐胁，古人指因沉迷于酒导致胸部溃烂。

⑱阮宣子（270—311）：即阮修。字宣子，陈留尉氏（今河南开封尉氏）人。阮咸侄子，与王敦、谢鲲、庾同为王衍"四友"，雅好《易》《老》，善清言，好酒。《世说新语·任诞》曰："阮宣子常步行，以百钱挂杖头，至酒店，便独酣畅。虽当世贵盛，不肯诣也。"后世以"杖头钱"代指沽酒的钱。

⑲山巨源（205—283）：即三国至西晋时期名士、政治家山涛。字巨源，河内郡怀县（今河南武陟西）人。"竹林七贤"之一，豪饮有量。《晋书·山涛传》曰：山涛"饮酒至八斗方醉，帝欲试之，乃以酒八斗饮涛，而密益其酒，涛极本量而止"。

⑳胡毋彦国（269—318）：即胡毋辅之。复姓胡毋，名辅之，字彦国，泰山郡奉高县（今山东泰安）人。晋朝人，曾官至湘州刺史。《晋书·胡毋辅之传》曰："少擅高名，有知人之鉴。性嗜酒，任纵不拘小节。与王澄、王敦、庾敳俱为太尉王衍所昵，号曰四友。"又与毕卓、王尼、阮放、羊曼、桓彝、阮孚、谢鲲称"江左八达"。

㉑毕茂世：即东晋时期官员毕卓。字茂世，新蔡（今安徽临泉）人。天性傲达。《世说新语·任诞》注引《晋中兴书》曰：毕卓"太兴末，为吏部郎，尝饮酒废职。比舍郎酿酒熟，卓因醉，夜至其瓮间取饮之。主者谓是盗，执而缚之。知为吏部也，释之。卓遂引主人燕瓮侧，取醉而去。"《世说新语·任诞》说他尝云："一手持蟹螯，一手持酒杯，拍浮酒池中，便足了一生。"唐代元稹《饮致用神曲酒三十韵》曰："瓮眠思毕卓，糟籍忆刘伶。"

㉒张季鹰：即西晋文学家张翰。字季鹰，吴郡吴县（今江苏苏州吴

中区）人。有清才，善属文，时人以阮籍比之。《世说新语·任诞》曰："张季鹰纵任不拘，时人号为'江东步兵'。或谓之曰：'卿乃可纵适一时，独不为身后名邪？'答曰：'使我有身后名，不如即时一杯酒！'"

㉓何次道（292—340）：即两晋时期何允。字次道，庐江潜（今安徽霍山县）人。为人深沉闲雅，官至吏部尚书、骠骑将军、扬州刺史。《世说新语·赏誉》曰："刘尹（刘惔）云：'见何次道饮酒，使人欲倾家酿。'"意思是说看到何次道饮酒，人们愿意把家中的美酒都拿出来请他喝。《晋书·何允传》曰："允能饮酒，雅为刘惔所贵。"

㉔李元忠（486—545）：北齐初赵郡平棘（今河北赵县）人。官至仪同三司，清雅超脱。《北齐书·李元忠传》曰："元忠虽居要任，初不以物务干怀，唯以声酒自娱，大率常醉。家事大小，了不关心。园庭之内，罗种果药，亲朋寻诣，必留连宴赏。每挟弹携壶，敖游里闬，遇会饮酌，萧然自得。"

㉕贺知章（659—744）：字季真，自号四明狂客，越州永兴（今浙江杭州萧山区）人。唐代诗人，少有诗名，与张旭、包融、张若虚合称"吴中四士"。官至礼部侍郎，加集贤院学士。好饮酒，狂放不羁，与李白、张旭等合称"饮中八仙"。杜甫《饮中八仙歌》诗曰："知章骑马似乘船，眼花落井水底眠。"

㉖李太白（701—762）：即唐代诗人李白。字太白，自称祖籍陇西成纪（今甘肃秦安），先代于隋末流寓西域，出生于中亚碎叶城（今吉尔吉斯斯坦托克马克城），后随父潜回四川江油。天宝元年（742）应诏入京，供奉翰林，贺知章见之称"天上谪仙"。李白好饮好醉，看重酒的精神解放作用。《开元天宝遗事·天宝下》曰："李白嗜酒，不拘小节。然沉酣中所撰文章，未尝错误；而与不醉之人相对议事，皆不出太白所见。时人号为'醉圣'。"李白亦自

称"酒仙翁"。杜甫《饮中八仙歌》诗曰:"李白一斗诗百篇,长安市上酒家眠。天子呼来不上船,自称臣是酒中仙。"

㉗庑(wǔ):堂下周围的走廊、廊屋。

㉘仪狄:相传是夏禹时善于制酒的人。《战国策·魏策二》曰:"昔者,帝女令仪狄作酒而美,进之禹。"

㉙杜康:传说杜康是历史上第一个酿酒的人,后成为酒的代称。

㉚刘白堕:北魏时善酿酒者。《洛阳伽蓝记·法云寺》曰:"河东人刘白堕,善能酿酒。季夏六月,时暑赫晞,以罂贮酒,暴于日中,经一旬,其酒不动,饮之香美而醉,经月不醒。"

㉛焦革:隋末唐初人。曾为大乐丞署史,善酿酒。《新唐书·王绩传》记载,王绩嗜饮,时称"斗酒学士"。贞观初,以疾罢,复调有司。时太乐署焦革家善酿,绩求为丞。革死,绩追述革酒法为经,又采杜康、仪狄以来善酒者为谱。焦革死后,王绩弃官回到家乡,立杜康祠,而以焦革配享,王绩总结焦革酒法的著作没有流传下来。

㉜酝法:酿酒之法。

㉝饮徒:酒徒,嗜酒者。唐白居易《早春醉吟寄太原令狐相公苏州刘郎中》诗曰:"雪夜闲游多秉烛,花时暂出亦提壶。别来少遇新诗敌,老去难逢旧饮徒。"

㉞门垣(yuán):门户垣墙。

㉟以旌酿客:指以此表彰历史上那些为酿酒工艺做出重要贡献的人。旌,表彰。酿客,酿酒者。

㊱校宫:学官。土主:泥塑的偶像。

㊲梵宇:佛寺。伽(qié)蓝:梵语僧加蓝摩的略称,意译"众园"或"僧院",原意是指僧众共住的园林,即寺院。初期的伽蓝以供奉佛陀的建筑为主体构成,后来佛殿逐渐成为寺院的主体建筑。

【译文】

凡饮酒必先祭祀酒的始祖,这是古礼。现在奉祀孔子为"酒圣",孔子说喝多少酒没有量的规定,但不能喝得乱了方寸,这是觞政的始祖,也是饮酒的宗祖。四位配祭的是阮籍、陶潜、王绩、邵雍。另有配享的十哲是郑泉、徐邈、嵇康、刘伶、向秀、阮咸、谢鲲、孟嘉、周颛、阮修。而山涛、胡毋彦国、毕卓、张翰、何允、李元忠、贺知章、李白以及其后的著名酒徒,则祀祭在堂下周围的走廊、廊屋中。至于仪狄、杜康、刘白堕、焦革等辈,都是因为会酿好酒出名,与好饮的酒徒无关,姑且也在门户、垣墙下祭祀,以表彰他们为酿酒工艺做出的重要贡献,就像学宫里供奉着先圣、寺院中供奉着佛陀一样。

九之典刑

【题解】

历史上有众多的饮酒者,身份不同,遭遇不同,饮酒的理由也各有差异,但都表现丰富,特点鲜明,由此形成了中国酒文化史上独有的风景长廊。无论是"饮国者""饮达者""饮豪者""饮俊者""仙饮者""禅饮者""玄饮者",还是"饮适""饮愤""饮悲""饮怒",都"直以兴寄所托",有不得不饮的理由。酒在催化激情的同时,也缓解了他们内心的焦虑和忧伤,留下了无数让后人感怀和深思的故事。

曹参①、蒋琬②,饮国者也;陆贾③、陈遵④,饮达者也;张师亮⑤、寇平仲⑥,饮豪者也;王元达⑦、何承裕⑧,饮俊者也⑨;蔡中郎⑩,饮而文⑪;郑康成⑫,饮而儒;淳于髡⑬,饮而俳⑭;广野君⑮,饮而辩⑯;孔北海⑰,饮而肆⑱;醉颠⑲、法常⑳,禅饮者也㉑;孔元㉒、张志和㉓,仙饮者也;杨子云㉔、管公明㉕,玄饮者也㉖;白香山之饮适㉗,苏子美之饮愤㉘,陈暄之饮骏㉙,颜光禄之饮矜㉚,荆卿、灌夫之饮怒㉛,信陵、东阿之饮悲㉜。诸公皆非饮派㉝,直以兴寄所托㉞,一往标誉㉟。触类广之㊱,皆欢场之宗工㊲,饮家之绳尺也㊳。

【注释】

①曹参（？—前190）：字敬伯，泗水郡沛县（今江苏沛县）人。西汉开国功臣、军事家、政治家，继萧何之后为汉惠帝丞相。《史记·曹相国世家》曰："参始微时，与萧何善；及为将相，有却。至何且死，所推贤唯参。参代何为汉相国，举事无所变更，一遵萧何约束"，所谓"萧规曹随"。

②蒋琬（？—246）：字公琰，零陵湘乡（今湖南湘乡）人。初随刘备入蜀，《三国志·蜀书·蒋琬传》曰："琬众事不理，时又沉醉。"后为诸葛亮所重，代其执政，为大将军。

③陆贾：西汉初楚人，从汉高祖定天下，有辩才，常使诸侯为说客。曾奉命使南越，封赵佗为南越王，归拜太中大夫。提倡儒学，认为天下"居马上得之，宁可以马上治之乎？"著有《新语》。

④陈遵（？—25）：字孟公，西汉杜陵（今陕西西安）人。初任京兆史，王莽当政时为校尉，后为河南太守，再任大司马护军，出使匈奴，留居北方，为人所杀。《汉书·陈遵传》曰："遵耆酒，每大饮，宾客满堂，辄关门，取客车辖投井中，虽有急，终不得去。""取辖投井"遂成为热情好客、挽留客人态度坚决的著名典故。辖，插在轴端孔内的车键，使轮不脱落。

⑤张师亮（943—1014）：即北宋政治家张齐贤。字师亮，曹州冤句（今山东菏泽）人。曾担任枢密副使、兵部尚书、吏部尚书、司空等职，前后为相21年。嗜酒，《宋史·张师亮传》曰："归洛，得裴度午桥庄，有池榭松竹之盛，日与亲旧觞咏其间，意甚旷适。"

⑥寇平仲（961—1023）：即寇准。字平仲，华州下邽（今陕西渭南）人。北宋政治家、诗人。为人刚直，敢直谏，32岁时拜枢密副使，旋即升任参知政事。后为相，主持防御契丹之事，与辽订立澶渊之盟。再受排挤，贬雷州，死于贬所。《宋史·寇准传》曰："准少年富贵，性豪侈，喜剧饮，每宴宾客，多阖扉脱骖。家未尝爇油灯，

虽庖厨所在,必然炬烛。"爇(ruò),烧。

⑦王元达(? —392):即王忱。字元达,小字佛大,太原晋阳(今山西太原)人。弱冠知名,与王恭、王珣享誉一时。孝武帝太元中出为荆州刺史,都督荆、益、宁三州军事。生性好饮,《晋书·王忱传》曰:(忱)"性任达不拘,末年尤嗜酒,一饮连月不醒,或裸体而游,每叹三日不饮,便觉形神不相亲。"

⑧何承裕:后晋至宋人,天福末年登进士第。初为中都主簿,累官著作佐郎、直史馆,出为盩厔、咸阳二县令。入宋后,自泾阳令入为监察御史、侍御史,累知忠、万、商三州。《宋史·何承裕传》曰:何"有清才,好为歌诗,而嗜酒狂逸","醉则露首跨牛趋府,府尹王彦超以其名士而容之,然为治清而不烦,民颇安焉。"

⑨俊:才智出众的人。

⑩蔡中郎:即蔡邕(133—192)。字伯喈,陈留郡圉(yǔ)县(今河南杞县)人,才女蔡文姬之父。灵帝时召拜郎中,因上书论朝政阙失而获罪,流放朔方。遇赦后畏惧宦官迫害,亡命江湖十余年。献帝初平元年(190),官左中郎将。董卓专权,曾被任命为侍御史,迁尚书。董卓被诛后,为司徒王允所捕,死于狱中。蔡邕博学多才,精于书法,首创"飞白"书,曾参与续写《东观汉记》及刻印熹平石经。

⑪文:温和,优雅。

⑫郑康成(127—200):即郑玄。字康成,北海郡高密县(今山东高密)人。遍注群经,成就卓著,是汉代经学的集大成者,称郑学。今天通行本《十三经注疏》中的《毛诗》《三礼》注,即采用郑注。贞观二十一年(647),唐太宗列郑玄于二十二"先师"之列,配享孔庙。

⑬淳于髡(kūn):战国时齐人,姓淳于,以博学多闻著称。《史记·滑稽列传》曰:"威王八年,楚大发兵加齐。齐王使淳于髡之赵请救

兵……髡辞而行,至赵。赵王与之精兵十万,革车千乘。楚闻之,夜引兵而去。威王大说,置酒后宫,召髡赐之酒。问曰:'先生能饮几何而醉?'对曰:'臣饮一斗亦醉,一石亦醉。'"

⑭俳(pái):诙谐,滑稽,幽默。

⑮广野君(?—前203):指秦末汉初著名说客郦食(yì)其(jī)。陈留高阳(今河南杞县)人。少年家贫,爱好读书,刘邦起兵,引为谋士,号其"广野君"。他游说列国,为刘邦夺取天下立下汗马功劳。郦食其当初欲投效刘邦,被误以为儒生而遭拒,遂自称"高阳酒徒"(见《史记·郦生陆贾列传》),此典故后来泛指好饮酒而放荡不羁的人。

⑯辩:有口才,善言辞。

⑰孔北海(153—208):即孔融。字文举,号北海,孔子的第二十代孙,"建安七子"之一。《后汉书·孔融传》曰:融"及退闲职,宾客日盈其门。常叹曰:'坐上客恒满,尊中酒不空,吾无忧矣。'"所作《难曹公禁酒书》力倡酒德:"酒之为德久矣。古先哲王,类帝禋宗,和神定人,以济万国,非酒莫以也。故天垂酒星之耀,地列酒泉之郡,人著旨酒之德。"孔融喜抨议时政,言辞激烈,后因触怒曹操而被杀。

⑱肆:放纵,任意行事。

⑲醉颠:疑指南宋高僧济公(1130?—1209)。原名李修缘,号湖隐,法号道济,浙江天台人。初在国清寺出家,后到杭州灵隐寺居住,随后住净慈寺。不受戒律拘束,嗜好酒肉,乐善好施,常有貌似疯癫的举动,人称"济颠僧"。

⑳法常(?—约1281):南宋画僧,本姓李,号牧溪,蜀(今四川)人。中年出家,居杭州。生性豪爽,好饮,善画龙虎、猿鹤、禽鸟、山水、树石,随意点染,气韵生动。传世作品有《罗汉图》《猿图》《鹤图》等,所作《潇湘八景》中的四景《渔村夕照》《烟寺晚钟》

《远浦归帆》《平沙落雁》现藏于日本京都大德寺。

㉑禅饮：佛门中人饮。

㉒孔元：生平事迹不详。

㉓张志和（732—774）：字子同，初名龟龄，祖籍婺州金华（今浙江金华）。唐代诗人、画家。年十六举明经，肃宗时待诏翰林，后隐居太湖，自称"烟波钓徒"，著《玄真子》十二卷，又以为号。大历九年（774）冬，受湖州刺史颜真卿邀请，前往湖州拜会颜真卿，游平望驿莺脰湖时因酒醉溺水身亡，年四十二岁。

㉔杨子云（前53—18）：即扬雄。字子云，蜀郡成都（今四川成都）人。西汉文学家、思想家、语言学家。少好学，长于辞赋，成帝时任给事黄门郎。王莽时任大夫，校书天禄阁。著有《法言》《太玄》等，以"玄"为宇宙本原。又有《酒箴》一文，借酒壶讽喻："鸱夷滑稽，腹大如壶。尽日盛酒，人复借酤。常为国器，托于属车。"

㉕管公明（208—256）：即管辂（lù）。字公明，平原郡平原（今山东平原县）人。三国时期曹魏术士，精通《周易》，善卜筮，无不中，被尊为行业祖师。《三国志·魏书·管辂传》曰：管辂"容貌粗丑，无威仪而嗜酒，饮食言戏，不择非类，故人多爱之而不敬也"。

㉖玄饮：神妙难捉摸之饮。

㉗白香山：即白居易（772—846）。下邽（今陕西渭南）人，号香山居士。唐代著名诗人、政治家。贞元进士，授秘书省校书郎。元和年间任左拾遗，写了大量讽喻诗，如《秦中吟》十首、《新乐府》五十首。因得罪权贵，贬为江州司马。后任杭州刺史、苏州刺史。太和三年（829），为太子宾客，分司东都，遂居洛阳。早年直言敢谏，为民请命。晚年信佛，沉溺于酒，自称"醉吟先生"，所作《醉吟先生墓志铭并序》自夸："外以儒行修其身，中以释教治其心，旁以山水风月、歌诗琴酒乐其志"；又《效陶潜体诗十六首》诗其四曰："开瓶泻尊中，玉液黄金脂。持玩已可悦，欢尝有余滋。一

酌发好容,再酌开愁眉。连延四五酌,酣畅入四肢。忽然遗我物,谁复分是非。是时连夕雨,酩酊无所知。"

㉘苏子美(1008—1049?):即苏舜钦。字子美,汴京(今河南开封)人。北宋诗人、书法家。曾任县令、大理评事、集贤殿校理,后遭弹劾,闲居苏州,有"《汉书》下酒"的故事。《中吴纪闻》卷二曰:苏舜钦"豪放不羁,好饮酒。在外舅杜祁公家,每夕读书,以饮一斗为率。公使人密觇之,闻子美读《汉书·张良传》,至'良与客徂击秦皇帝,误中副车',遽抚掌曰:'惜乎,击之不中!'遂满饮一大杯。又读,至'良曰:始臣起下邳,与上会于留,此天以授陛下。'又抚案曰:'君臣相与,其难如此。'复举一大杯。公闻之,大笑曰:'有如此下酒物,一斗不足多也。'"

㉙陈暄:南朝陈代义兴国山(今江苏宜兴西南)人。有文才,少年嗜酒落魄。陈后主在东宫,引为学士。后主即位,迁通直散骑常侍,常入禁中陪侍游宴,以俳优自居,后主甚亲昵而轻侮之。尝倒悬于梁,临之以刃,限以时刻作赋。暄援笔即成,越发轻慢戏弄。陈后主不能容,遂被折磨,惊惧而死。故事见《续世说·简傲》。騃(ái):愚,呆。

㉚颜光禄:即颜延之(384—456)。字延年,琅琊临沂(今山东费县)人。南朝宋文学家。少时读书无所不览,以文采冠绝当时,与谢灵运并称"颜谢"。入宋,历太子中舍人,始安、永嘉太守,官至金紫光禄大夫,人称颜光禄。《宋书·颜延之传》称"延之好酒疏诞,不能斟酌当世",性格刚直,尝言"平生不喜见要人"。与陶渊明友善,常去拜访。《宋书·隐逸传》曰:"每往必酣饮致醉。临去,留二万钱与潜。潜悉送酒家,稍就取酒。"在《陶徵士诔并序》中,颜延之称赞陶渊明"心好异书,性乐酒德"。矜(jīn):自恃,自负。

㉛荆卿:战国时著名刺客荆轲(?—前227)。为燕太子丹刺杀秦始

皇,易水饯别,歌“风萧萧兮易水寒,壮士一去兮不复还”入秦,事败被杀。灌夫(?—前131):字仲孺,颍阴(今河南许昌)人。西汉时著名将领。因父张孟曾为颍阴侯灌婴家臣,赐姓灌。吴楚七国乱时,与父俱从军,以功任中郎将。建元元年(前140),任太仆,次年升任燕相,坐法免官。好酒任侠,家财数千万,家有食客数十百人,《史记·魏其武安侯列传》曰:“灌夫为人刚直,使酒,不好面谀。贵戚诸有势在己之右,不欲加礼,必陵之。”后因借酒责骂孝景王皇后同母弟、丞相田蚡,被劾不敬,族诛。“灌夫骂座”成为著名典故,指酒后骂人泄愤,后形容为人刚直敢言。

㉜信陵:即信陵君,战国时贵族魏无忌(?—前243)。魏国公子,与春申君黄歇、孟尝君田文、平原君赵胜并称“战国四公子”,是战国时期魏国著名的军事家、政治家。因窃符救赵,魏王怒公子盗其兵符,信陵君留居赵国十年不敢回魏国。后秦攻魏国,信陵君返回魏国,联合五国兵抗秦,大胜。秦反间魏王,屡言信陵君欲代王自立,得逞。《史记·魏公子列传》曰:“公子自知再以毁废,乃谢病不朝,与宾客为长夜饮,饮醇酒,多近妇女。日夜为乐饮者四岁,竟病酒而卒。”东阿:此指三国时期著名文学家曹植(192—232)。字子建,沛国谯县(今安徽亳州)人,封于东阿(今山东东阿),称东阿王,谥号“思”,又称陈思王。曹植是建安文学的集大成者,与其父曹操、兄曹丕合称“三曹”。《三国志·魏书·陈思王传》曰:“植任性而行,不自雕励,饮酒不节。”由于屡受曹丕压制与迫害,曹植借酒消愁,其《酒赋》颂赞酒改变人性的巨大作用:“于斯时也,质者或文,刚者或仁;卑者忘贱,窭者忘贫。和睚眦之宿憾,虽怨雠其必亲。”

㉝饮派:饮酒场中之人。

㉞直以兴寄所托:以酒寄情。兴寄,指寄托在对象中的思想感情。

㉟一往标誉:一向被赞扬。一往,犹一向。标誉,标榜,夸耀。

㉟触类广之：接触相类事物，推而广之。触类，接触相类似的事物。

㊱宗工：犹宗匠、宗师，指在一个领域中有重大成就、为众人推崇的人。

㊲饮家之绳尺：饮酒人应遵守的法度。饮家，饮酒之人。绳尺，工匠用以较曲直、量长短的工具，此指法度、规矩、标准。

【译文】

曹参、蒋琬是国之重臣，他们的饮酒称得上是"国饮"；陆贾、陈遵能言善辩、放达不羁，他们的饮酒称得上是"达饮"；张齐贤、寇准的财富雄厚，他们的饮酒称得上是"豪饮"；王元达、何承裕才智杰出、不拘小节，他们的饮酒称得上是"俊饮"；蔡中郎温和优雅，他的饮酒称得上是"文饮"；郑康成遍注群经，他的饮酒称得上是"儒饮"；淳于髡幽默诙谐，他的饮酒称得上是"俳饮"；郦食其能言善辩，他的饮酒称得上是"辩饮"；孔融纵情恣意，他的饮酒称得上是"肆饮"；醉颠、法常藏身佛门，他们的饮酒称得上是"禅饮"；孔元、张志和自由自在，他们的饮酒称得上是"仙饮"；扬雄、管辂探求天道自然，他们的饮酒称得上是"玄饮"；白居易追求安适，他的饮酒称得上是"适饮"；苏舜钦激愤不平，他的饮酒称得上是"愤饮"；陈暄鬼迷心窍，他的饮酒称得上是"骏饮"；颜延之自恃才情，他的饮酒称得上是"矜饮"；荆轲刺秦、灌夫骂坐，他们的饮酒称得上是"怒饮"；信陵君、东阿王含悲避祸，他们的饮酒称得上是"悲饮"。以上诸公并不是逢场作戏的饮中之人，不过是以酒寄情罢了，因而一向被人褒扬。通过探求他们的饮酒世界，可以了解到更多的酒人与酒事，他们都是饮酒世界中的一代宗师，他们的所作所为应该被饮酒之人学习、效仿。

十之掌故

【题解】

　　中国酒文化源远流长，典籍丰富，内容深厚，袁宏道将其分为酒经、内典、外典、逸典四部分。酒经是正典，制定饮酒的礼法、规矩、原则；内典是专业酒典，专论如何酿酒、饮酒；外典是佛经之外的史学、文学典籍；逸典是写及酒人、酒事、饮酒情景的文学艺术作品，有很高的审美价值。在袁宏道看来，酒经外加"三典"，构成了中国酒文化的基本典籍，不熟读，是不配谈酒的，也不是真正的饮酒者，不管你有多大的酒量，喝了多少次酒。由此也可以看出，中国酒文化与中国历史、文学史紧密关联，相互依存，不可或缺。

　　凡《六经》《语》《孟》所言饮式^①，皆酒经也^②。其下则汝阳王《甘露经》《酒谱》^③、王绩《酒经》^④、刘炫《酒孝经》《贞元饮略》^⑤、窦子野《酒谱》^⑥、朱翼中《酒经》^⑦、李保《续〈北山酒经〉》^⑧、胡氏《醉乡小略》^⑨、皇甫崧《醉乡日月》^⑩、侯白《酒律》^⑪、诸饮流所著记传赋颂等^⑫，为内典^⑬。《蒙庄》《离骚》《史》《汉》《南北史》《古今逸史》《世说》《颜氏家训》^⑭、陶靖节^⑮、李杜^⑯、白香山^⑰、苏玉局^⑱、陆放翁诸集^⑲，

为外典^⑳。诗余则柳舍人^㉑、辛稼轩等^㉒，乐府则董解元^㉓、王实甫^㉔、马东篱^㉕、高则诚等^㉖，传奇则《水浒传》《金瓶梅》等^㉗，为逸典^㉘。不熟此典者，保面瓮肠^㉙，非饮徒也^㉚。

【注释】

①《六经》：指儒家的六部经典《诗》《书》《礼》《易》《春秋》《乐》。《语》：指《论语》。《孟》：指《孟子》。饮式：饮酒之法。

②酒经：关于饮酒的经典之论。

③汝阳王：指唐朝宗室李琎（？—750）。字嗣恭，小名华奴，陇西成纪（今甘肃秦安）人。唐睿宗李旦嫡长孙，册封汝阳王，姿质明秀，雅好音乐，擅击羯鼓，为玄宗嘉许。好酒，杜甫《饮中八仙歌》诗曰：“汝阳三斗始朝天，道逢曲车口流涎，恨不移封向酒泉。”著《甘露经》《酒谱》，已佚。

④王绩《酒经》：王绩喜饮太乐署丞焦革家酿酒，并研究总结其酿法。唐吕才《东皋子集序》曰：王绩“追述焦革《酒经》一卷，其术精悉。兼采杜康、仪狄已来善为酒人，为《酒谱》一卷。”《酒经》《酒谱》已佚。

⑤刘炫（546？—613？）：字光伯，河间景城（今河北沧州）人。隋代经学家。聪慧博学，《隋书·刘炫传》曰：“闭户读书，十年不出。炫眸子精明，视日不眩，强记默识，莫与为俦”，与刘焯并称“二刘”。入隋，与王邵等同修国史。炀帝时任太学博士。卒于隋末，门人谥为宣德先生，所撰《酒孝经》《贞元饮略》已佚。

⑥窦子野《酒谱》：窦子野即窦苹。字子野，汉上（今山东汶上）人。《四库总目提要》曰：“晁公武《读书志》载苹有《新唐书音训》四卷，在吴缜、孙甫之前，当为仁宗时人。公武称其学问精博，盖亦好古之士。”所著《酒谱》，辑录历代有关酒的事典，分门别类加以编排，以广见闻。

⑦朱翼中《酒经》：朱翼中即朱肱，字翼中（一作亦中），号无求子，晚
　　号大隐翁，湖州乌程（今浙江吴兴）人。元祐三年（1088）进士，
　　历任雄州防御推官、知邓州录事、奉议郎直秘阁，后人亦称朱奉
　　议。后隐居西湖，所著《酒经》，亦称《北山酒经》，是中国第一部
　　系统研究米酒酿造技术的专门著作。

⑧李保：北宋人，曾任朝奉郎。李保有《读朱翼中〈北山酒经〉并
　　序》一文，署"政和七年（1117）正月二十五日"，知与朱肱同时
　　代人。《说郛》卷九十四有《续北山酒经》一卷，题"宋李保"，多
　　列题目，疑非原文。

⑨胡氏：即胡杰还。宋人，著《醉乡小略》五卷，《宋史·艺文志》著录。

⑩皇甫崧：崧，一作"松"。字子奇，自号檀栾子，睦州新安（今浙江
　　淳安）人。工部侍郎皇甫湜之子、宰相牛僧孺之外甥，终生未登
　　进士第。崧工诗词，亦擅文，今存词20余首，见于《花间集》《唐
　　五代词》。好酒，著《醉乡日月》三卷，序曰："余会昌五年春，尝
　　因醉罢，戏篡当今饮酒者之格，寻而亡之。是冬闲暇，追以再就，
　　名曰《醉乡日月》，勒成一家，施于好事，凡上中下三卷。"

⑪侯白《酒律》：侯白，字君素，魏郡（今河北临漳西南）人，约卒于
　　隋文帝之时。敏捷好学，举秀才，为儒林郎。巧辩滑稽，不拘俗
　　礼。《旧唐书·经籍志下》曰："《启颜录》十卷，侯白撰"，未见《酒
　　律》书名。唐代白居易《七年元日对酒五首》诗其三曰："三杯蓝
　　尾酒，一楪胶牙饧。"宋代叶梦得《石林燕语》卷八曰："唐人言蓝
　　尾多不同，'蓝'字多作'㽞'，云出于侯白《酒律》，谓酒巡匝，末
　　坐者连饮三杯，为蓝尾。盖末（坐）远酒，行到常迟，故连饮以慰
　　之，以'㽞'为贪婪之意。"

⑫记传赋颂：指各种文体。记，按时间顺序记述历史史实或事件的
　　文体。传，记载生平事迹的文体。赋，辞赋，以抒情为主、讲求声
　　调、辞藻、铺排的文体。颂，以颂扬为主的诗文。

⑬内典：佛教徒称佛经为内典，指释迦世尊49年所说的一切法，也包括三藏十二部一切经典。

⑭《蒙庄》：指《庄子》，战国思想家庄周所著。庄周，字子休，宋国蒙城（今河南商丘东北）人。在蒙地做过漆园吏，故称《庄子》为《蒙庄》。《离骚》：战国楚国辞赋家、政治家屈原所作，抒发了对楚国黑暗腐朽政治的愤慨。《史》：指《史记》，汉代司马迁著，中国第一部纪传体通史。《汉》：指《汉书》，又称《前汉书》，中国第一部纪传体断代史，东汉史学家班固（32—92）编撰。《南北史》：指《南史》《北史》，唐代史学家李延寿编撰。《古今逸史》：丛书，明吴琯辑，收书五十五种，一百八十二卷。《世说》：指《世说新语》，南朝宋时刘义庆编撰，分三十六门，主要记录了魏晋名士的逸闻轶事及玄谈。《颜氏家训》：南北朝至隋颜之推撰写，记录了颜氏关于治家立身、道德修养之言，用以垂训子孙。

⑮陶靖节：即陶渊明。南朝宋颜延之《陶徵士诔并序》认为陶渊明宽厚纯洁、品德高尚，能约束自己，私谥"靖节徵士"。

⑯李杜：指唐代诗人李白、杜甫。

⑰白香山：白居易号"香山居士"。

⑱苏玉局：即苏轼（1037—1101）。字子瞻，号东坡居士，眉州眉山（今四川眉山市）人。曾任玉局观提举，故称。苏轼好酒，酒量小。尝自酿酒，为酒命名，著有《东坡酒经》，总结制曲和酿酒经验。

⑲陆放翁（1125—1210）：即陆游。字务观，号放翁，越州山阴（今浙江绍兴）人。一生主张抗金，渴望收复北方失地，常借酒消愁，其《饮酒》诗曰："百年自笑足悲欢，万事聊须付酣畅。有时堆阜起崚嶒，大呼索酒浇使平。"

⑳外典：佛经之外的书。

㉑诗余：词的别称，一般认为词是由诗发展而来的，故称。柳舍人：疑指北宋词人柳永（987？—1053？）。字耆卿，崇安（今福建

武夷山市)人。柳永一生致力于词的创作,取得了较高的艺术成
就,著有《乐章集》。

㉒辛稼轩(1140—1207):即辛弃疾。字幼安,号稼轩居士,山东历
城(今山东济南)人。词作境界博大,充满了英雄失路的悲慨,著
有《稼轩长短句》。

㉓乐府:此处指可以配乐歌唱的套曲、小令等。董解元:金代作家,
生卒年不详,名字已佚,"解元"是金元时期对读书人的敬称。董
解元大概成名于金章宗在位期间(1190—1208),所作《西厢记
诸宫调》是现存唯一完整的诸宫调作品。

㉔王实甫:生卒年、生平事迹不详,比关汉卿略晚,在元成宗元贞、大
德年间(1295—1307)尚在世,在以说唱为主的《西厢记诸宫调》
基础上完成《西厢记》,表达了"愿天下有情人终成眷属"的创作
宗旨。

㉕马东篱(1250—1324?):即马致远。号东篱,大都(今北京)人,
元代戏剧家。所作《汉宫秋》,通过塑造王昭君形象,传递了国家
衰败之痛。

㉖高则诚(1307?—1359):即高明。字则诚,号菜根道人,浙江瑞
安人。元末戏剧家。有《琵琶记》,演绎民间传说里的蔡伯喈的
故事,是南戏中创作成就最高的剧目。

㉗传奇:指情节曲折的长篇故事、小说一类。《水浒传》:明代章回体
白话小说,又名《忠义水浒传》。一般认为作者是施耐庵,籍里、
生平事迹不详。小说塑造了一群梁山好汉形象,揭示了官逼民反
的历史真相,对后世影响深远。《金瓶梅》:明代章回体世情白话
小说,又名《金瓶梅词话》,署名兰陵笑笑生,未知何人。袁宏道
在万历二十四年(1596)给董其昌的信中透露了有《金瓶梅》这
样一部奇书存世。小说通过西门庆一家的兴衰荣枯,描写了明代
后期中上层社会的罪恶、黑暗与腐朽,末世情调浓重。《水浒传》

《金瓶梅》《三国演义》《西游记》并称"四大奇书",书中有大量生动形象的饮酒场面。

㉘逸典:指超逸、不同凡俗的典籍。

㉙保面瓮肠:指徒有其表、不过敢饮有量而已。瓮肠,如瓮一样的肠胃,指能装下酒。

㉚饮徒:此处指有文化教养、真正意义上的饮酒之人。

【译文】

《六经》及《论语》《孟子》中的相关内容,都是饮酒的经典之论。往后是汝阳王所著《甘露经》《酒谱》、王绩所著《酒经》、刘炫所著《酒孝经》《贞元饮略》、窦苹所著《酒谱》、朱肱所著《北山酒经》、李保所著《续〈北山酒经〉》、胡氏所著《醉乡小略》、皇甫松所著《醉乡日月》、侯白所著《酒律》以及行家里手所写的记传赋颂等,是饮酒必读的"内典"。《庄子》《离骚》《史记》《汉书》《南史》《北史》《古今逸史》《世说新语》《颜氏家训》以及陶渊明、李白、杜甫、白居易、苏轼、陆游的作品,是饮酒必读的"外典"。说到词就不能不提柳舍人、辛稼轩等人,说到杂剧、散曲就不能不提董解元、王实甫、马东篱、高则诚等人,说到长篇传奇故事就不能不提《水浒传》《金瓶梅》等作品,这些是饮酒必读的"逸典"。不熟悉这些典籍,只知道往肚肠里灌酒,算不上是有文化教养、真正的饮酒之人。

十一之刑书

【题解】

以酒为名的雅集、雅会是有一定之规的,但总有不守规矩者,那就要依照刑典,加以惩罚。其中"色骄者""色媚者""伺颐气者"以及借酒撒疯者最令人生厌,属于重罪,所以要处以五刑,从墨、劓到宫、大辟不等。其他罪行轻微,处以象征性的刑罚就可以了。有趣的是,从轻重不同的刑罚中也可以看出人们的情感所在及价值取向。

色骄者墨①,色媚者劓②,伺颐气者宫③,语含机颖者械④,沉思如负者鬼薪⑤,梗令者决递⑥。狂率出头者慁婴,罪人冠。愆仪者共艾毕,欢未阑乞去者菲缞屦⑦。皆罪人衣履。骂坐三等⑧:青城旦⑨,舂⑩,故沙门岛⑪。浮托酒狂以虐使为高⑫,又驱其党效尤者大辟⑬。

【注释】

①色骄:面露傲慢之色。骄,傲慢,不服从。墨:墨刑,古代五刑之一,在脸上刺字后涂以墨,作为惩罚的标记,亦称"黥"(qíng)。

②色媚:面露媚色。媚,谄媚,逢迎。劓(yì):劓刑,古代五刑之一,

割掉鼻子,是一种酷刑。

③伺颐(yí)气:指看别人的脸色行事。伺,候,望。颐气,指下巴的动向和面部的表情。宫:宫刑,古代五刑之一,阉割男子生殖器,是一种酷刑。

④机颖:犹讥刺。械:用木枷、镣铐之类的刑具拘系。

⑤负:负重。鬼薪:秦汉时的一种强制男性罪犯服劳役的刑罚,因最初为宗庙采薪而得名。鬼薪从事官府杂役、手工业生产劳动以及其他各种重体力劳动,如从事土木工程或制作器物等,在劳役刑罚等级上次于城旦。

⑥梗令:阻滞执行酒令。决递:当指去除阻滞酒令者、替换以他人。决,去其壅塞。递,更易。

⑦"狂率出头者慅(cǎo)婴"几句:《荀子·正论》曰:"治古无肉刑,而有象刑:墨黥;慅婴;共,艾毕;菲,绱屦;杀,赭衣而不纯,治古如是。"狂率,狂妄轻率。慅婴,古代在罪犯冠上加草带,以示羞辱。慅,通"草"。婴,绕,戴。愆(qiān)仪,失礼。艾毕,亦作"艾韠(bì)",上古谓割去罪人之韠以代替宫刑。艾,通"刈"(yì),刈割,斩除。韠,皮制的蔽膝。古代朝觐或祭祀用以遮蔽在衣裳前。阑,尽。菲,同"剕(fèi)",古代把脚砍掉的酷刑。绱屦(běng jù),麻鞋。慅婴、艾毕、绱屦,都是古代象征性刑罚。

⑧骂坐:亦作"骂座",漫骂同座的人。

⑨城旦:古代刑罚名,一种筑城四年的劳役。

⑩春(chōng):把东西放在石臼或乳钵里捣掉皮壳或捣碎,指罚做苦力。

⑪沙门岛:海岛名,在山东蓬莱西北海中,为宋元时期流放罪犯之地。

⑫浮托:假借。酒狂:纵酒使气者。虐使:不合理地差使。

⑬党:党羽,同伙。效尤:仿效坏的行为。大辟(pì):砍头,古代五刑之一。

【译文】

酒宴上,态度傲慢者要处以墨刑,谄媚逢迎者要处以劓刑,看别人脸色行事者要处以宫刑,语含讥刺者要处以拘役,沉思如负重者要处以鬼薪,阻滞执行酒令者要从严发落、及时替换。狂妄轻率、想出人头地者要戴上草冠,表明这是罪人之冠。失礼者要割去官服上的蔽膝,欢宴尚未结束就要离开者,要给他穿上麻鞋以示惩罚。都是罪人的衣服和鞋子。对于借酒骂座者的处罚分为三等:罚做"城旦",罚做"舂",流放沙门岛。纵酒佯狂、以虐使他人为得意,又驱使其党羽仿效自己的恶劣行为者要处以死刑。

十二之品第

【题解】

《三国志·魏书·徐邈传》称浊酒为"贤人"、清酒为"圣人"。《新唐书·李适之传》说:"适之喜宾客,饮酒至斗余不乱。夜宴娱,昼决事,案无留辞。"罢相后,在家与亲友会饮,赋诗道:"避贤初罢相,乐圣且衔杯。为问门前客,今朝几个来?"(《旧唐书·李适之传》)"贤",指浊酒。"圣",指清酒,"乐圣"指喜欢清酒。"避贤"意指不喝浊酒,亦语义双关,有反讽新任宰相李林甫的意味。酒有优劣,如同人有圣、贤、愚,此处赋予酒以人的身份、资质、品格,最见饮酒者的情致、趣味。如,待客就得尽心尽力,要用上等糯米酿成的最好的酒,否则会授人以把柄,被醉酒者目为"小人"。

凡酒①,以色清味冽为圣②,色如金而醇苦为贤,色黑味酸醨者为愚③。以糯酿醉人者为君子④,以腊酿醉人者为中人⑤,以巷醪、烧酒醉人者为小人⑥。

【注释】

①"凡酒"至段末:皇甫崧《醉乡日月·谋饮第二》曰:"凡酒,以色清味重而饴为圣,色如金而味醇且苦者为贤,色黑酸醨者为愚。

人以家醪糯觞醉人者为君子,以家醪黍觞醉人者为中人,以巷醪
秫觞醉人者为小人。"品第,品评优劣,以定高下。

②清冽:本指水清澄而寒凉,这里指酒色清亮、味道醇正。

③醨(lí):味不浓烈的酒,薄酒。

④糯酿:用糯米酿的酒,指好酒。

⑤腊酿:冬天酿的酒。腊,阴历十二月。中人:中等资质的人。

⑥巷醪(láo):村巷里酿的酒,指一般酒。醪,混含渣滓的浊酒。《说
文解字·酉部》曰:"醪,汁滓酒也。"宋代陆游《遣怀四首》诗其
一曰:"穷巷谁来往,村醪自献酬。"烧酒:指高粱酒,一般的酒。

【译文】

大凡酒,酒色清亮、味道醇正者可称为"圣人",色泽金黄、味道醇苦
者可称为"贤人",色黑味酸的薄酒最差,可称为"愚人"。拿出糯米酿的
酒待客属于君子之交,拿出腊月酿的酒待客交情一般,拿出从里巷买来
的醪糟、烧酒待客是小人做法。

十三之杯杓

【题解】

杯杓（sháo）为酒具。好酒需配好酒具。好酒具讲究质地、年代，可观可赏，可以使酒生色、生香，产生美感。李白诗曰："兰陵美酒郁金香，玉碗盛来琥珀光"（《客中作》），"金尊清酒斗十千，玉盘珍羞直万钱"（《行路难》其一）。《红楼梦》第五回："少刻，有小鬟来调桌安椅，摆设酒馔，正是：琼浆满泛玻璃盏，玉液浓斟琥珀杯。宝玉因此酒香冽寻常，又不禁相问。警幻道：'此酒乃以百花之蕊，万木之汁，加以麟髓凤乳酿成，因名为"万艳同杯"。'宝玉称赏不迭。"袁宏道认为，用黄金、白银制成的敞口浅杯不是好酒具，因为富贵而显俗气；螺形尖底多弯曲的酒盏最差，因为不能平放在酒桌上，要时时端着，又看不清酒的纯度、颜色，会影响饮酒者的情绪。

古玉及古窑器上[1]，犀、玛瑙次[2]，近代上好瓷又次[3]。黄白金叵罗下[4]，螺形锐底数曲者最下[5]。

【注释】

①古玉：汉代以前的玉或入过土的玉，质地细腻、色泽湿润、莹和光洁。

②犀：犀角杯，用犀牛角制的杯，褐红色。玛瑙：一种细纹玉石，常杂

有蛋白石并有各种色彩,排列成条状或带状,间有黑斑或呈苔状。

③近代:过去不远的时代。

④黄白金叵(pǒ)罗:用黄金、白银制成的酒杯。黄白金,黄金、白银。叵罗,一种敞口的浅杯。唐代李白《对酒》诗曰:"蒲萄酒,金叵罗,吴姬十五细马驮。"

⑤锐底:尖底。

【译文】

酒具以古玉制成的和古窑烧制成的最好,用犀牛角和玛瑙制成的次之,近代烧的上好瓷器又次之。黄金、白银制成的酒叵就比较差了,螺形尖底多弯曲的酒盏最差。

十四之饮储

　　美酒既得,还要有与之相配的下酒菜。下酒菜可分为五品:清品,异品,腻品,果品,蔬品。清品属于海产品,讲求新鲜;异品属于奢侈品,不能轻易获得,而且价格昂贵;腻品为荤菜,要求肥嫩可口;果品多为干果,要有香气,耐咀嚼;蔬品是时令菜,现摘现烹,以新笋、春韭为最:"浊醪幸分季,新笋可饷伯"(宋代苏辙《辛丑除日寄子瞻》),"沾泥新笋白,封蜡煮醪香。莫厌残春醉,流莺劝举筋"(宋代张耒《暮春书事四首》其四);"问答乃未已,儿女罗酒浆。夜雨剪春韭,新炊间黄粱。主称会面难,一举累十筋。十筋亦不醉,感子故意长"(唐代杜甫《赠卫八处士》)。

　　下酒物色^①,谓之饮储^②。一清品^③,如鲜蛤、糟蚶、酒蟹之类^④。二异品^⑤,如熊白、西施乳之类^⑥。三腻品^⑦,如羔羊、子鹅炙之类^⑧。四果品,如松子、杏仁之类。五蔬品,如鲜笋、早韭之类^⑨。

【注释】

①物色:各种东西。

②饮储：下酒的食品，俗谓"下酒菜"。

③清品：犹上品。

④鲜蛤（gé）、糟蚶（hān）、酒蟹：新鲜的蛤蜊、腌制的蚶子、酒浸的
螃蟹。蛤蜊、蚶子，均生活在浅海泥沙中，肉味鲜美。蛤蜊，也称
"蛤蚌"。

⑤异品：珍奇的物品。

⑥熊白：熊背上的脂肪。色白如玉，味甚美。明代李时珍《本草纲
目·兽部二·熊》曰："《释名》：熊白。弘景曰：'脂即熊白，乃背
上肪。色白如玉，味甚美，寒月则有，夏月则无。'"西施乳：河豚
腹中肥白的膏状物。

⑦腻品：肉品。

⑧子鹅炙：烤子鹅。子鹅，幼鹅，嫩鹅。

⑨早韭：初春的韭菜。《南史·周颙传》曰："文惠太子问颙菜食何味
最胜，颙曰：'春初早韭，秋末晚菘。'"菘，菘菜，即白菜。

【译文】

下酒的食品，统称"饮储"。其一为清品，如鲜蛤、糟蚶、醉蟹之类。
其二为异品，如熊白、西施乳之类。其三为腻品，如羔羊、炙子鹅之类。
其四为果品，如松子、杏仁之类。其五为蔬品，如鲜笋、春韭之类。

以上二款，聊具色目①。下邑贫士②，安从办此。政使
瓦盆蔬具③，亦何损其高致也④。

【注释】

①色目：种类名目。

②下邑：边远的县邑，僻远之地。贫士：穷士，穷儒生。

③政使：纵使，即使。瓦盆：一种用陶土制成的器皿，上釉后既可盛

饭菜,也可以用作酒器。唐代杜甫《少年行二首》诗其一曰:"莫笑田家老瓦盆,自从盛酒长儿孙。倾银注玉惊人眼,共醉终同卧竹根。"

④高致:高情远致,高雅的情趣。

【译文】

以上几条,聊备名目而已。小地方的穷书生怎么能备办这样的菜肴呢?即使粗瓷笨碗,也不妨碍高雅的饮酒情趣!

十五之饮饰

　　饮饰是说饮酒的环境。饮酒并不完全在酒本身,还在于雅静的环境与脱俗的陈设。窗明几净,伴以应时开放的鲜花、绿意欲滴的树木,冬饮有帐幕围护,夏饮有浓荫遮蔽,这样的环境自然让人赏心悦目,酒兴倍浓。明人陈继儒《小窗幽记》卷六曰:"赏花酣酒,酒浮园菊片三盏;睡醒问月,月到庭梧第二枝。此时此兴,亦复不浅。"清人沈复《浮生六记》卷二曰:"饭后同往,并带席垫,至南园,择柳阴下团坐。先烹茗,饮毕,然后暖酒烹肴。是时风和日丽,遍地黄金,青衫红袖,越阡度陌,蝶蜂乱飞,令人不饮自醉。"

　　棐几明窗①,时花嘉木②,冬幕夏荫③,绣裙藤席④。

【注释】

①棐(fěi)几:用棐木做的几桌。亦泛指几桌。棐,通"榧",指香榧。其木可制几桌,因亦代称几桌。

②时花嘉木:指花木繁茂。时花,应季节开放的花卉。嘉木,美好的树木。

③冬幕夏荫:冬天有帐幕,夏天有树荫。

④藤席：用藤类植物茎秆的表皮和芯编制成的席子。

【译文】

几净窗明，鲜花美树，冬有帐幕，夏有荫凉，身着绣裙，坐有藤席。

十六之欢具

　　酒宴等同于雅集，不仅要饮酒，同时还需要准备一些器具，举行一系列有趣的游戏活动，营造氛围，以助酒兴。器具尽量是名地名产、有文化内涵，以满足不同饮酒者的需求。唐代李白《草书歌行》诗曰："少年上人号怀素，草书天下称独步。墨池飞出北溟鱼，笔锋杀尽中山兔。八月九月天气凉，酒徒词客满高堂。笺麻素绢排数厢，宣州石砚墨色光。吾师醉后倚绳床，须臾扫尽数千张。"诗中描述美酒佳肴，笺麻素绢，激发了怀素创作的激情。

　　楸枰①、高低壶、觥筹②、骰子③、古鼎、昆山纸牌④、羯鼓⑤、冶童⑥、女侍史⑦、鹦鹉⑧、沈茶具⑨，以俟渴者⑩。吴笺⑪、宋砚⑫，佳墨。以俟诗赋者。

【注释】

　①楸枰（qiū píng）：棋盘，多用楸木制作，后亦指棋局。唐代温庭筠《观棋》（一作段成式诗）诗曰："闲对楸枰倾一壶，黄华坪上几成卢。"

　②觥（gōng）筹：酒器和酒令筹。筹，饮酒时用以记数或行令的筹

子。宋代欧阳修《醉翁亭记》曰："觥筹交错,起坐而喧哗者,众宾欢也。"

③骰(tóu)子:民间娱乐用来投掷的博具,一般用骨头做成。在小四方块的每一面刻有从一到六的点数。玩法是先摇动骰子,然后抛掷,使两个骰子都随意停止在一平面上。

④昆山纸牌:昆山出产的纸牌。纸牌,也称"叶子""叶子牌",这里指酒牌,是一种酒筹,一副牌四十八张。牌面上有人物版画、题铭和酒令,行酒令时抽牌按牌面指示饮酒。如明人汪南暝题赞、陈洪绶绘制的《博古叶子》,第三十七张酒牌是陶渊明,酒牌上方写着"空汤瓶"三字,右边有"陶渊明:其卧徐徐,其视于于"字样,左边是酒约:"白衣各送执者一杯";第三十九张是杜甫,酒牌上方写着"一文钱",右边有"杜甫:囊空恐羞涩,留得一钱看"字样,左边的酒约是"盏空者各饮一杯"。昆山,今江苏昆山,是昆剧的发源地。

⑤羯(jié)鼓:古代打击器,一般认为来源于北方羯族。两面蒙皮,中腰略粗,用羯(即公羊)皮做鼓皮,横卧于鼓架,以双手各持一杖击两面。《通典·乐四》曰:"羯鼓,正如漆桶,两头俱击。以出羯中,故号羯鼓,亦谓之两杖鼓。"

⑥冶童:容态妖媚的僮仆。

⑦女侍史:侍女。

⑧鹨鹕:一种鸟,体大如鸠,头顶暗紫赤色,背灰褐色。嘴红,腹部带黄色,脚深红。群栖地上,营巢于土穴中。此处似指一种形似鹨鹕鸟的用具。

⑨沈茶具:指有年份的老茶具。

⑩俟(sì):等待。

⑪吴笺:吴地所产之笺纸。宋代王平子《谒金门·春恨》词曰:"书一纸。小砑吴笺香细。读到别来心下事。"

⑫宋砚：指古砚。

【译文】

棋盘、高低壶、酒筹、骰子、古鼎、昆山纸牌、羯鼓、书童、侍女、鹧鸪、沈茶具、预备给渴了的人用。吴笺、宋砚、佳墨。预备有人写诗作赋。

酒评^①

【题解】

编纂完《觞政》，袁宏道又有"评论诸君饮量"一文，或以自然景观为喻，或以动物为喻，或以前人为喻，饶有情趣地评论了身边几位好酒者的饮酒情态及酒量。前人原本对饮酒者就有各种称谓：酷爱饮酒、又有酒量者为"酒仙"，豪饮者为"酒龙"，贪酒、嗜酒者为"酒客""酒徒"，嗜酒而放荡不羁的人为"高阳酒徒"，纵酒使气者为"酒狂"，不得志而寄情于酒者为"酒隐"等等。袁宏道则将其形象化，文字简洁生动，如闻其声、如见其人，平添了一段酒史佳话。

丁未夏日^②，与方子公诸友^③，饮月张园^④，以饮户相角^⑤，论久不定，余为评曰：

刘元定如雨后鸣泉^⑥，一往可观^⑦，苦其易竟^⑧。陶孝若如俊鹰猎兔^⑨，击搏有时^⑩。方子公如游鱼狎浪^⑪，喁喁终日^⑫。丘长孺如吴牛啮草^⑬，不大利快^⑭，容受颇多^⑮。胡仲修如徐娘风情^⑯，追念其盛时。刘元质如蜀后主思乡^⑰，非其本情。袁平子如五陵少年说剑^⑱，未识战场。龙君超如德山未遇龙潭时^⑲，自著胜地^⑳。袁小修如狄青破昆仑关^㉑，以奇服众。

【注释】

① 酒评：此为袁宏道在丁未（1607）夏日评论诸君饮量的文章。

② 丁未：指万历三十五年（1607），时袁宏道在京任吏部侍郎。

③ 方子公（？—1067）：即方文僎。字子公，新安（今浙江淳安）人。为人文雅质朴，为袁宏道料理笔墨十数年，常随袁宏道出行。袁宏道有《元日方子公对弈》《除夕同王百谷皇甫仲璋方子公衙斋守岁》《题方子公蓼莪馆》诸诗，又有《西湖一》曰："晚同子公渡净寺，觅阿宾旧住僧房。"

④ 月张园：私家园林，在北京城西，袁宏道《夏日城西月张园看荷花得莲字》诗曰："晓起闻儿说，隔西已有莲。帻犹悬壁上，屐已跃门前。树接宫云近，花藏庙市偏。鱼行清冷涧，人语绿沈烟。"

⑤ 以饮户相角：以饮酒人的身份较量酒量。饮户，指饮酒人。相角，较量，竞争。

⑥ 刘元定：即刘戡之。字元定，夷陵（今湖北宜昌夷陵区）人。张居正女婿。

⑦ 一往：一向。

⑧ 易竟：容易终结。

⑨ 陶孝若：字孝若，万历十六年（1588）举人，官祁门教谕。袁中道《珂雪斋文集·南北游诗序》曰："予友陶孝若，淡泊自守，甘贫不厌，真有过人之骨。文章清绮无尘坌气，真有过人之才。"俊鹰：俊健之鹰，犹雄鹰。

⑩ 击搏：出击。有时：表示间或不定。

⑪ 狎（xiá）浪：戏水。

⑫ 喁喁（yóng yóng）：低语声。

⑬ 丘长孺（1564—？）：即丘坦。字长孺，湖广黄州府麻城（今湖北麻城）人。万历二十四年（1596）举五乡试第一，官至参将，晚年卜居金陵，以诗酒自娱。袁宏道《和丘长孺》诗曰："五言七言信

手成,刻雾裁风好肌骨。节根处处觅糟丘,逸思迸如春草发。"又《丘长孺醉歌和黄平倩》诗曰:"一酣三日昏如泥,齁声吼若惊涛至。"吴牛:吴地的水牛。啮(niè):咬。

⑭利快:犹爽快。

⑮容受:容纳,接受。

⑯胡仲修:生平事迹不详。徐娘风情:指尚有风韵的中年妇女。《南史·后妃传下·梁元帝徐妃传》曰:"徐娘虽老,犹尚多情。"

⑰刘元质:生平事迹不详,或为刘戢之兄弟,与袁宏道友善。袁宏道《刘元质宅宴得金字》诗曰:"远水轻云意,孤桐野鹤心。消磨归酒政,游戏入花林。赵姊双名燕,卢郎一字琛。庞公见亦悔,湘水错沉金。"蜀后主思乡:故事见《三国志·蜀书·后主禅传》裴松之注引《汉晋春秋》:蜀汉亡后,后主刘禅被送往洛阳,司马昭设宴招待刘禅,作蜀汉故技于前,刘禅乐在其中,司马昭因而问刘禅:"是否思蜀?"禅答:"此间乐,不思蜀。"比喻在新环境中得到乐趣,不再想回到原来的环境中去了。

⑱袁平子:即袁简由。字寓庸,一字平子,袁宏道族弟。五陵少年:即五陵年少,比喻豪侠少年、贵家公子。五陵,长陵、安陵、阳陵、茂陵、平陵五个汉代帝王的陵寝,皆位于长安,为当时豪侠巨富聚集的地方。唐代崔颢《渭城少年行》诗曰:"贵里豪家白马骄,五陵年少不相饶。"

⑲龙君超:即龙襄。字君超,武陵(今湖南常德)人。万历十年(1582)举人,著有《檀园集》。德山未遇龙潭时:德山为唐宣鉴禅师别名,俗姓周,未悟道时自视甚高,后遇龙潭禅师点化,熟悉诸经,精通律藏,善解《金刚经》,时人谓之"周金刚"。

⑳著(zhuó)胜地:进入美妙境地。《世说新语·任诞》曰:"王卫军云:'酒,正自引人著胜地。'"

㉑袁小修(1570—1626):即袁中道。字小修、别字冲修,湖北公安

人。万历四十四年（1616）进士，官至国子监博士、吏部郎中，"公安派"领袖之一，与兄长袁宗道、袁宏道称"三袁"，著有《珂雪斋文集》《游居柿录》等，其《饮酒说》曰："予素有酒名，一席不饮，则主人讶之。"狄青（1008—1057）：字汉臣，汾州西河人。北宋名将，一生经历了大小二十五战，以奇袭昆仑关最为著名。皇祐四年（1052），广源州（今越南高平省广渊）蛮族首领侬智高起兵反宋，朝廷任命狄青为枢密副使率兵征讨。正月十五日夜，布下迷阵的狄青声称要大宴将领三夜，却在第二夜突然退席，暗地率军夺取侬智高凭险据守的昆仑关，大获全胜。昆仑关：在今广西邕宁东北的昆仑山上。

【译文】

丁未年的夏天，我和方子公诸友一起在月张园饮酒，来宾都以饮酒人的身份较量酒量，孰高孰低，争论不休，我做了一个评定：

刘元定饮酒如雨后鸣泉，气象一向可观，可惜时间太短。陶孝若饮酒如同雄鹰捕猎兔子，出击有一定的时间。方子公饮酒如游鱼戏水，终日低声细语。丘长孺饮酒如吴地的水牛吃草，虽说慢慢吞吞，量却很大。胡仲修饮酒有半老徐娘的风情，不断地追念自己的年轻时候。刘元质饮酒如蜀后主刘禅思乡，原本就不是自己的本心。袁平子饮酒如汉唐长安城里的五陵少年论剑，并不知道什么是真正的战场。龙君超饮酒如唐代禅师德山未遇龙潭法师之前，自认为酒喝得已经很有境界了。袁小修饮酒如狄青破昆仑关，以奇服众。

《觞政》题词

　　盖宾筵之诗云立监佐史①，而周有酒式、酒官、酒府、酒
诰②。自公乘行觞政③，朱虚侯以军法从事④，杜篑扬觯⑤，唐
有觥录事⑥，而《酒经》《酒箴》谱略传记种种焉⑦，"觞政"
之说所从来矣。刘伶酒德之颂自是卓荦豪纵⑧，杜工部言
"浊醪有妙理"⑨，王卫军言"酒，政引人著胜地"⑩，匪德奚
以称焉⑪？此孔文举《难曹公禁酒》之书有以也⑫。若是觞
之可矣，曷为而政之？示约束也，令其饮也⑬。

【注释】

①盖宾筵之诗云立监佐史：《诗经·小雅·宾之初筵》曰："凡此饮
　酒，或醉或否。既立之监，或佐之史。"大意是，大凡赴宴饮酒者，
　有喝醉的也有清醒的，为了维持秩序，需设立酒监再加上酒史监
　督饮酒。

②周有酒式、酒官、酒府、酒诰：周代关于饮酒有酒式、酒官、酒府、酒
　诰之说。酒式，酿酒的法式。酒官，执掌造酒及有关政令的官员，
　酒正为酒官之长。《周礼·天官·酒正》曰："掌酒之政令，以式法
　授酒材。"郑玄注曰："式法，作酒之法式。作酒既有米曲之数，又

有功沽之巧。"酒府,酒库。《周礼·天官冢宰·酒正》曰:"浆人掌共王之六饮,水、浆、醴、凉、医、酏,入于酒府。"酒诰,指周公发布的戒酒令。《尚书·酒诰》曰:"文王诰教小子、有正、有事:无彝酒;越庶国:饮惟祀,德将无醉。"大意是,文王告诫在朝任职的子孙及其他大小官员,不要经常饮酒;在诸侯国任职的子孙,只有祭祀时才能饮酒,要用德来约束自己,不要喝醉了。有正,指掌政的大臣。有事,犹有司,负有专职的官吏。

③公乘:指公乘不仁,魏国客卿。魏国国君魏文侯(前472—前396)宴饮,命其行觞政,公乘力劝魏文侯干杯,事见《说苑·善说》。宋人窦子野《酒谱》认为这就是酒令的发端。

④朱虚侯以军法从事:西汉朱虚侯刘章监酒,竟以军法处置逃离酒席者。刘章(前200—前177),汉高祖刘邦的孙子,齐悼惠王刘肥的次子,吕后称制期间被封为朱虚侯。《史记·齐悼惠王世家》记载:刘章年轻力壮,曾参加高太后的宴会,高太后让他担任监酒官。宴会间,有一吕姓者担心醉酒,逃离了酒席。刘章追了出去,拔剑将其斩杀,回来报告说:"有亡酒一人,臣谨行法斩之。"高太后大惊,但也没有处罚他。亡酒,逃离酒席。

⑤杜蒉(kuì)扬觯(zhì):杜蒉是晋悼公的厨师。晋国大夫知悼子刚刚去世,晋平公却饮酒作乐,杜蒉委婉劝谏,平公终于醒悟,"平公曰:'寡人亦有过焉。酌而饮寡人!'杜蒉洗而扬觯。公谓侍者曰:'如我死,则必毋废斯爵也!'至于今,既毕献,斯扬觯,谓之'杜举'。"事迹见《礼记·檀弓》。扬觯,高举酒杯。觯,一种带盖的青铜酒杯。

⑥觥(gōng)录事:饮酒时掌管酒令的人。《醉乡日月·觥录事》曰:"凡乌合为徒,以言笑动众,暴慢无节,或累累起坐,或附耳嗫语,律录事以本户绳之。"

⑦《酒经》《酒箴》:指朱肱《北山酒经》、西汉扬雄《酒箴》。

⑧刘伶酒德之颂自是卓荦（luò）豪纵：魏晋刘伶的《酒德颂》当然
　是卓越超群、豪放不羁。卓荦，卓越，杰出。豪纵，豪放任性、不受
　拘束。

⑨杜工部言"浊醪（láo）有妙理"：唐代杜甫《晦日寻崔戢李封》诗
　曰："浊醪有妙理，庶与慰沉浮。"杜工部，指杜甫。浊醪，浑浊的
　酒，薄酒。妙理，精微、玄妙之理。

⑩王卫军言"酒，政引人著胜地"：语见《世说新语·任诞》。王卫
　军，即王荟。字敬文，小字小奴，东晋司马睿朝丞相王导的幼子，
　官至镇军参军。卒于官，赠卫将军。政，通行本皆作"正"。胜
　地，指一种物我两忘的境界。

⑪匪德奚以称焉：如果不是德行怎么能称颂于世呢？匪，通"非"。
　奚以，何以。

⑫孔文举：即孔融，字文举，生平见《觞政·九之典刑》注。

⑬"曷为而政之"几句：为什么要有觞政呢？也不过是以此为规矩，
　让人们喝酒罢了。

【译文】

《诗经·宾之初筵》说，凡是宴饮，不管醉否，都要设立酒监、酒史监
督，以维持饮酒的秩序，周代有酒式、酒官、酒府、酒诰诸说。从公乘不仁
开始实施觞政以来，朱虚侯依照军法监酒，杜篑高举酒杯，唐有觥录事规
范饮酒，又有《北山酒经》《酒箴》及酒谱、饮酒者传记种种，证明"觞政"
之说由来已久。刘伶《酒德颂》当然是卓越超群、豪放不羁，杜甫说"浊
醪有妙理"，王卫军说"酒，政引人著胜地"，如果不是德行怎么能称颂于
世呢？这也说明孔融写《难曹公禁酒》一文是有道理的。如果仅仅是为
了饮酒，这也就够了，为什么还要有觞政呢？也不过是以此为规矩，让人
们更好地喝酒罢了。

余观中郎《觞政》①，十六款，润旧益新②，词简义赡③，

勒成令甲④,型范森然⑤。或曰:中郎不崇饮而胡津津侈谈之⑥? 予曰:昔苏长公《书东皋子传后》云:"余饮酒日不过五合,然喜人饮酒,见客举杯徐饮,则胸中浩浩落落,醄适之味,乃过于客⑦。"往岁中郎以谒选侨居真州⑧,时四方谭耞者云集⑨,而高阳生居十之八九⑩,予幸割公荣之半⑪,尚不了曲蘗事⑫,日从中郎狎游⑬,每胜地良辰,未尝不挈尊携侣⑭,即歌舞纷沓⑮,觚筹错落⑯。而更肃然作文子饮⑰,卜昼卜夜无倦色⑱,客各欢然剧饮而散⑲,觉中郎醄适亦过于客,是所谓得酒之趣,传酒之神者也。有味哉,其言之也乎! 虽然,礼法岂尽为我辈而设⑳? 请得少宽其条可乎㉑? 彼使酒骂坐㉒、伪酒责人者罚无赦㉓,他如呕丞相车㉔、卧郎舍瓮㉕、小遗殿上㉖、卧客怀中㉗、以头濡墨㉘、巢饮、鳖饮㉙、与车前三驺对饮者㉚,虽皆有干宪典㉛,然其一段糠秕轩冕、睥睨宇宙神情终不可磨灭㉜,例得未减,中郎善贷之否㉝?

【注释】

①中郎:袁宏道,字中郎。

②润旧益新:润色旧有的典籍、增加新的条文。

③词简义赡(shàn):词语简练,含蕴丰富。赡,指文章内容丰富或作者知识广博、感情丰富。

④勒成令甲:雕刻刊行,成为法令。

⑤型范:典范,法式。

⑥胡津津:为什么津津乐道。胡,何。津津,很有兴味地谈论。

⑦"昔苏长(cháng)公《书东皋子传后》"几句:苏长公,指苏轼。长公为尊称,有行次居长之意。文中所引文字与《苏轼文集》(中

华书局1986年版)中《书东皋子传后》略有不同:"予饮酒终日,不过五合,天下之不能饮,无在予下者。然喜人饮酒,见客举杯徐引,则予胸中为之浩浩焉,落落焉,酣适之味,乃过于客。"五合,半升。浩浩,宽阔。落落,旷达。

⑧以谒(yè)选侨居真州:因为应选客居在真州。谒选,官吏赴吏部应选。真州,今江苏仪征。

⑨谭秇(yì):谈艺。秇,古同"艺"。

⑩高阳生:此处泛指酒徒。

⑪予幸割公荣之半:我也有幸成了半个刘公荣。割,分。公荣,刘昶(chǎng),字公荣,为人通达,官至兖州刺史。《世说新语·任诞》曰:"刘公荣与人饮酒,杂秽非类。人或讥之,答曰:'胜公荣者,不可不与饮;不如公荣者,亦不可不与饮;是公荣辈者,又不可不与饮。故终日共饮而醉。'"杂秽,杂乱。非类,不是同样身份的人。

⑫曲蘖(niè)事:饮酒、酿酒之事。

⑬狎(xiá)游:嬉戏玩乐。

⑭挈(qiè)尊:携带着酒具。挈,用手提着。

⑮歌舞纷沓(tà):指载歌载舞,欢乐异常。纷沓,纷繁杂乱。

⑯觥(gōng)筹错落:酒杯和酒筹交互错杂,形容许多人聚在一起饮酒的热闹场面。觥筹,酒器和酒令筹。

⑰肃然作文子饮:像魏文侯当年一样,严格依照酒令饮酒。肃然,严肃谨慎的样子。文子,当指魏文侯。

⑱卜昼卜夜:没日没夜,常用来形容没有节制地饮酒作乐。

⑲剧饮:痛饮,豪饮。

⑳礼法岂尽为我辈而设:礼法,难道是为我们这样的人而设的吗?《世说新语·任诞》曰:"阮籍嫂尝还家,籍见与别。或讥之,籍曰:'礼岂为我辈设也?'"还家,指回娘家。

㉑少(shǎo)宽其条:略微放宽要求。少,副词,表示程度,相当于

"稍""略微"。

㉒使酒骂坐：灌夫曾为淮阳太守，为人刚直使酒，不好面谀。贵戚诸
势在其上的，不欲加礼，必陵之。一日，与魏其侯窦婴共赴丞相田
蚡宴。灌夫不满田蚡傲慢无礼，遂借行酒之机责骂临汝侯灌贤等
人，其意在田蚡。灌夫因此获罪，加上他横霸家乡颍川，后被斩
杀，事迹见《史记·魏其武安侯列传》。后称在酒宴上借酒使性、
辱骂同席之人为"使酒骂座"，亦称"灌夫骂座"。

㉓伪酒责人：自己假装喝了酒却指责他人不喝。伪，伪装。

㉔呕丞相车：汉御史大夫丙吉为丞相时，为他驾车的驭吏嗜酒，多次
旷职游荡。一次随丙吉出门，喝醉了竟呕吐在了丞相车上。主
管官吏要开除驭吏，丙吉却说不能因为醉酒就赶人走，他也不过
是弄脏了车上的垫子。驭吏是边地人，熟悉边境守备之事，为丙
吉提供建议，深得信任。事迹见《汉书·丙吉列传》。

㉕卧郎舍瓮：指毕卓半夜盗酒之事。郎舍，郎署，古代郎官办公的衙
门。《太平御览》卷七五八引王隐《晋书》曰："毕卓为吏部郎，性
嗜酒。比舍郎酒熟，卓因醉，夜至其瓮间盗饮之，为掌酒者所缚，
旦视之，乃毕吏部也。"毕卓，字茂世，晋元帝时为吏部郎，常因嗜
酒废职。《世说新语·任诞》曰："毕茂世云：'一手持蟹螯，一手持
酒杯，拍浮酒池中，便足了一生。'"

㉖小遗殿上：指东方朔醉后在大殿中小便之事。《汉书·东方朔传》
曰："朔尝醉入殿中，小遗殿上。"颜师古注："小遗者，小便也。"
东方朔，西汉辞赋家，生卒年不详，卒于武帝世，以幽默滑稽闻名。

㉗卧客怀中：指唐人阳城醉卧客人怀中之事。阳城（735？—805），
字亢宗，定州北平（今河北顺平）人。苦读考中进士却不愿为
官，与其弟一同隐居中条山。后宰相李泌向德宗举荐，阳城推辞
再三，才奉诏受右谏议大夫。初至京城，不理政事，以饮酒为乐。
《旧唐书·阳城列传》曰：阳城"与二弟及客日夜痛饮，人莫能窥

其际，皆以虚名讥之。有造城所居，将问其所以者。城望风知其意，引之与坐，辄强以酒。客辞，城辄引自饮，客不能已，乃与城酬酢。客或时先醉仆席上，城或时先醉卧客怀中，不能听客语。"宋代陈造《戏作》诗曰："法士语饮应且憎，何如卧客怀中醉不应。"酬酢（zuò），宾主互相敬酒。

㉘以头濡（rú）墨：唐代书法家张旭醉后用头发蘸润墨汁书写。《新唐书·文艺传中》曰："旭，苏州吴人。嗜酒，每大醉，呼叫狂走，乃下笔，或以头濡墨而书，既醒自视，以为神，不可复得也，世呼'张颠'。"

㉙巢饮、鳖饮：指宋人石曼卿饮酒之事。《梦溪笔谈·人事一》曰："石曼卿喜豪饮，与布衣刘潜为友。尝通判海州，刘潜来访之，曼卿迎之于石闼堰，与潜剧饮，中夜酒欲竭，顾船中有醋斗余，乃倾入酒中并饮之。至明日，酒醋俱尽。每与客痛饮，露发跣足，着械而坐，谓之'囚饮'；饮于木杪，谓之'巢饮'；以稿束之，引首出饮，复就束，谓之'鳖饮'。其狂纵大率如此。"蒲松龄《聊斋志异·小二》曰："君是水族，宜作鳖饮。"

㉚与车前三驺（zōu）对饮：指谢几卿与马车夫一起饮酒之事。驺，马夫，兼管驾车。谢几卿，是谢灵运的曾孙，博学多才，官至中书郎、国子博士、尚书右丞。《梁书·文学传下》："性通脱，会意便行，不拘朝宪。尝预乐游苑宴，不得醉而还，因诣道边酒垆，停车褰幔，与车前三驺对饮，时观者如堵，几卿处之自若。后以在省署，夜著犊鼻裈，与门生登阁道饮酒酣呼，为有司纠奏，坐免官。"明代王世贞《醉调徐汝思不饮》曰："去辞杯酒读兵书，明月青山恨有余。我自三驺车畔饮，看他千骑上头居。"

㉛有干（gān）宪典：触犯饮酒的规矩。干，触犯。宪典，法律，法典。

㉜糠秕（bǐ）轩冕、睥睨（pì nì）宇宙：以显贵的身份、地位为糠秕，以宇宙为狭小。糠秕，打谷时从种子上分离出来的皮、壳，比喻琐碎

的事或没有价值的东西。轩冕,古代卿大夫的车服,借指官位爵禄或显贵的人。睥睨,斜着眼看,表示厌恶或高傲之意。

㉝善贷:善于宽容、宽恕。

【译文】

我看袁中郎的《觞政》,一共有十六款,润色旧有典籍、增加新的条文,语词简练、含义丰厚,刊行成为法令,饮酒的典范、法式因此而树立。有人问:中郎酒量有限,为什么津津乐道饮酒?我说:从前苏轼在《书东皋子传后》中说:"我的酒量每天不过五合,但是喜欢别人饮酒,一看见客人举杯徐徐而饮就格外开心,畅快舒适的感觉,超过了饮酒者。"往年中郎因为应选客居在真州,当时来自各地谈艺者云集,其中好酒之徒十居八九,我也有幸成了半个刘公荣,当时我还不完全明白饮酒、酿酒之事,只是每天追随袁中郎一同嬉戏游乐,一遇到风景胜地、良辰吉日,没有一次不是拿着酒器、带着友人,载歌载舞,觥筹交错。与此同时,也会像魏文侯当年按照规矩饮酒,整天整夜不觉得疲倦,客人们人人开怀畅饮,最后欢然而散,此时觉得中郎的畅快舒适超过了客人,这就是所谓的得酒之趣、传酒之神。有味道啊!正应了中郎所言。如此看来,礼法哪是为我们这样的人而设的?不过能否再放宽一点儿要求?那些使酒骂坐的、自己假装喝了酒却指责他人不喝的当然要严厉处罚,不能赦免,至于呕丞相车、卧郎舍瓮、小遗殿上、卧客怀中、以头濡墨、巢饮、鳖饮、与车前三驺对饮的,虽有违于酒的宪典,但其中包含的轻蔑富贵、小视宇宙的超逸精神却是不可磨灭的,照例是不能没有的,中郎能宽待吗?

《觞政》旧已剞劂①,方子公欲重梓广传②,属序于余。余素善中郎是编,宁得嘿嘿③。子公又出一扇示余,则中郎丁未夏日评论诸君饮量者④。余阅毕,笑曰:一经品题⑤,便作佳量,当附《觞政》之后,何疑诸君?余未尽识,而龙君超、

袁小修、子公辈⑥，则余石交也⑦，所谓"令人欲倾家酿者"非
耶⑧！客岁杪⑨，子公送中郎之秣陵江⑩，返棹敝里⑪，与余时
时为杯酒之欢，见其神益王、饮益雄⑫，月旦评不虚哉⑬！序
成，适汪仲嘉、谢少廉、詹叔正、俞羡长、谢于楚、潘稚恭、丁
贞白、张伯实、白榆、季参先后骈集江皋⑭，皆酒人也⑮。一
卒业⑯，咸鼓掌曰："有是哉！我辈青山白云人也⑰，当以醉
终。稽子稍弛禁⑱，自此而卷白波、倾翠涛、横行糟丘、吞霸
醒泉⑲，何虞捍文罔哉⑳！"遂相与尽数石不休。

　　时万历戊申上巳日㉑，真州友弟李枟书于青莲阁㉒

【注释】

①剞劂（jī jué）：雕版，刻印。

②重梓（zǐ）：犹重刻。梓，印书的雕版。因雕版以梓木为上，故称。
　后泛指制版印刷。

③嘿嘿：形容笑声。

④丁未：指万历三十五年（1607），时袁宏道在京任吏部侍郎。

⑤品题：评论人物，定其高下。

⑥龙君超、袁小修、子公辈：龙君超、袁中道、方子公等人，生平事迹
　见《觞政·酒评》。辈，等，类（指人），如吾辈，尔辈。

⑦石交：石头般坚固的友情，交谊牢固的朋友。

⑧令人欲倾家酿者：见《觞政·八之祭》注。

⑨岁杪（miǎo）：年底，岁末。杪，尽头。多指年月或季节的末尾。

⑩秣（mò）陵江：指长江南京段。秣陵，今江苏南京。

⑪返棹（zhào）敝里：乘船来到我的家乡。返棹，乘船返回。棹，船
　桨。借指船。

⑫神益王（wàng）、饮益雄：精神越发旺盛，酒喝得越发豪情。王，

通"旺",旺盛。

⑬月旦评:品评人物。汉代许劭好品评人物,品评的题目内容每月
　　有所变更,称为"月旦评",见《后汉书·许劭传》。

⑭汪仲嘉、谢少廉、詹叔正、俞羡长、谢于楚、潘稚恭、丁贞白、张伯
　　实、白榆、季参:均为袁宏道、李枕的朋友,生平事迹不详。骈
　　(pián)集江皋(gāo):聚集江边。皋,江边,江岸。

⑮酒人:古官名,掌造酒。这里指好饮者。

⑯卒业:完成未竟的事业,这里指刚刚结束痛饮。

⑰青山白云人:唐初学者傅奕(555—639)的自称。《旧唐书·傅奕
　　传》曰:"生平遇患,未尝请医服药,虽究阴阳数术之书,而并不之
　　信。又尝醉卧,蹶然起曰:'吾其死矣!'因自为墓志曰:'傅奕,
　　青山白云人也。因酒醉死,呜呼哀哉!'其纵达皆此类。"后因以
　　"青山白云人"谓放浪形骸于山水间的旷达之士。

⑱稽(qǐ)子稍弛禁:希望能稍微放宽禁令。稽,稽首,这里有拜托
　　之意。弛禁,解除禁令,放宽禁令。

⑲卷白波、倾翠涛、横行糟丘、吞霸醒泉:指全身心沉浸于美酒之中。
　　卷白波,亦作"波卷白",指痛饮。《珊瑚钩诗话》卷二曰:"饮酒痛
　　釂,谓之'举白'。唐人云'卷白波',义起于汉擒白波贼戮之,言
　　意气之快耳。"一说是酒令,《唐语林·补遗》曰:"唐人酒令,白
　　乐天诗:'鞍马呼教住,骰盘喝遣输。长驱波卷白,连掷采盛卢。'
　　原注:骰盘、卷白波、莫走鞍马,皆当时酒令。"翠涛,酒名。旧题
　　柳宗元《龙城录·魏徵善治酒》曰:"魏左相能治酒,有名曰'醽
　　醁''翠涛',常以大金瓮内贮盛,十年饮,不败,其味即世所未
　　有。"糟丘,见《觞政·引》注。醒泉,能醒酒的泉水。

⑳捍文罔:指触犯文禁。捍,触犯。文罔,同"文网",这里指袁宏道
　　所编《觞政》。

㉑万历戊申上巳日:万历三十六年(1608)三月初三。上巳日,农

历三月初三。旧俗此日在水边洗濯，去除不祥，祭祀祖先，称被褉（fú xì），修褉。宋代吴自牧《梦粱录·三月》："三月三日上巳之辰，曲水流觞故事，起于晋时。唐朝赐宴曲江，倾都褉饮踏青，亦是此意。右军王羲之《兰亭序》云：'暮春之初，修褉事。'"

㉒友弟：师长对门生自称的谦辞。李枟（zhù）：袁宏道的朋友，生平事迹不详。

【译文】

《觞政》之前就已刊刻，方子公打算重刻，以期广为流传，嘱咐我作序。我一向看好中郎编的这本书，借机正好赞美一下。方子公又拿出一个扇面让我看，上面是中郎丁未夏日对诸君酒量的评论。我看完之后笑着说：一经中郎分判高下，诸君的酒量就成了佳话，如果附在《觞政》之后，谁还敢对诸君产生怀疑？扇面上的话我没有全记下来，好在龙君超、袁小修、子公辈都是我的至交，是所谓一见就"令人欲倾家酿"的酒友！客居到年末，子公送中郎去秣陵江，返程时来到我的家乡，与我不时畅饮，看他们的精神越发旺盛，酒喝得越发豪爽，证明中郎对诸君的品评不是虚言！序言写成之时，正逢汪仲嘉、谢少廉、詹叔正、俞羡长、谢于楚、潘稚恭、丁贞白、张伯实、白榆、季参先后会集江皋，他们都是真正的酒人。酒一喝完，众人都鼓掌说："应该这样！我辈本是青山白云人，当以醉终了一生。希望能稍微放宽对饮酒的管制，从此卷白波、倾翠涛、横行糟丘、吞霸醒泉，就不用再担心屡屡违背《觞政》了！"于是众人又一起喝了好几石酒还不肯罢休。

时万历戊申上巳日，真州友弟李枟书于青莲阁

《觞政》跋

袁中郎先生作《觞政》①,余持示之,江左酒人无不抚掌愉快②,客有问于余,曰:"先生量,饮几斗?"予对曰:"子不知其《引》中自谓:'以一蕉叶尽也。'先生无酒肠③,知酒味,有酒趣,爱酒客饮,因采古科、定新法④,寓意深矣。夫士人之善雅谑者⑤,不修酒宪而酒宪存⑥。昔王、阮共饮,不与于刘,刘终日自若⑦,是所以奉酒宪也。间有饶酒之徒⑧,惟知有酒而不知有酒宪,礼法怠矣⑨。故先生订新书十六条,名曰《觞政》,意重于刑书⑩。"客又曰:"若子之预席⑪,何如?"予笑曰:"先生之法,能约于礼法之中,而不能约于形骸之外⑫。仆,酒人也,先生或以吾为阮,亦且以吾为刘,条法章程岂为阮、刘设耶⑬?"客怃然曰⑭:"先生寓于酒,足以维持世风,今乃以法饮饮天下⑮,吾必以先生为酒廷尉也⑯。"予善其言,书之末简⑰。

颖上酒人方文僎识⑱

【注释】

①袁中郎：即袁宏道。

②江左：古代指长江下游以东的地区，即今江苏南部等地。

③酒肠：指酒量。

④古科：旧有典籍。

⑤雅谑（xuè）：趣味高雅的玩笑话。

⑥酒宪：关于饮酒的典宪，即"觞政"。

⑦"昔王、阮共饮"几句：《世说新语·简傲》曰："王戎弱冠诣阮籍，时刘公荣在坐。阮谓王曰：'偶有二斗美酒，当与君共饮。彼公荣者，无预焉。'二人交觞酬酢，公荣遂不得一杯，而言语谈戏，三人无异。或有问之者，阮答曰：'胜公荣者，不得不与饮酒；不如公荣者，不可不与饮酒；唯公荣，可与饮酒。'"

⑧饶酒之徒：好酒之徒。

⑨礼法：礼仪法度，这里指关于酒的法令。

⑩刑书：刑法条文。

⑪预席：预先排定位置，指出席。

⑫形骸：形体。

⑬阮、刘：指阮籍、刘伶。

⑭怃（wǔ）然：惊愕的样子。

⑮以法饮饮天下：按照规矩饮酒，可以饮遍天下。

⑯酒廷尉：指监酒官。

⑰末简：书籍的后页，指跋文。

⑱方文僎（zhuàn）：即方子公，事迹见《觞政·酒评》注。

【译文】

袁中郎先生编好《觞政》之后，我拿着让别人看，江左好酒之人无不鼓掌称快，有客人问我："先生的酒量，可以饮几斗？"我回答说："你没看《觞政·引》中自谓：'最大量也不过是一蕉叶杯。'先生酒量虽然不大，但知酒味，有酒趣，喜欢看客人饮酒，因此采编旧有典籍又增加新的条文，其中大有深意。士人本来善于开高雅的玩笑，虽不撰写酒宪而事实上酒宪早已存在。往昔王戎、阮籍一起饮酒，不请刘公荣参加，但是刘公荣一样泰然自若，就是尊奉酒宪的体现。其间有好酒之徒，只知道饮酒却不知道有酒宪，酒的礼法因此废弛。所以袁中郎先生修订新书十六条，名之《觞政》，其意义堪比刑法条文。"客人又说："如果你参加酒宴，结果会怎么样？"我笑着说："先生关于酒的礼法，可以约束遵守礼法之人，却不能约束放浪形骸之人。鄙人，是好酒之人，先生或许以我为阮籍，以我为刘伶，条法章程哪可能为阮籍、刘伶而设？"客人惊讶地说："中郎先生寓情于酒，足以维持饮酒的风气，按照规矩饮酒，可以饮遍天下，我认为中郎先生是当今真正的监酒官。"我赞同他的观点，所以把他的话写在了跋中。

颍上酒人方文僎记

中华经典名著
全本全注全译丛书
（已出书目）

增广贤文
呻吟语
龙文鞭影
长物志
天工开物
溪山琴况·琴声十六法
温疫论
明夷待访录·破邪论
陶庵梦忆
笠翁对韵
声律启蒙
老老恒言
随园食单
阅微草堂笔记
格言联璧
曾国藩家书
曾国藩家训
劝学篇
楚辞
文心雕龙
文选
玉台新咏
词品
闲情偶寄
古文观止
聊斋志异
浮生六记
三字经·百家姓·千字文·弟子规·千家诗
经史百家杂钞